网页美工

——网页设计与制作

（第2版）

崔建成　著

电子工业出版社

Publishing House of Electronics Industry

北京·BEIJING

内 容 简 介

本书是一本专门针对网页设计的书籍，涵盖色彩理论、图像设计、动画设计、字体设计及总体版式设计等内容。其中，第 1 章讲述网站 Logo、导航栏、Banner、内容栏、版尾五个方面的内容及相关软件知识，并以案例的形式阐述不同按钮的制作方式；第 2 章讲述网页版式设计方法，将网页版式设计原则、版式结构、版式设计方法逐一呈现给读者，并以静态网页界面设计案例作为补充；第 3 章讲述网页创意与规划设计，从发展的角度阐述网站的项目规划、内容组织及网站建设的必要性，并以实际案例为主线，从策划、文案、草图、设计等方面逐一展开，以静态的形式展现网页的设计理念；第 4 章讲述网页配色的知识，从艺术的角度阐述色彩、色彩搭配的原则及界面设计配色技巧，并将色彩知识融入实际案例的设计制作中；第 5 章以案例的形式讲述网页的制作过程，包括前期策划书、网站建站目标及功能定位、网站整体风格、网站的结构和内容，并综合运用 Photoshop、Flash、Dreamweaver 等软件作为开发平台。

本书适合从事网页设计的人员及相关专业学生使用。

图书在版编目（CIP）数据

网页美工：网页设计与制作 / 崔建成著. —2 版. —北京：电子工业出版社，2019.6

ISBN 978-7-121-30876-5

Ⅰ．①网… Ⅱ．①崔… Ⅲ．①网页制作工具 Ⅳ.①TP393.092

中国版本图书馆 CIP 数据核字（2019）第 057567 号

策划编辑：关雅莉
责任编辑：张　慧
印　　刷：天津千鹤文化传播有限公司
装　　订：天津千鹤文化传播有限公司
出版发行：电子工业出版社
　　　　　北京市海淀区万寿路 173 信箱　邮编　100036
开　　本：787×1 092　1/16　印张：16.75　字数：428.8 千字
版　　次：2014 年 6 月第 1 版
　　　　　2019 年 6 月第 2 版
印　　次：2024 年 7 月第 9 次印刷
定　　价：49.80 元

凡所购买电子工业出版社图书有缺损问题，请向购买书店调换。若书店售缺，请与本社发行部联系，联系及邮购电话：(010) 88254888，88258888。

质量投诉请发邮件至 zlts@phei.com.cn，盗版侵权举报请发邮件至 dbqq@phei.com.cn。

本书咨询联系方式：(010) 88254617，luomn@phei.com.cn。

前言 | PREFACE

　　网页设计是现代艺术设计中具广泛性和前沿性的新媒体艺术形式之一，它伴随媒体技术与艺术的发展而发展。作为一个优秀的网站，在结构设计、导航设计、色彩设计、内容设计等各个方面都应该是非常严谨的。一个优秀的企业网站看上去可能很简单，但却给人一种吸引力，使浏览者在观赏网站的同时，不知不觉地记住企业的相关信息，感受到企业的文化。从一定意义上来讲，企业网站代表一个企业的精神面貌，是企业在网络媒体上的形象。如果一个企业的网站不能反映企业的形象，且因粗糙的文字、粗劣的图片及千篇一律的布局而影响企业在浏览者心目中的形象，反而会对企业形象的传播起到副作用。

　　本书是一本专门针对网页设计的书籍，从网页的艺术设计到功能设计全面体现作者的良苦用心。其中，第 1 章讲述网站 Logo、导航栏、Banner、内容栏、版尾五个方面的内容及相关软件知识，并以案例的形式阐述不同按钮的设计制作方式。第 2 章讲述网页版式设计方法，将网页版式设计原则、版式结构、版式设计方法逐一呈现给读者，并以静态网页界面设计案例作为补充，紧紧围绕第 1 章的五个方面展开，内容简洁，层次分明。第 3 章讲述网页创意与规划设计，从发展的角度阐述网站的项目规划、内容组织及网站建设的必要性，并以"小福屋"案例为主线，从策划、文案、草图、设计等方面逐一展开，以静态的形式展现网页的设计理念。因为有了 VI 部分作为基础，所以"小福屋"的定位非常明确——一个商业网站。"小福屋"的网页设计也是对 VI 的补充。第 4 章讲述网页配色的知识，从艺术的角度阐述色彩、色彩搭配的原则及界面设计配色技巧，并将色彩知识融入"儿童线上教育网站"案例的设计制作中。第 5 章以案例的形式讲述网页的制作过程，包括前期策划书、网站建站目标及功能定位、网站整体风格、网站的结构和内容，并综合运用 Photoshop、Flash、Dreamweaver 等软件作为开发平台。其中，"银时代"是一个商业网站，是一个实际存在的品牌，其品牌历史、品牌文化等资料都是完善的，所以"银时代"的网页设计是根据"银时代"品牌定位策划完成的，页面版式、页面色彩、图片处理效果、Flash 动画等都根据"银时代"的品牌重新定位并设定。在"银时代"案例部分，设计方面主要侧重整体风格的体现，在技术方面使用 Photoshop 制作页面效果及处理图片效果，并使用 Flash 制作 Banner 动画。本书为"小 5 班"案例设计了两个版本，通过两种不同的版式制作出不同的网页风格。"小 5 班"网站是为艺术设计专业的班集体设计的，这个班集体具有典型大学生群体的个性特征。他们重视自我、勇于展现自己，迫切地希望个人与社会并重，追求个人能力和社会大环境的共同进步，存在自我实现的强烈愿望。"小 5 班"

网站存在的目的是伴随这个集体一起成长、成熟，一起走向社会，面对工作，面对各种专业问题。相对来说，"小 5 班"网站更侧重展示个性。

总之，全书不仅介绍设计网站时必须掌握的色彩理论、图像设计、动画设计、字体设计、创意设计及页面版式设计等内容，而且以案例的形式完整介绍在实际制作网站的过程中应做到的方方面面。

特别声明：本书引用的图片及相关作品仅供教学分析使用，版权归原作者所有，在此对本书引用图片及相关作品的作者表示衷心感谢！

本书由青岛科技大学崔建成著。感谢卢杰、周围等人员的大力支持。由于水平有限，书中不妥之处在所难免，恳请各位读者批评指正。

CONTENTS | 目录

第 **1** 章

网页设计概述

网页设计既是艺术设计相关专业的一门主干专业必修课，也可作为影视美术、动画、摄影、工业设计、展示设计、广告学等专业的选修课。网页设计是网站建设技术形态的延伸，并以视觉艺术为主要表现形式。

网页设计所涉及的诸多内容之间不是孤立存在的关系，而是共生共融、互为依存的关系。网页设计者以所处时代所能获取的技术和艺术经验为基础，依照其设计目的和要求，自觉地对网页的构成元素进行艺术规划的创造性思维活动，创造出艺术化、人性化的浏览界面。网页设计不仅与网站主题的策划、访客的定位、智能交互的实现、网站的宣传推广等有密切的关系，还包括对图形图像处理、版式设计、音频和视频编辑等方面的艺术化处理，包含审美的基本要素，如造型、色彩等视觉传达设计中的因素，以及影视的艺术成分。

1.1 网页的界面构成

网页是由浏览器打开的文档，因此可以将其看作浏览器的一个组成部分。网页的界面只包含内置元素，而不包含窗体元素。以内容来划分，一般的网页界面包括网站 Logo、导航栏、Banner、内容栏和版尾共五个部分。

1.1.1 网站 Logo

网站 Logo 是整个网站对外的唯一标识和标志，是网站商标和品牌的图形表现。网站 Logo 的内容通常包括特定的图形和文本。其中，图形往往与网站的具体内容或网站所属企业的文化紧密结合，以体现网站的特色；文本主要起到加深用户印象的作用，这些文本既可以用于介绍网站的名称、服务，也同时可以体现网站的价值观、宣传口号。

由于网页尺寸的制约，所以要求网站 Logo 的尺寸尽可能小。同时，网站的特性决定了浏览者通常对网站 Logo 产生短暂清晰的记忆，通过低成本大量反复浏览，即可产生对网站 Logo 的深刻记忆。因此，网站 Logo 对于合成文字的追求已逐渐成为一种事实规范。当然，构成网站 Logo 的元素除文字外，也可以是花纹图案或卡通形象。网站 Logo 的设计灵活性较大，每个设计师都会有自己的独特构思。通常可以分为以下几类。

① **以字符为主的网站 Logo**：这类网站 Logo 比较常见，其特点是简洁大方、识别性较高。

② **字符与图形结合的网站 Logo**：字符与图形二者结合会产生一种强烈的现代感和视觉冲击力，容易给浏览者留下深刻的记忆。

③ **以图形为主的网站 Logo**：以图形为主的网站 Logo 大多以卡通形象作为标志，易于识别，使人印象深刻。使用此类标志的网站一般在内容上会与网站 Logo 的卡通形象相吻合。

设计大师 Poorfish 认为，一个好的网站 Logo 应具备以下条件，或者至少具备其中的几个条件：

① 符合国际标准；

② 精美、独特；

③ 与网站的整体风格相融；

④ 能够体现网站的类型、内容和风格；

⑤ 在最小的空间内尽可能地表达出整个网站、公司的创意与精神等。

图 1-1 包含几个企业的商标，这些商标往往与其官方网站的网站 Logo 一致。

■ 图 1-1

知识链接

为了便于在 Internet 上传播信息，制定一个统一的网站 Logo 的国际标准是必要的。目前已经有了这样的一整套标准。其中，关于网站的 Logo 有三种规格。

① 88 像素×31 像素是互联网上最普遍的网站 Logo 规格。

② 120 像素×60 像素这种规格用于一般大小的网站 Logo。

③ 120 像素×90 像素这种规格用于大型网站 Logo。

当然 200 像素×70 像素这种规格的网站 Logo 也已经出现。

1.1.2 导航栏

导航栏用于索引网站内容，是帮助用户快速访问所需内容的辅助工具。根据网站内容，既可以为每个网页设置多个导航栏，还可以设置多级的导航栏以显示更多的导航内容。

导航栏内容包含的是实现网站功能的按钮或链接，其项目的数量不宜过多。通常，同级别的项目数量以 3～7 个为宜。超过这一数量的项目应尽量放到下一级别处理。设计合理的导航栏可以有效地提高用户访问网站的效率。

1. 响应式导航栏

响应式网站页面的设计是当前网页设计的流行趋势，如图 1-2 所示为响应式导航栏。其网站设计的理念是：页面的设计与开发应根据用户行为及设备环境（系统平台、屏幕尺寸、屏幕定向等）进行相应的响应和调整。无论用户正在使用笔记本电脑还是 iPad，页面都应该能够自动切换分辨率、图片尺寸及相关脚本功能等，以适应不同设备，即页面应该有能力自动响应用户的设备环境。因此在设计导航栏菜单之前，要谋划好导航栏菜单在手机、平板电脑、计算机桌面上的布局。

在响应式导航栏的设计中，还可以采用 Flash 或 jQuery 脚本等实现动画元素吸引用户访问。

2. 全屏式导航栏

全屏式网站页面的设计，指的就是页面内容几乎占据了整个显示器屏幕，这样的风格样式也被很多人接受和使用，如图 1-3 所示为全屏式导航栏。

■ 图 1-2

■ 图 1-3

常规网页的页面宽度在 980 像素～1024 像素的居多，这样设计的网页旁边有很多的留白，而全屏式类型的网页则不同，它的页面会占用整个屏幕的 95% 以上，甚至是 100%。

全屏式网站页面的设计通常都采用合理的页面布局方式，加上漂亮的、精选的页面背景，且整个页面多半以图片为主，而且图片之间的留白也比较多、比较大，在感官上能够给人很大的视觉冲击力。

全屏式网站页面主要以图片为主，所以文字内容则不是特别多，也就是说，其承载的信息内容比较少。由于页面占用的面积大，并不清爽和简洁，容易给人"压抑感"。

并非所有的网站都适合使用全屏式页面设计的页面风格，摄影类、个人相册展示类网站及一些其他主要以展示图片为主的网站或页面适合使用。其他类型的网站，由于需要展现很多的信息内容，因此并不适用。

3. 垂直式导航栏

打破常规设计的手法有很多，其中之一就是将导航菜单设计为纵向的。垂直的导航栏设计并不是简单地将横向变为纵向，而是需要结合内容，重新思考整个网站的布局和空间的使用。

这种排版最流行的有两种：第一种是隐藏式导航菜单；第二种使用的是固定的侧边栏来承载菜单（图 1-4 固定侧边栏），它在色彩运用上通常使用与网页色调相柔和、协调的颜色，既能起到很好的交互作用，又不喧宾夺主。第二种导航栏的有趣之处在于，它为网站设计提供了一种新的视觉设计可能性。同时，这种导航在小屏幕上可以做成悬停隐藏式菜单栏（图1-5悬停隐藏式菜单栏），需要的时候再单击显示，它在色彩的运用上没有太多的限制，使用鲜明或柔和的色彩均可，但在设计时需注意导航栏的色彩设计必须与网页整体色彩相协调。

■ 图1-4

■ 图1-5

1.1.3 Banner

Banner的中文意思为旗帜或网幅，是一种可以由文本、图像和动画相结合而成的网页栏目。Banner的主要作用是显示网站的各种广告，包括网站自身产品的广告和与其他企业合作放置的广告，如图1-6、图1-7所示。

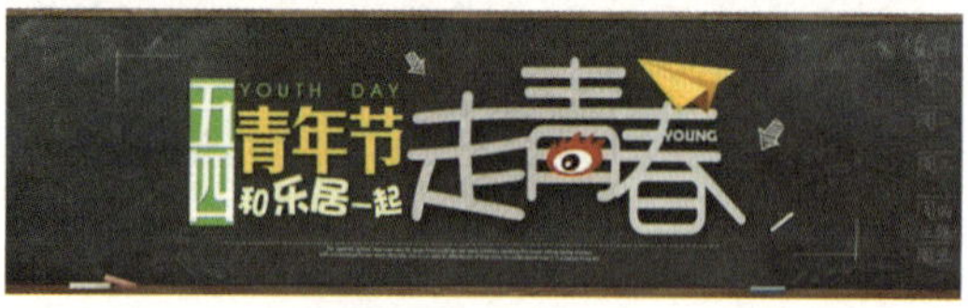

■ 图1-6

■ 图1-7

在网页中预留标准 Banner 大小的位置，可以降低网站广告用户的 Banner 设计成本，使Banner 广告位的出租更加便捷。

国际广告局的"标准和管理委员会"联合广告支持信息和娱乐联合会等国际组织，推出了一系列网络广告宣传物的标准尺寸，称作"IAB/CASIE"标准，共包括七种标准的 Banner尺寸。

在众多商业网站中，通常都会遵循Banner的标准定义尺寸，方便用户设计统一的 Banner，并应用在所有网站上。然而，在一些不依靠广告位出租赢利的网站中，Banner 的大小则比较自由。网页设计者完全可以根据网站内容及页面美观的需要随时调整 Banner 的大小。

知识链接

国际广告局（Internet Advertising Bureau，IAB）的"标准和管理委员会"联合广告支持信息和娱乐联合会（Coalition for Advertising Supported Information and Entertainment，CASIE）联合规定了一系列网络广告宣传物的标准尺寸。这些尺寸作为建议，提供给广告生产商和消费者，使大家都能接受。现在网站上的广告几乎都遵循 IAB/CASIE 标准。

2001 年第二次标准公布尺寸（像素）及名字

①120×600："摩天大楼"形。

②160×600：宽"摩天大楼"形。

③180×150：长方形。

④300×250：中级长方形。

⑤336×280：大长方形。

⑥240×400：竖长方形。

⑦250×250："正方形弹出式"。

另一种比较通用的形式（像素）及用途：

①120×120：适用于产品或新闻照片展示。

②120×60：主要用于网站 Logo 制作。

③120×90：应用于产品演示或大型网站 Logo。

④125×125：适用于表现照片效果的图像广告。

⑤234×60：适用于框架或左右形式主页的广告链接。

⑥397×72：主要应用于有较多照片展示的广告条，用于页眉或页脚。

⑦468×60：应用最为广泛的广告条尺寸，用于页眉或页脚。

⑧88×31：主要用于网页链接，或网站小型的网站 Logo。

1.1.4 内容栏

内容栏是网页内容的主体，通常可以由一个或多个子栏组成，包含网页提供的所有信息和服务项目。内容栏的内容既可以是图像，也可以是文本，还可以是图像和文本结合的各种内容，如图 1-8 所示。

在设计内容栏时，用户可以首先独立地设计多个子栏，然后再将这些子栏拼接在一起，形成整体的效果。同时，还可以对子栏进行优化排列，提高用户体验。

如果网页的内容较少，则可以使用单独的内容栏，通过添加大量的图像使网页更加美观。

■ 图 1-8

1.1.5 版尾

正文页面设计完成后，也不要忘记页面底部的版尾设计，设计者应从整体的角度考虑页面的全面性，以避免头重脚轻。设计者往往容易忽视版尾，但版尾放置的基本都是联系信息、链接网站、版权声明等重要内容，所以简洁、明了又富有创意性是整个页面完整、美观的重要因素。

其实，版尾不应该以这种方式存在，事实上，版尾的重要性和导航栏相当，或者更甚。因为对大多数浏览者来说，版尾是他们最后的"停泊港"，而这恰好应该成为一个绝佳的入口，即为浏览者提供注册服务、联系网站（提供信息/问题咨询）等。因此，当浏览者到达网页底部时，设计者想给他们看什么？当然是让版尾变得好看，就算版尾没有任何东西（按钮、链接等），只要视觉效果出众，它依然可以成为网站整体中有力的那个部分。因此，设计时应注意以下几点。

1. 有良好的视觉层次

浏览者阅读网页时需要的不是一屏到底，而是段落分明的层次感，首先是标题，然后是正文、版尾，诸如此类。建立一个优秀的列表样式能够提高网页的聚焦性和可读性。

当然，干净良好的排版也至关重要。当有大量信息要处理时，简约风格是不二选择。在版尾设计上，同样要保证排版干净，元素有序，空间通透不拥挤。

除此之外，在版尾部分还可以提供独立的导航条，为将页面滚动到底部的浏览者提供一个导航的代替方式。

版权的书写应该符合网站所在国家的法律规范，同时遵循一般的习惯，如图 1-9 所示。正确的版权书写格式如下。

Copyright (©) [Dates] (by) [Author/Owner] (All rights reserved.)

在上面的文本中，小括号"（）"中的内容可省略，中括号"[]"中的内容可以根据具体信息而更改。

■ 图 1-9

2. 合理留白

留白在版尾设计中同样重要，因为涉及布局，留白能够分割出不同的区块，起到绘制不同区域的效果。当然，留白不是仅指存在的白色空间，只要是无内容填充的部分都可以称为留白，如图 1-10 所示。

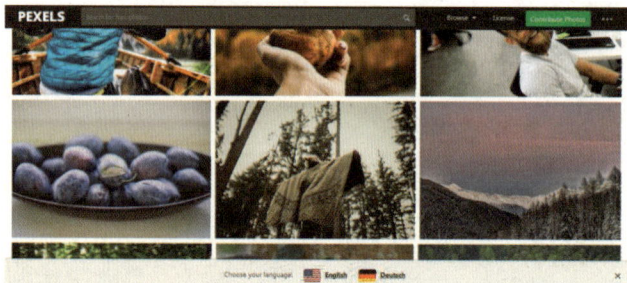

■ 图 1-10

3. 把版尾和内容分离开

大多数版尾都是以深色背景为主的，有些则直接用插画作为背景。无论哪种情况，都要确定的是版尾看起来是和内容分离开的，这样才不会混乱，才能保证视觉上的层次性，如图 1-11所示。

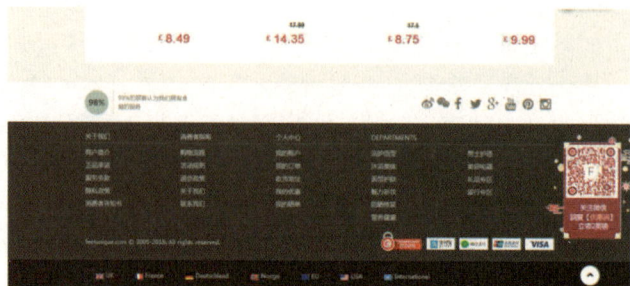

■ 图 1-11

知识链接

在网页界面构成中还有一个不可忽视的元素就是"按钮"。当前，在页面里要强调的链接自然会以按钮的形式表现，尤其所谓重量级按钮是促成浏览者完成页面功能的一个很重要的部分，所以对于按钮本身来讲，应该具有"吸引眼球"的效果。对于一个可以起到"吸引"作用的按钮，建议从下面几个方面来思考。

1. 按钮本身的用色

按钮本身的颜色应该区别于它周边的环境色。一个好的按钮的设计颜色一定与众不同。通常，它要更亮而且有高对比度的颜色，如图1-12所示的色彩鲜明的按钮设计效果。

2. 按钮的位置

设置按钮位置时需要仔细考究，设计的基本原则是要容易找到，如产品旁边、导航的顶部右侧，特别重要的按钮应该处在画面的中心位置。例如，如图1-13所示，将按钮设计于产品旁；而如图1-14所示，则将按钮设计于画面中心。

■ 图1-12

■ 图1-13

■ 图1-14

3. 按钮上的文字

在按钮上使用什么文字以便将信息传递给浏览者非常重要。文字要言简意赅，直接明了，如注册、下载、创建、免费试玩、增值服务等，甚至有时候用"点击进入"，但需要注意的是，千万不要让浏览者去思考，越简单、越直接越好，且不能误导或欺骗浏览者，如图 1-15 所示的简洁明了的按钮文字。

■ 图 1-15

4. 按钮的尺寸

通常来讲，一个页面当中按钮的大小也决定了其本身的重要级别，但并不都是越大越好，尺寸应该适中，因为按钮大到一定程度，会让浏览者觉得那不像按钮，而潜意识地认为那是一块区域，导致没有点击的欲望。如图 1-16 所示，大小适中且清晰可辨的按钮，极具奢侈感。

■ 图 1-16

5. 使其充分通透

按钮不能和网页中的其他元素挤在一起，它需要充足的外边距才能更加突出，也需要更多的内边距才能让文字更容易阅读，如图 1-17 所示。

■ 图 1-17

6. 注意鼠标滑过的效果

有些时候，对于一些重要的按钮，可以适当添加一些鼠标滑过的效果，这样做会有力地增强按钮的点击感，给浏览者带来良好的体验，起到画龙点睛的作用。但要注意的是，这种效果不太适合按钮集中的地方。如果每个按钮都增加高亮的鼠标滑过的效果，则会造成视觉混乱，影响浏览者浏览的舒适度，所以要强调的是"恰当"地添加鼠标滑过的效果。如图 1-18 所示为鼠标"滑过"的对比效果。

其实，在我们平常的设计当中有很多按钮需要低调"处理"，也就是说，在一个页面当中，众多的按钮是有功能优先级别的，这样就务必让一堆按钮呈现出视觉的优先级别。按钮群除大小、位置区分优先级外，很重要的一点是色块的区分，高饱和色块的按钮群是不建议使用的。高饱和色调的应用往往是为了突出重点，而非强调整体，所以这种局部的处理方式建议用众多的低饱和色调来衬托小部分高饱和色调的重点信息。

7. 游戏按钮视觉表现

在众多的游戏官网中，可以看到各式各样的游戏按钮，相对于一般商务型按钮来讲，游戏型按钮更加在意的是质感上面的表现，如金属、石头、玻璃、木头、塑胶等，通过质感的选择表现来表达游戏本身的特质。

在对游戏按钮进行设计的时候，应尽可能结合游戏的特质，究其独特性，细腻地刻画，然后做到系统地应用，达到视觉的统一性，这种在游戏官网上的应用尤为重要。

通常，有特点的按钮体现的是整个画面的重点视觉诉求，也是功能的重点。应从游戏的定位考虑，再根据要表达的主题，变化性地设计按钮，强化游戏特点，但最终的效果是突出整体画面的协调与重点的突出，如图 1-19 所示。

图 1-18

图 1-19

1.2 网页艺术设计的相关软件

网页设计涉及很多因素，除需要掌握一个主要的网页编辑软件外，还需要利用其他软件来辅助完成网页视觉元素的制作及网站的发布、维护等工作，如图形图像软件、网页动画软件、文件传输软件和音、视频编辑软件等。每类不同的软件有很多，读者没有必要全部掌握，只需熟悉每类中的一个即可。选择软件的原则是：选择主流、兼容性强、适合读者原来操作习惯的软件。当然，也要考虑软件的价格问题。

1. 网页编辑软件

网页编辑软件主要有 Macromedia 公司开发的 Dreamweaver 软件、Adobe 公司开发的 GoLive

软件及 Microsoft 公司开发的 FrontPage 软件。本书教学选用的软件是 Dreamweaver，它是目前应用最广的网页制作软件。

Dreamweaver 是一个可视化的网页设计和网站管理工具，它提供了独立于平台和技术的开发环境，该环境支持 PHP、J2EE 和 Microsoft.NET，并可在 Microsoft Windows 和 Apple Macintosh 平台上运行。Dreamweaver 能够与常用的动画制作软件 Flash、图像软件 Adobe Photoshop 及办公软件 Word 和 Excel 较好地集成。Dreamweaver 在编辑时可以选择可视化方式或源码编辑方式，支持最新的 Web 技术，包含 HTML 检查、HTML 格式控制、HTML 格式化选项、HomeSite/BBEdit 捆绑、可视化网页设计、图像编辑、全局查找替换、全 FTP 功能、处理 Flash 和 Shockwave 等多媒体格式、动态 HTML 和基于团队的 Web 创作。

Dreamweaver 是 Macromedia Studio 的一部分，Macromedia Studio 是包括 Flash、Fireworks、Contribute 和 FlashPaper 等软件的集成套件。

2. 图形图像软件

图形图像软件用于处理网页中的图片和部分动画。其中，像素图像处理软件主要有 Adobe 公司开发的 Photoshop、ImageReady 软件和 Macromedia 公司开发的 Fireworks 软件；矢量图形处理软件主要有 Corel 公司的 CorelDRAW 软件、Adobe 公司的 Illustrator 软件和 Macromedia 公司的 Freehand 软件。

（1）Adobe Photoshop 和 ImageReady。

Photoshop 是数字专业图像编辑领域内使用最普及的软件，它提供高效的图像编辑、处理及文件处理功能，与其他软件的兼容性强，支持各种主流图像格式。例如，Photoshop 自带的 ImageReady 则主要用于网页图像的制作和优化，它与 Photoshop 界面统一、无缝集成。Photoshop 用户可以很轻松地使用 ImageReady 制作网页图片，如图 1-20 所示。

■ 图 1-20

（2）Fireworks。

Fireworks 是专业的网页图片编辑工具，它与 Dreamweaver 软件的融合度很高，可以制作专门针对网页优化的各种元素或效果，如导航条、切片、GIF 动画等。

（3）Adobe Illustrator。

Adobe Illustrator 是一个矢量绘图软件，在 Microsoft Windows 平台和 Apple Macintosh 平台上都能良好地运行。它允许创建复杂的艺术作品、技术图解、图形和页面设计图样、多媒体及 Web。Illustrator 有强大的图形处理功能，提供了广泛的强大绘图和着色工具，支持所有主要的图形图像格式。

（4）CorelDRAW。

CorelDRAW 也是一款专业的矢量绘图软件，功能丰富全面、接口开放性好。该软件自带许多工具，可以将位图图形转化为矢量图形，在图片编辑方面增加了许多新的特性、新的学习工具，在插画和页面布局方面也进行了加强。CorelDRAW 主要运用在 Microsoft Windows 平台。

（5）HTML。

HTML 也称作超文本标记语言，是标准通用标记语言下的一个应用。"超文本"就是指页面内可以包含图片、链接，甚至音乐、程序等非文字元素。超文本标记语言的结构包括"头"部分（Head）和"主体"部分（Body）。其中，"头"部分提供关于网页的信息，"主体"部分提供网页的具体内容。

网页的本质就是 HTML，通过结合使用其他的 Web 技术（如脚本语言、CGI、组件等），可以创造出功能强大的网页。因而，HTML 是 Web 编程的基础，也就是说，万维网是建立在超文本基础之上的。

3．网页动画软件

网页动画主要有 Flash 动画和 GIF 动画，Flash 动画可以通过 Macromedia 公司的 Flash 软件或第三方的 Flash 动画软件制作，GIF 动画可使用网页图形图像软件如 ImageReady、Fireworks 等制作，也可使用专门的 GIF 动画软件制作。

（1）Flash。

Flash 是一款功能强大的动画制作软件，利用它能够制作出具有一流动画效果的 Flash 影片。Flash 是交互式矢量图和 Web 动画的标准，网页设计师使用 Flash 能够创建漂亮的、可改变尺寸的、灵活的导航界面、技术说明及其他奇特的效果，甚至单独开发制作纯动画网站。

（2）KoolMoves Flash Editor。

KoolMoves Flash Editor 是一个网站动画制作软件，它能够制作 Flash 动画及其他与动画相关的素材。该软件还能够制作 GIF 动画、文字特效，导入矢量剪贴画，附加 WAV 音频文件，以及为文字按钮和帧增加动作等。

（3）GIF Movie Gear。

GIF Movie Gear 是一款 GIF 动画制作软件，首先，其编辑功能较强，无须再用其他图形软件辅助。它可以处理背景透明化，而且操作简便，通过最佳化处理压缩图片的容量。其次，它除可以把制作好的图片存为 GIF 格式的动画图外，还可支持 PSD、JPEG、AVI、BMP、GIF 与 AVI 格式输出。

4．文件传输软件

制作完成的网页文件，只有上传到服务器上才能被其他人看见，这就需要用文件传输软件来进行文件的上传与下载。除可使用 Dreamweaver 自带的上传、下载功能外，还可以使用更为方便的 FTP 软件来进行文件传输。目前常用的 FTP 软件有 CuteFTP、LeapFTP 和 FlashFTP 等。例如，CuteFTP 软件最大的好处是使用简单、传输稳定、功能也很完整，同时它还支持续传的功能。CuteFTP 的界面与资源管理器的界面很类似，支持以拖曳的方式上传，非常直观和方便。

1.3　按钮案例设计与制作

1.3.1　开始按钮制作

制作如图 1-21 所示的开始按钮。

■ 图 1-21

（1）在 Photoshop 中创建大小为 800 像素×500 像素的新文件（文件大小视实际情况需要来设立），背景颜色设置为黑色。

（2）打开"图层"面板，新建图层，并将新图层命名为"大软刷"。设定前景色为 R3、G48、B91。激活工具箱中的"画笔工具"，如图 1-22 所示，选择恰当的柔边软刷（以下雷同）在黑色背景中绘制如图 1-23 所示的发光背景效果。

（3）设置前景色为 R253、G220、B1。激活工具箱中的"椭圆工具"，在其属性栏中设置如图 1-24 所示参数，在画布的中心绘制一个黄色圆。此时，在"图层"面板中生成"椭圆 1"图层。

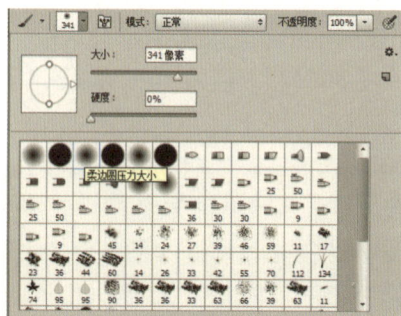

■ 图 1-22

■ 图 1-23

■ 图 1-24

（4）鼠标右键单击"椭圆 1"图层，在弹出的下拉菜单中执行"栅格化图层"命令。

（5）在"椭圆 1"图层上创建新图层，并将新图层命名为"黑色阴影"。激活工具箱中的

"画笔工具"，用柔边的黑色画笔在圆圈右侧底部画一些阴影，通过"自由变换工具"（Ctrl+T）调整阴影大小，效果如图 1-25 所示。此时，"图层"面板如图 1-26 所示。

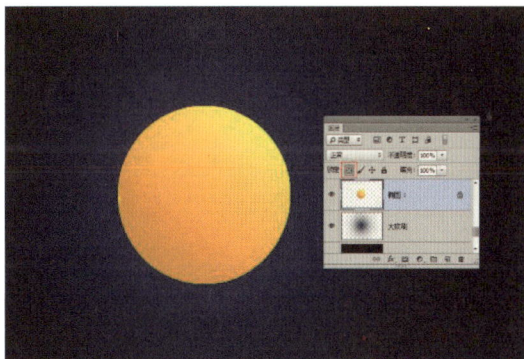

■ 图 1-25   ■ 图 1-26

（6）以黄色"椭圆 1"图层为当前层，激活工具箱中的"渐变工具"，在"渐变编辑"对话框中，如图 1-27 所示，依次设置渐变色为 R199、G134、B8，R222、G151、B15，R246、G226、B5。

（7）在"图层"面板中，单击"锁定"按钮，如图 1-28 所示，按住鼠标左键，从左下角向右上角拖曳鼠标，创建立体效果。

■ 图 1-27   ■ 图 1-28

（8）制作播放符号。设置前景色为黑色，激活工具箱中的"多边形工具"，在黄色圆中心绘制等边三角形，形成"多边形 1"图层，将其栅格化处理。

（9）以"多边形 1"图层为当前图层，激活工具箱中的"魔棒工具"，选中黑色三角形并反选。激活工具箱中的"画笔工具"，使用柔软白色笔刷，在三角形周围加入柔光，如图 1-29 所示。

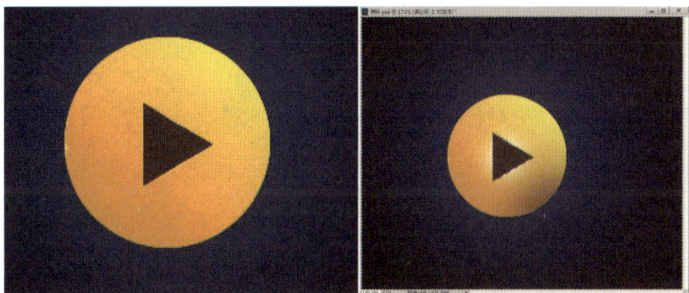

■ 图 1-29

（10）制作鼠标拖曳效果。创建新图层，并命名为"透明罩"图层，激活工具箱中的"画笔工具"，使用柔软的白色画笔结合选区工具，绘制如图 1-30 所示的高光效果。

（11）复制"透明罩"图层为"透明罩复制"图层，执行"编辑"→"变换"→"水平翻转"命令，将其移动到按钮的左上侧，效果如图 1-31 所示。

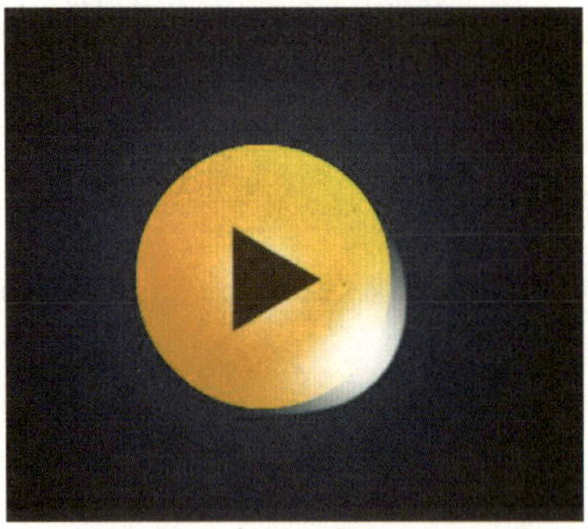

■ 图 1-30

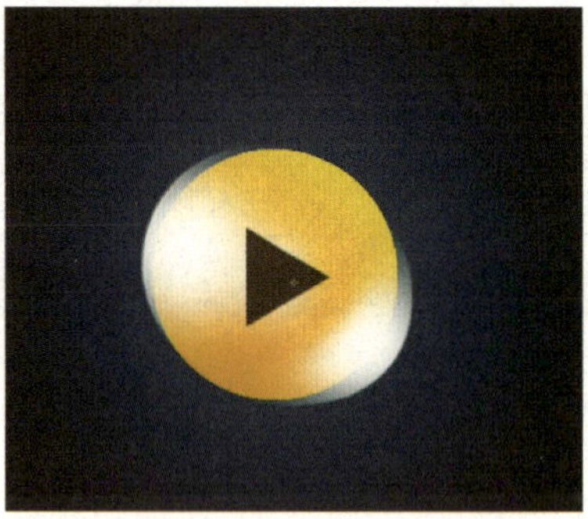

■ 图 1-31

（12）激活工具箱中的"画笔工具"，切换至"画笔"面板，选择适宜的软刷（本案例中使用水彩大溅滴效果），如图 1-32 至图 1-34 所示调整参数。

（13）设置前景色为 R24、G67、B108，在"背景"图层绘制出如图 1-35 所示整体形象柔和的绚丽光点。

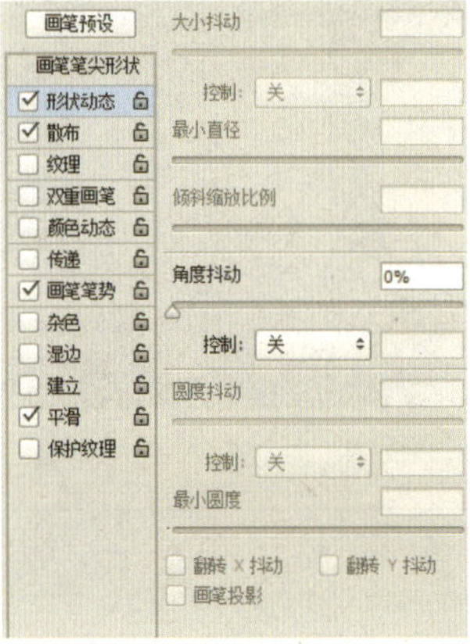

■ 图 1-32

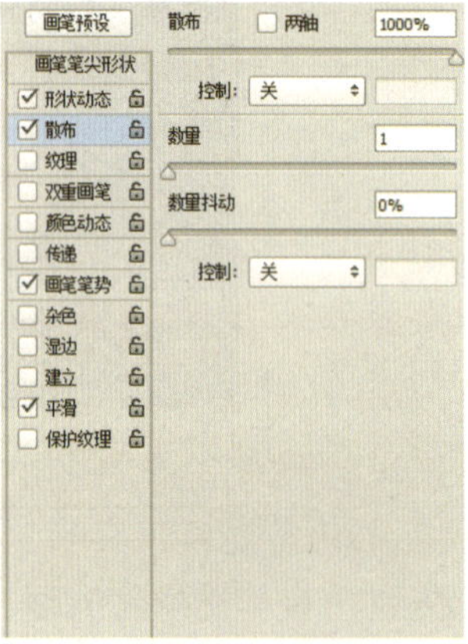

■ 图 1-33

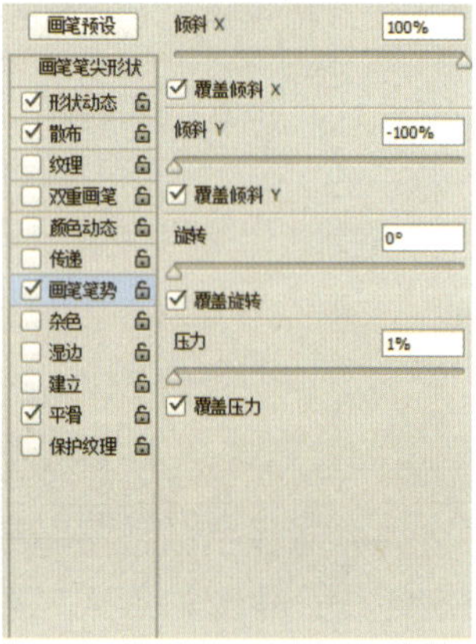

■ 图 1-34

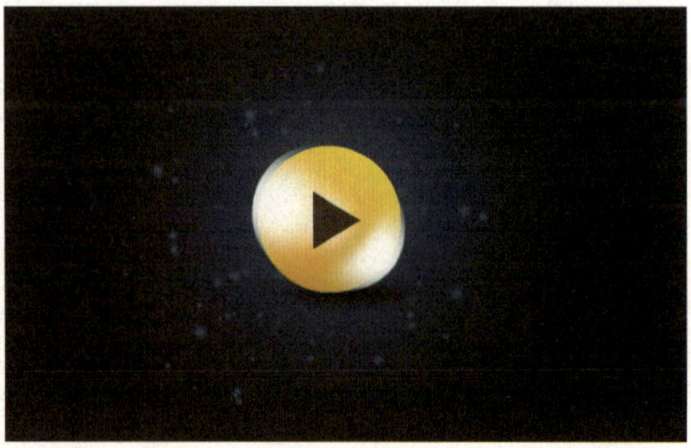

■ 图 1-35

（14）在"背景"图层上创建"眩光"图层，激活工具箱中的"画笔工具"，使用柔软笔刷（颜色设置为 R216、G86、B46），并用同样的方法涂刷黄色圆圈及其以上部分，效果如图 1-36 所示。此时，"图层"面板如图 1-37 所示。最终效果如图 1-21 所示。

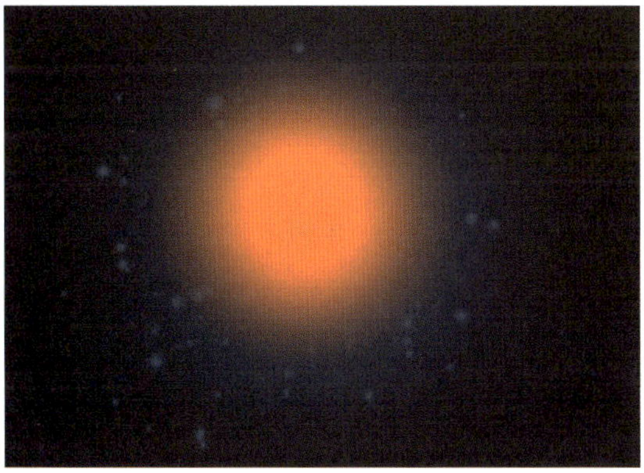

■ 图 1-36

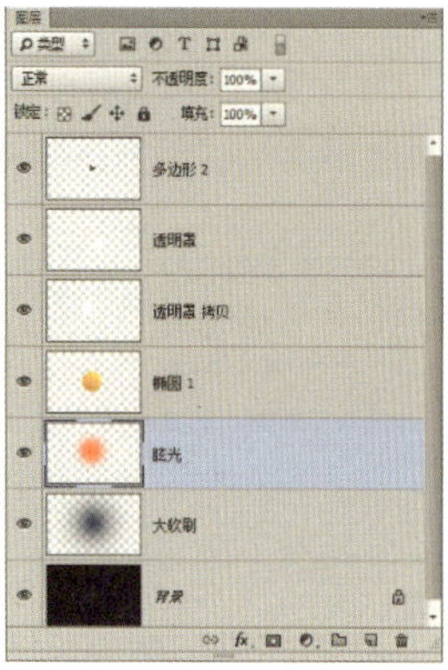

■ 图 1-37

（15）以"眩光"图层为当前图层，执行"图像"→"调整"→"色相/饱和度"命令，尝试更改参数。最终效果如图 1-38 所示。

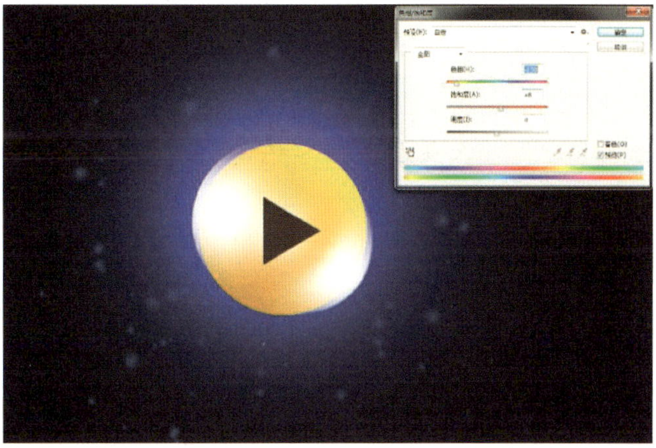

■ 图 1-38

1.3.2　透明效果按钮设计

设计如图 1-39 所示的透明效果按钮。

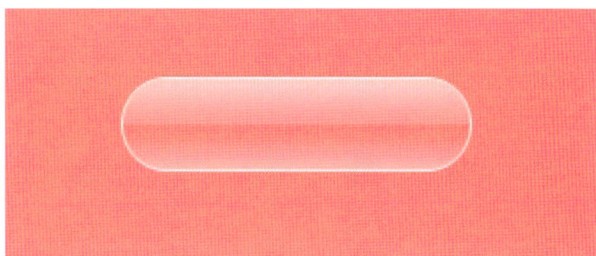

■ 图 1-39

（1）在 Photoshop 中执行"文件"→"新建"命令，在弹出的"新建"对话框中设置如图 1-40 所示的画布大小，单击"确定"按钮即可。

（2）打开"图层"面板，如图 1-41 所示，新建图层并命名为"背景色"，填充颜色（#fd698c）。在"背景色"图层上新建"边框"图层。

■ 图 1-40

■ 图 1-41

（3）以"边框"图层为当前图层。激活工具箱中的"圆角矩形工具"，在其属性栏中如图 1-42 所示选择"路径"选项，设置半径为 25 像素。按住鼠标左键绘制一个圆角矩形路径。如图 1-43 所示，单击"图层"面板下方的选区按钮，将路径转化为选区，效果如图 1-44 所示。

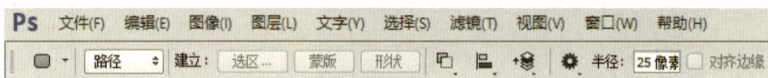

■ 图 1-42

■ 图 1-43

■ 图 1-44

（4）仍以"边框"图层为当前图层，在选区中填充白色。执行"选择"→"修改"→"收缩"命令，在弹出的对话框里（如图 1-45 所示）设置参数，单击"确定"按钮即可。

（5）在"图层"面板中，复制"边框"图层为"边框拷贝"图层。按 Delete 键删除，隐藏"边框"图层，效果如图 1-46 所示。此时，画布上只剩下一个 1 像素的白色边框。

（6）保留选区，在"边框拷贝"图层上新建一个图层，并命名为"渐变"。激活工具箱中的"渐变工具"，选择线性渐变，在"渐变编辑"对话框中，设置如图 1-47 所示的渐变色，注意将中间位置的色标不透明度调为 100%，两边设置为白色。在"渐变"图层中按住 Shift 键，由上至下填充渐变色。效果如图 1-48 所示。

■ 图 1-45

■ 图 1-46

■ 图 1-47

■ 图 1-48

（7）保留选区，继续新建图层并命名为"高亮"。此时，"图层"面板如图 1-49 所示。在"高亮"图层的选区中填充白色，并设置不透明度为 20%，效果如图 1-50 所示。

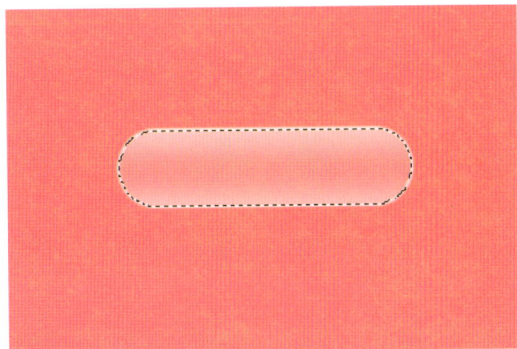

■ 图 1-49

■ 图 1-50

（8）取消选区。激活"矩形选框"工具，在按钮的下半部位置绘制一个方形选区，在"高亮"图层中按 Delete 键删除，形成透明质感按钮，效果如图 1-51 所示。

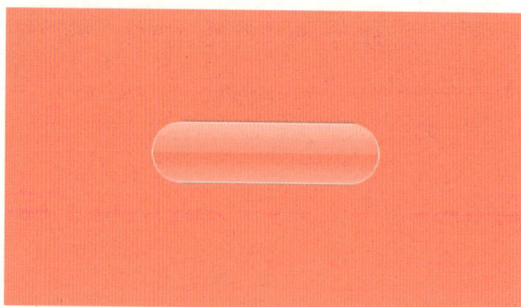

■ 图 1-51

1.3.3　圆形提示按钮制作

按钮一般包括鼠标正常（normal）、鼠标悬浮（hover）、鼠标按下（active）三种状态。通常用颜色或明度的变化来区分。下面可以看到正常状态和鼠标按下两种状态的按钮。它们之间利用明度上的细微变化来区分。这个按钮的制作特点是由多个图层组合的，细节变化主要靠渐变颜色的调节来实现，制作效果如图 1-52 所示。

新建文档，设置尺寸为 600 像素×600 像素，分辨率为 72 像素/英寸，背景设置为透明色。新建一个图层，命名为 bg，填充白色，这个白色的图层是为了更清楚地看到每个步骤，可以在最后应用中删除。

■ 图 1-52

1. 鼠标正常状态的按钮制作

（1）激活工具箱中的"圆形选框工具"，按住 Shift 键，在新建"图层 1"上绘制正圆形选区。激活工具箱中的"渐变工具"，在其属性栏中单击"径向渐变"按钮，打开"渐变编辑"对话框，设置色标颜色为从#8ac1f8 到#0961b8 的渐变色，如图 1-53 所示。

■ 图 1-53

（2）按住鼠标左键，从圆形选区的左上角向右下角拖曳鼠标，填充颜色效果如图 1-54 所示。

（3）双击蓝色圆形图层，打开"图层样式"面板，勾选"描边"选项，在"描边"选项中，设置大小为 1 像素，位置选择为"外部"，混合模式为"正常"，不透明度为 52%，颜色为#023468。如图 1-55 所示，单击"确定"按钮，效果如图 1-56 所示。采用"图层样式"设置的最大好处是可以"复制/粘贴"样式的参数，保证设计的一致性，方便网页设计中重复元素的设计制作。

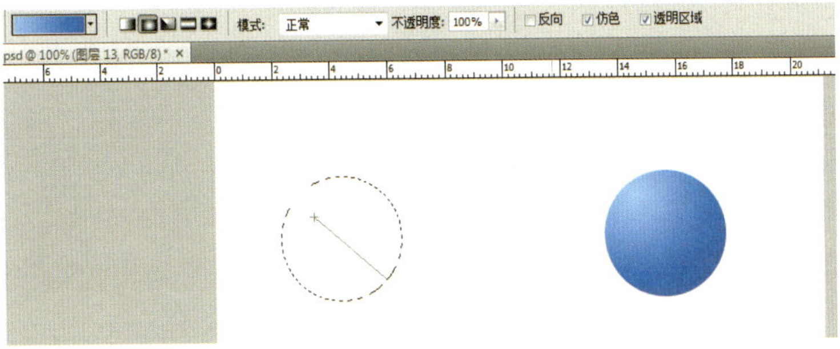

图 1-54

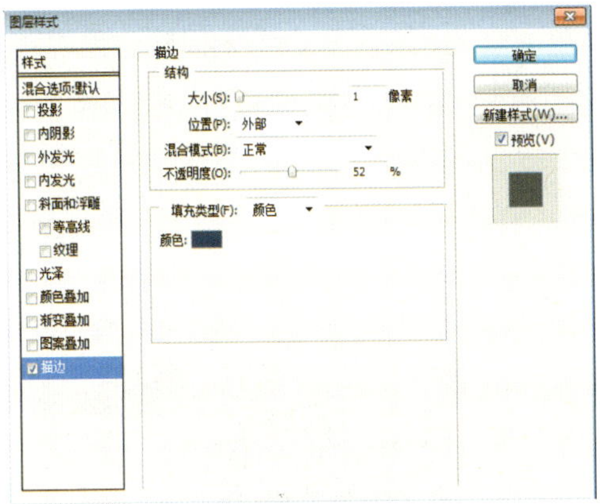

图 1-55

图 1-56

（4）复制该图层并命名新图层为"图层 2"。以"图层 2"作为当前图层，单击鼠标右键，在弹出的快捷菜单中选择"清除图层样式"命令。执行"编辑"→"变换"→"旋转"命令，将"图层 2"旋转到如图 1-57 所示位置。

（5）以"图层 2"作为当前图层，从标尺上拖曳出辅助线，并确定圆心位置备用，执行"编辑"→"变换"→"缩放"命令，按住 Shift+Alt 键缩小"图层 2"，效果如图 1-58 所示。

图 1-57

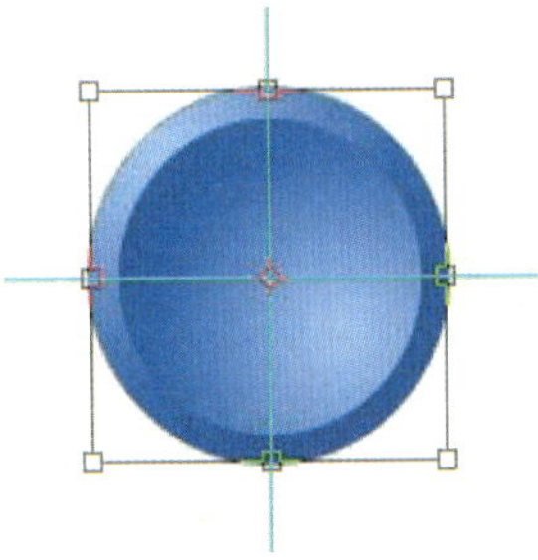

图 1-58

（6）用同样方法再次复制并缩小图形，效果如图 1-59 所示。

（7）新建"图层 4"图层，激活工具箱中的"椭圆选框工具"，设置羽化值为 2 像素，勾选"消除锯齿"选项，样式选择"正常"，绘制一个如图 1-60 所示的椭圆形。

（8）激活工具箱中的"油漆桶工具"，设置模式为正常，不透明度为 85%，容差为 0，填充颜色为白色#ffffff，效果如图 1-61 所示。

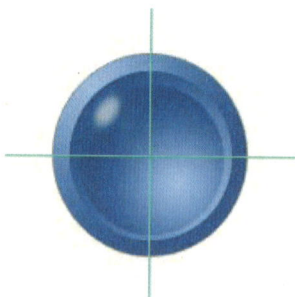

图 1-59   图 1-60   图 1-61

（9）选中"图层 4"，执行"编辑"→"变换"→"旋转"命令，调整白色椭圆形的角度和位置，也可以调整椭圆形的缩放等参数。根据需要，在"图层"面板中更改图层不透明度为 64%，效果如图 1-62 所示。

（10）激活工具箱中的"自定形状工具"，在其"属性"面板中单击"填充像素"按钮，在"待创建形状"中选择符号部分的"惊叹号"，设置颜色为白色#ffffff，在新建"图层 5"上绘制惊叹号，并调整其大小、位置，效果如图 1-63 所示。

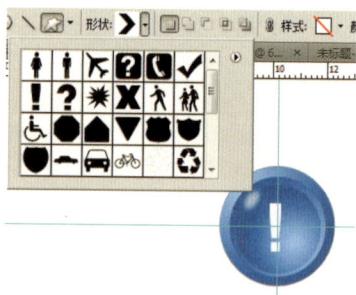

图 1-62   图 1-63

（11）双击"图层 5"，打开"图层样式"面板，如图 1-64 所示，勾选"投影"选项，在"投影"面板上设置混合模式为"正片叠底"，不透明度为 50%，角度为 103 度，勾选"使用全局光"，距离设置为 5 像素，扩展为 0%，大小为 9 像素，为白色的惊叹号设置一个投影效果，单击"确定"按钮，效果如图 1-65 所示。

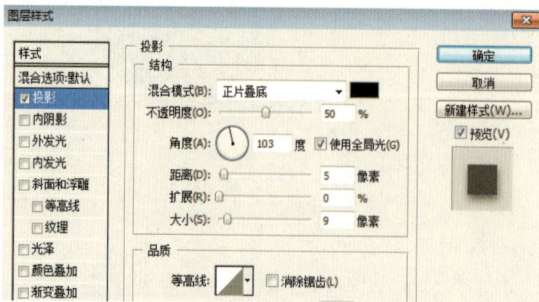

图 1-64

图 1-65

2. 鼠标按下状态的按钮制作

（1）新建"图层 1"，参考鼠标正常状态按钮的制作步骤制作第一层，然后拖曳出辅助线，确定圆心位置备用。

（2）新建"图层 2"，激活工具箱中的"椭圆选框工具"，从中心出发，按住 Shift+Alt 键绘制一个比"图层 1"稍小些的圆，效果如图 1-66 所示。

（3）激活工具箱中的"渐变工具"，选择"径向渐变"形式，在渐变编辑器上设置颜色为从 #bbddff 到#006699 的渐变，在圆形选区内拖曳鼠标，为圆形填充渐变颜色，效果如图 1-67 所示。

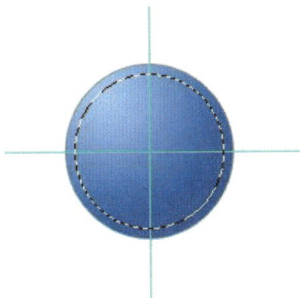

■ 图 1-66   ■ 图 1-67

（4）新建"图层 3"，激活工具箱中的"椭圆选框工具"，从中心出发，按住 Shift+Alt 键绘制一个比"图层 2"上的圆形稍小的正圆形。激活工具箱中的"渐变工具"，选择"径向渐变"形式，在"渐变编辑"对话框上设置颜色为从#bbddff 到#003366 的渐变，在圆形选区内拖曳鼠标，为圆形填充颜色，效果如图 1-68 所示。

（5）新建"图层 4"，激活工具箱中的"椭圆选框工具"，设置羽化值为 2 像素，绘制一个椭圆形，填充白色（#ffffff），调整位置、不透明度及角度，效果如图 1-69 所示。

■ 图 1-68   ■ 图 1-69

（6）新建"图层 5"，激活工具箱中的"自定形状工具"，选择惊叹号图形，用同样的方法绘制图形，如图 1-70 所示设置图层样式参数，单击"确定"按钮，效果如图 1-71 所示。

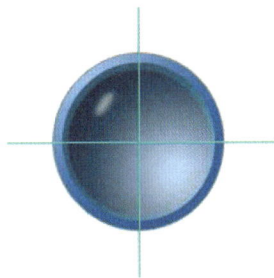

■ 图 1-70   ■ 图 1-71

1.3.4 圆形播放按钮制作

（1）在 Photoshop 中创建大小为 1500 像素×1000 像素的新文件（文件大小视实际情况的需要设立），背景设置为透明。

（2）激活工具箱中的"渐变工具"，在其属性栏中设置如图 1-73 所示的线性渐变参数，按住 Shift 键，由下向上拖曳，创建如图 1-74 所示的渐变背景。

（3）创建一个渐变调整层。激活工具箱中的"渐变工具"，在其"属性"面板中设置如图 1-75 所示参数的径向渐变，按住 Shift 键，由上向下拖曳，效果如图 1-76 所示。

（4）激活工具箱中的"椭圆工具"，在其"属性"面板中设置大小为 400 像素，在画布的中心绘制一个圆，不透明度设置为 80%，效果如图 1-77 所示。此时，在"图层"面板中生成"椭圆 1"图层。

■ 图 1-72

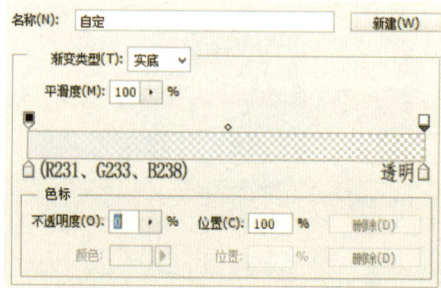

■ 图 1-73

■ 图 1-74

■ 图 1-75

■ 图 1-76

■ 图 1-77

（5）为"椭圆 1"图层添加效果。在"图层"面板中添加渐变叠加效果，颜色设置为 R202、

G202、B212 到 R202、G202、B212，具体参数如图 1-78 所示。添加内阴影效果，颜色设置为黑色，具体参数如图 1-79 所示。添加投影效果，颜色设置为白色，具体参数如图 1-80 所示。单击"确定"按钮，效果如图 1-81 所示。

■ 图 1-78　　　　　■ 图 1-79　　　　　■ 图 1-80

（6）激活工具箱中的"椭圆工具"，其"属性"面板中设置大小为 380 像素，在"椭圆 1"图层的中心画一个圆，效果如图 1-82 所示。此时，在"图层"面板中生成"椭圆 2"层。

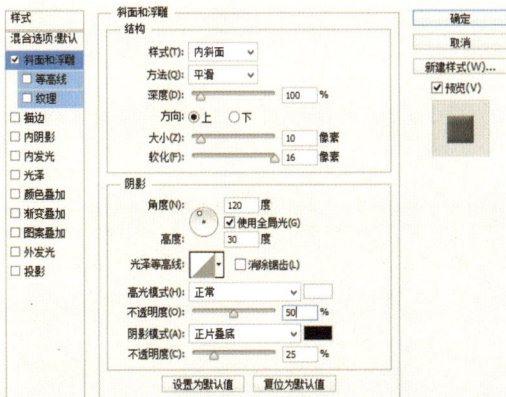

■ 图 1-81

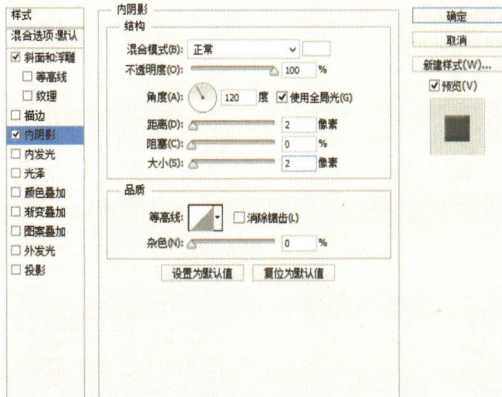

■ 图 1-82

（7）为"椭圆 2"图层添加效果。在"图层"面板中添加斜面和浮雕效果，具体参数如图 1-83 所示。添加"内阴影"效果，颜色设置为白色，具体参数如图 1-84 所示。添加"渐变叠加"效果，颜色设置为 R179、G183、B194 到 R244、G245、B246，具体参数如图 1-85 所示。最终效果如图 1-86 所示。

■ 图 1-83　　　　　　　　　　　■ 图 1-84

■ 图 1-85

■ 图 1-86

（8）在"图层"面板，复制"椭圆 1"图层，并命名为"投影"图层。单击鼠标右键，清除图层样式效果，将填充改为 0，并为其添加"投影"图层样式，具体参数如图 1-87 所示，单击"确定"按钮，效果如图 1-88 所示。

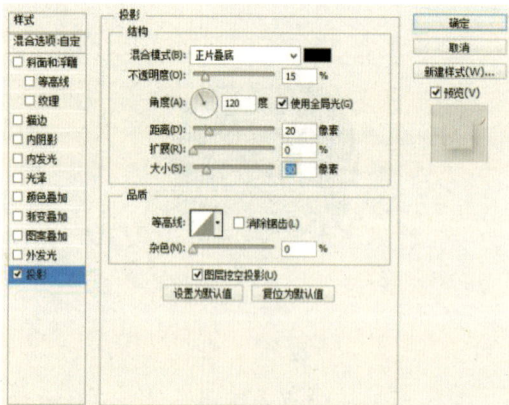

■ 图 1-87

■ 图 1-88

（9）激活工具栏中的"形状工具"，选择"自定形状工具"中的圆角三角形，按住 Shift 键将其画在"椭圆 2"图层中间，颜色设置为 R179、G183、B194，命名为"三角"图层，效果如图 1-89 所示。

■ 图 1-89

（10）为"三角"图层添加效果。在"图层"面板中添加"斜面和浮雕"效果，具体参数如图 1-90 所示。添加"投影"效果，颜色设置为黑色，具体参数如图 1-91 所示。最终效果如图 1-92 所示。此时，"图层"面板如图 1-93 所示。

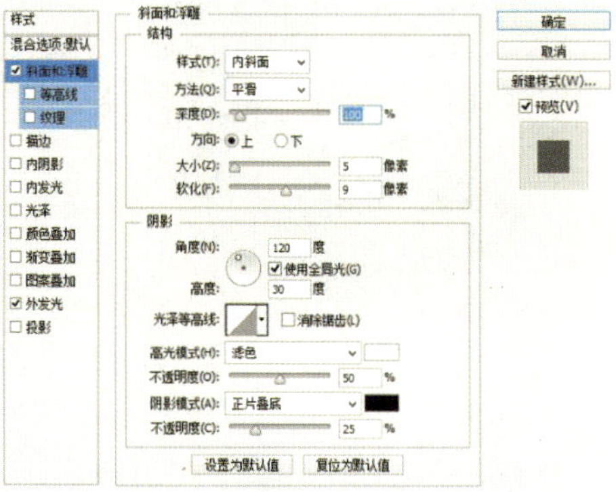

■ 图 1-90

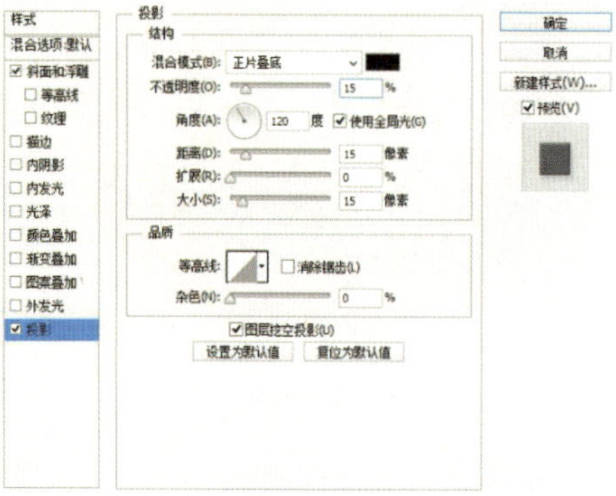

■ 图 1-91

■ 图 1-92

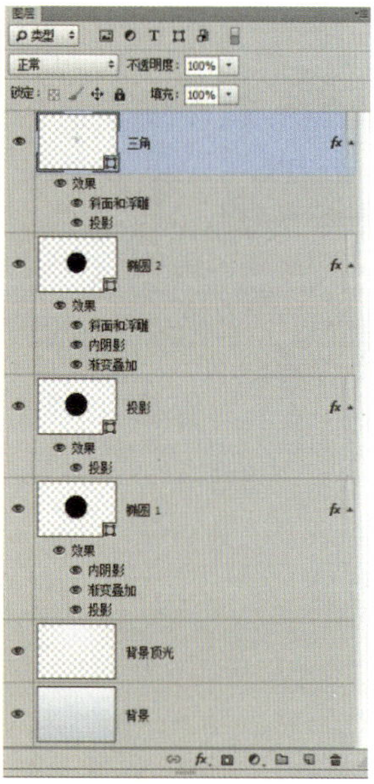

■ 图 1-93

实 践 与 提 高

1．网页界面包括哪几部分？请详细说明其各自的作用。

2．网站 Logo 的设计尺寸有几种？

3．简单分析在设计按钮时应注意哪些元素。

4．利用所掌握的软件知识，临摹如图 1-94～图 1-97 所示的按钮效果。

5．尝试为某个游戏主页设计几个按钮。

■ 图 1-94

■ 图 1-95

■ 图 1-96

■ 图 1-97

第 2 章

网页版式设计

网页版式是视觉传达的重要手段。网页的排版布局在网页设计中起到决定成败的作用。网页版式应遵循审美原则进行设计，合理地利用视觉元素，将使网页充满生气，事半功倍。虽然网页种类繁多，但将其分类后可寻找一定的设计规律。

网页设计的任务是显示设计者要表现的主题并实现指定的功能，使人们从网页的浏览中更好地找到需要的东西。网页既是信息发布的重要媒体，又要使浏览者通过阅读版面产生无限的遐想与共鸣，如图 2-1 所示。因此，版式设计是网页设计的第一步，是网页成败的关键基础。

每日数以万计的网页充斥着各大网站，形形色色的网页不断撞击着人们的眼球。普通的网页设计已不能满足人们的审美要求，网页在发挥其基础功能性的前提下更加需要被赋予艺术的元素。

图 2-1

2.1　网页版式设计应遵循的原则

网页版式设计的原则就是让浏览者既方便接收传达的信息，又能享受到美感。版面设计的目的是信息条理清晰、布局合理有序、界面美观悦目，更好地突出主题，达到最佳诉求效果。

1.　主题鲜明突出

既然网页版式设计目的是使网页的版面清晰、主题突出，以达到最佳的诉求效果，那么，作为一个成功的网页版式设计，应有助于增强浏览者对网页的注意，增进浏览者对内容的理解。因此，要使版面获得良好的诱导力，鲜明地突出诉求主题，可以通过对版面的空间层次、主从关系、视觉秩序，以及逻辑条理性的把握与运用来达到目的。一个成功的主页如图 2-2 所示。

网页实用功能直接影响着使用者对它的审美评价，实用甚至可以转化审美。这种美就叫作"功能之美"。网页设计在追求形式美的同时，必须符合主题的需要，这是网页设计的前提。如果在设计网页时只讲究花哨的表现形式，以及过于强调"独特的设计风格"而脱离内容，或者只求内容而缺乏艺术的表现，都会使网页变得空洞而无力。

■ 图 2-2

2.　版面技术得当

传统媒体（如广播、电视节目、报纸、杂志等）都以线性的方式提供信息，即按照信息提供者的感觉、体验和事先确定的格式来传播。而在 Web 环境下，人们不再是一个传统媒体方式的被动接收者，而是以一个主动参与者的身份加入信息的加工处理和发布之中。

网页中使用的交互性、多维性和多种媒体的综合性，是网页版面设计的完美体现。即时的交互性既是 Web 成为热点的主要原因，也是网页版面设计时必须考虑的问题。

网页排版方式千变万化，但是布局方式通常都遵循着几种常见的规则。在诸多布局方式当中（在此以 F 式布局为例），如图 2-3 所示，F 式布局可用性较强，且适用范围较广。它的设计基础是浏览者扫视内容时眼球的运动轨迹和字母 F 相似，而布局匹配这种阅读方式可以使浏览者更快地获取信息，因此得名为 F 式布局。

　　F 式布局源于 NNGroup 的一项眼动研究项目，他们跟踪了超过 200 名浏览者浏览各种网页时的眼动轨迹，发现浏览者在快速浏览网页时，尤其是在快速浏览文字内容时，眼球的运动轨迹类似字母 F。

　　NNGroup 的眼动跟踪研究证明了这一点，如图 2-4 所示，红色的部分是浏览者感兴趣的区域，黄色的区域次之，不感兴趣的部分则为蓝色的区域，灰色的区域是浏览者直接忽略不做停留的部分。

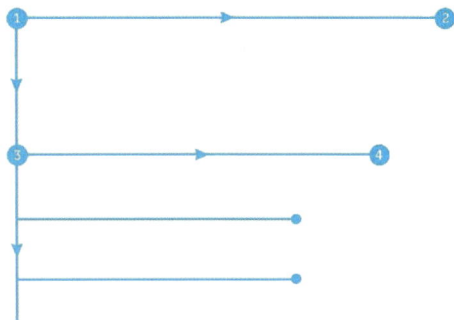

■ 图 2-3

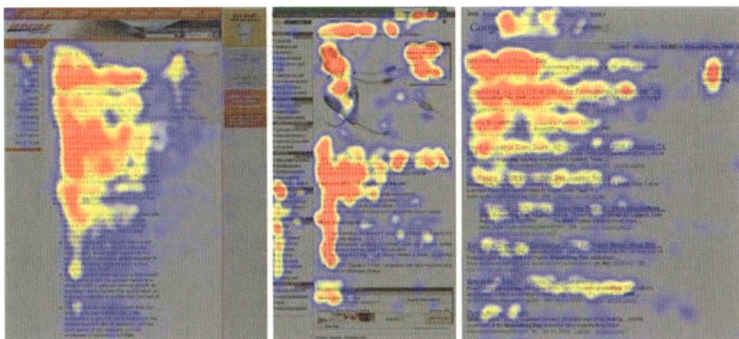

■ 图 2-4

　　F 式布局能够创造出更加富有层次感的设计，这样的设计更方便浏览者浏览和获取信息。对于世界范围内绝大多数的国家和地区而言，F 式布局是非常符合阅读习惯的，这种规则使得它可以广泛运用在 UI 和网页设计上。诸如新闻和博客这种注重文本内容的网站是适合 F 式布局的，如图 2-5 所示。

■ 图 2-5

　　多维性源于超级链接，主要体现在网页设计中对导航的设计上。使用超级链接，可以使网页的组织结构更加丰富，浏览者可以在各种主题之间自由跳转，从而打破了以前人们接收信息的线性方式。但要注意的是，页面之间的关系不能过于复杂，否则不仅增加了浏览者检索和查找信息时的难度，也给设计者带来了更大的困难。为了使浏览者在网页上迅速找到所需的信息，设计者必须考虑快捷而完善的导航设计。

多种媒体的综合性，主要体现在网页中使用的多媒体视听元素主要有文字、图像、声音、视频等，应用多种媒体元素来设计网页，以满足和丰富浏览者从网络中获取质量更高的信息。

3. 版面装饰恰当

对网页设计来讲，装饰应该追寻简洁化，功能与装饰的结合才是一个优秀的网页设计作品。"简洁就是美"是单纯化成为现代设计美的重要因素。过于复杂的装饰是对主题的重大考验。网页上的很多功能都是通过超级链接的按钮和图片来完成的。如图 2-6 所示，主页上的许多符号就起到按钮的作用。因此，单纯的装饰在网站上是不多的。在商业性很强的网站上，每个"位子"都是有价值的。同时，复杂的装饰也会影响加载的速度，从而影响点击率。

4. 网页版面的视觉冲击力

现在，同类的网站多如牛毛，各种各样的网页争奇斗艳。那么，怎样才能让一个网页在众多的网站中独树一帜，使人们能够对它过目不忘呢？通常的办法就是制造焦点与冲突。

任何一件好的平面作品一定是有焦点的。对于焦点的认识不应局限于一个"点"，焦点既可以是一块吸引视线所投射的区域，也可以分为实焦点和虚焦点。通过虚焦点的存在，使浏览者的目光更为精准地聚焦在实焦点之上。例如，色彩是一个网页给浏览者的最初印象，它对网页的可读性、视觉舒适性都会产生极大的影响，而在如图 2-7 所示的页面设计中，字母与静物交相融合的区域位于正中，成为虚焦点，恰好利用色彩的对比，黄色眼镜又从虚焦点的区域突出出来成为实焦点。除色彩外，其他任何属性都可以经由对比形成焦点，但需要设计师注意的是焦点不应太多。因此，除焦点以外，设计中的其他元素都要保持一种相似性。

图 2-6

图 2-7

在下列的对比属性中，它们之间形成的对比越大，则产生的冲突越大。

① 空间：充满—空置；积极活跃—消极被动；前进—后退；近—远；二维—三维；封闭—开放。

② 形式：简单—复杂；美—丑；抽象—具象；清晰—模糊；几何形式—有机形式；直线—曲线；对称—非对称；完整—破碎。

③ 结构：井井有条—混乱无序；排列成序—随意放置；衬线字体—无衬线字体；机械—手工。

④ 纹理：细—粗；平滑—粗糙；反光—亚光；滑—黏；锐—钝。

⑤ 位置：顶部—底部；高—低；右—左；上—下；前—后；有节奏—随意；单独—分组；接近—远离；中心—边缘；整齐排列—互不关联；内—外。

⑥ 方向：垂直—水平；垂直线—对角线；向前—向后；稳定—活动；内聚—分散；顺时针方向—逆时针方向；凹形—凸形；正体字—斜体字。

⑦ 尺寸：大—小；长—短；窄—宽；扩大—收缩；深—浅。

⑧ 颜色：黑色—彩色；亮—暗；暖色—冷色；明度—暗度；天然—人造；饱和（深色）—无色（素色）。

⑨ 密度：透明—晦暗；稠密—稀薄；液体—固体。

⑩ 重力：轻—重；稳定—不稳定。

除内容上的新颖外，极具视觉冲击力的网页设计也起到了极大的作用。优秀的网页版式设计能够使人们的视线停留在这个页面上，并传递网页里的相关信息。而色彩则是一个网页给浏览者的最初印象，它对网页的可读性、视觉舒适性都会产生极大的影响。人们能够感受到色彩的情感，这是因为人们长期生活在一个色彩的世界中，积累着许多视觉经验，一旦视觉经验与外来色彩刺激发生一定的呼应时，就会在人们的心理上引出某种情绪。在网站设计中也要遵循色彩的原则，根据和谐、均衡和重点突出的原则，将不同的色彩进行组合、搭配来构成美丽的页面。

2.2 网页版式设计的基本内容

网页版式设计作为信息交流的媒介，其基本要素是文字和图像。设计者运用图像、字体和色彩等视觉元素，达到信息传达和审美的目的。这些元素之间的组合构成方式的合理性，是准确传递信息和视觉审美规律的基本要求。

2.2.1 网页的标题设计

在网页的版式设计中，一个好的标题设计可令人赏心悦目，能够形成网页的整体风格。在设计标题时需要注意的是，网页标题的字数要适中，网页标题要概括网页内容，且要包含丰富的关键词。

一个好的标题应有哪些内容？标题可以包括如下各种有意义的布局元素。

① 品牌标识的基本要素包括标识、品牌刻字、口号或公司声明、企业吉祥物、公司或其领导者的照片、企业色彩等。

② 提供的产品或服务的主题。

③ 链接网站内容的基本类别。

④ 链接最重要的社交网络。

⑤ 基本联系信息（电话号码，电子邮件等）。

⑥ 多语言界面的语言切换器。

⑦ 检索。

⑧ 订阅字段。

⑨ 与产品交互的链接，如试用版、从 App Store 下载等。

这并不意味着所有以上提到的元素都应该包含在一个网页标题中。越需要吸引浏览者的注意力，则集中精力就越重要。

标题所在的栏目一般位于网页的上方，并且左右贯穿整个网页。标题的背景可以使用动态或静态的图片，这是由网页的交互式特性所决定的，如图 2-8 至图 2-10 所示为三种迥然不同的标题栏对比效果。

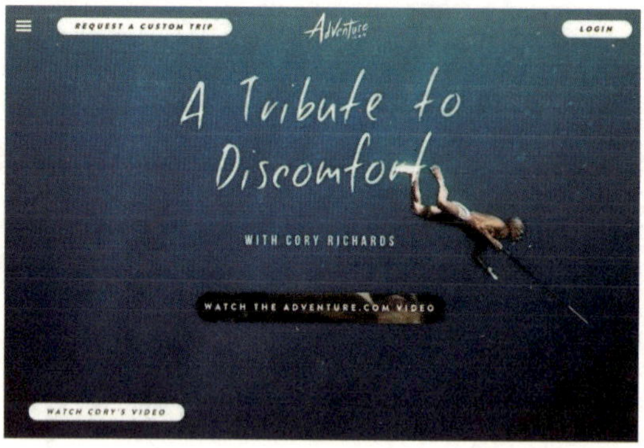

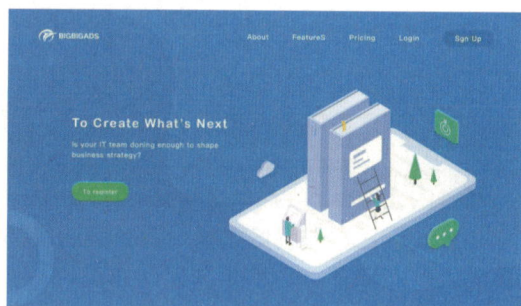

图 2-8

图 2-9   图 2-10

2.2.2　文字的编排

文字在排版设计中，不是局限于信息传达意义上的概念，而是一种高尚的艺术表现形式。文字具有启迪性和宣传性，并引领人们审美时尚的新视角。文字既是所有版面的核心，也是视觉传达最直接的方式。有时不需要任何图形，仅运用经过精心处理的文字材料，就完全可以制作出效果很好的版面。因此，文字是网页最重要的元素，文字的编排可以说是视觉版式的主题设计。

1. 字号、字体

通常情况下，最适合网页正文显示的字号大小为 12 磅，现在很多综合性站点，由于在一个页面中需要安排的内容较多，通常采用 9 磅字号。较大的字号可用于标题或其他需要强调的地方，小一些的字号可以用于页脚和辅助信息。需要注意的是，较小的字号容易产生整体感和精致感，但可读性较差。

在同一页面中，字体种类少，版面雅致，有稳定感；字体种类多，则版面活跃，丰富多彩，但关键是如何根据页面内容来掌握这个比例关系。如图 2-11 所示，整个页面采用同一种字体的表现形式，丝毫不会让人感觉单一与枯燥。

从加强平台无关性的角度来考虑，正文内容最好采用默认字体。因为浏览器是用本地机器上的字库显示页面内容的，作为网页设计者必须考虑大多数浏览者的机器里的常用字体，而特定的字体在浏览者的机器里并不一定能够找到，这给网页设计带来很大的局限。解决问题的办法是，在确有必要使用特殊字体的地方，可以将文字制成图像，然后插入页面中，如图 2-12 所示的页面左侧文字图像化的处理正是用的这种方法。

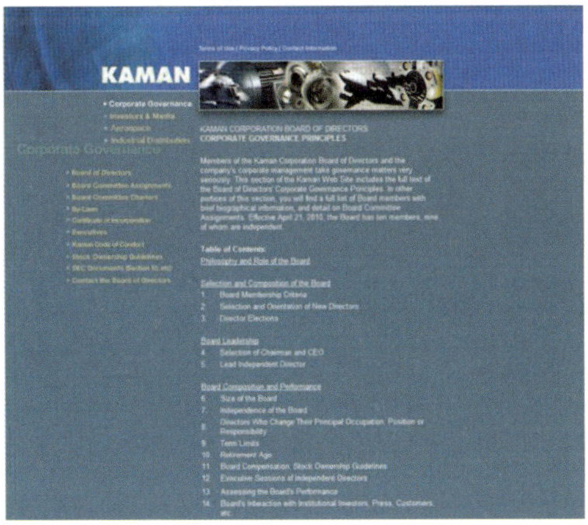

■ 图 2-11

■ 图 2-12

2. 字距与行距

字距与行距的把握是设计师对版面的心理感受，也是设计师设计品位的直接体现。一般的行距在常规的比例应是字距为 8 点，行距则为 10 点，即 8∶10。但对于一些特殊的版面来说，字距与行距的加宽或缩紧更能体现主题的内涵。目前，国际上流行将文字分开排列的方式，使人感觉疏朗清新、现代感强。因此，字距与行距不是绝对的，应根据实际情况而定。

3. 文字的强调

（1）行首的强调。

将正文的第一个字或字母放大并作为装饰性处理，嵌入段落的开头，这在传统媒体版式设计中称为"下坠式"。此技巧的发明源于欧洲中世纪的文稿抄写员。由于下坠式有吸引视线、装饰和活跃版面的作用，所以被应用于网页的文字编排中。其下坠幅度应跨越一个完整字行的上下幅度。至于放大多少，则依据所处网页环境而定。

（2）引文的强调。

在进行网页文字编排时，常常会碰到提纲挈领性的文字，即引文。引文概括一个段落、一个章节或全文大意，所以在编排上应给予特殊的页面位置和空间来强调。引文的编排方式多种多样，如将引文嵌入正文的左右侧、上方、下方或中心位置等，并且可以在字体或字号上与正文相区别而产生变化。

（3）个别文字的强调。

如果将个别文字作为页面的诉求重点，则可以通过加粗、加框、加下画线、加指示性符号、倾斜字体等手段有意识地强化文字的视觉效果，使其在页面整体中显得出众而夺目。另外，改变某些文字的颜色，也可以使这部分文字得到强调。这些方法实际上都是运用了对比的法则，如图 2-13 所示。

个别文字的强调

■ 图 2-13

2.2.3　图文的结合

在网页的版式设计中如果只应用文字也不适合浏览者长期阅读，所以网页在版式上都是文字和图片相互搭配的。图文结合主要有两种表现形式：一种表现形式是文字配图形的形式，这里的图形是网页的主体，文字是辅助存在的，如图 2-14 所示，对于一些新闻类的网站，图形有时不能表明一件事情的始末，所以要用文字来配合说明；另一种表现形式是图形配文字的形式，在这里要把握图形和文字的关系，根据不同类别的网站灵活搭配，如图 2-15 所示。

■ 图 2-14

■ 图 2-15

2.2.4 页面的节奏韵律

节奏是从音乐中派生出来的一个很感性的词汇，它需要根据设计的风格和浏览者感情综合起来体会。一个娱乐类或音乐类的网站，提供给浏览者的节奏是轻松欢畅的；一个新闻类的网站，提供给浏览者的节奏就应该是快速律动的；一个军事类的网站，提供给浏览者的节奏就是严肃庄重的等。如图 2-16 所示，一个好的网站应根据其内容选择设计风格，若在版式设计上只追求节奏韵律则会适得其反。

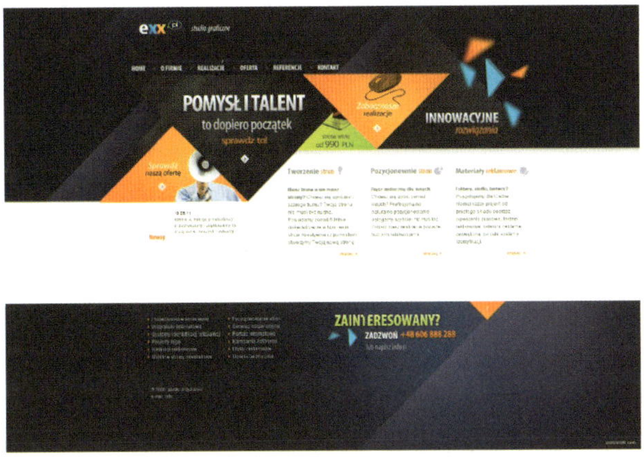

图 2-16

2.3 网页版式构成分类

网页设计如果仅从网页版式构成分类，则主要有骨骼型、满版型、分割型、中轴型、曲线型、倾斜型、对称型、焦点型、三角型、自由型共十种设计形式。

1. 骨骼型

网页中的骨骼型版式是一种规范的、理性的设计形式，类似报纸的版式。常见的骨骼型有竖向的通栏、双栏、三栏、四栏，以及横向的通栏、双栏、三栏和四栏等，如图 2-17 和图 2-18 所示。通常，设计网页时以竖向分栏为多，这种版式给浏览者以和谐、理性的美感。几种分栏方式结合使用，显得网页既理性、有条理，又活泼而富有弹性。

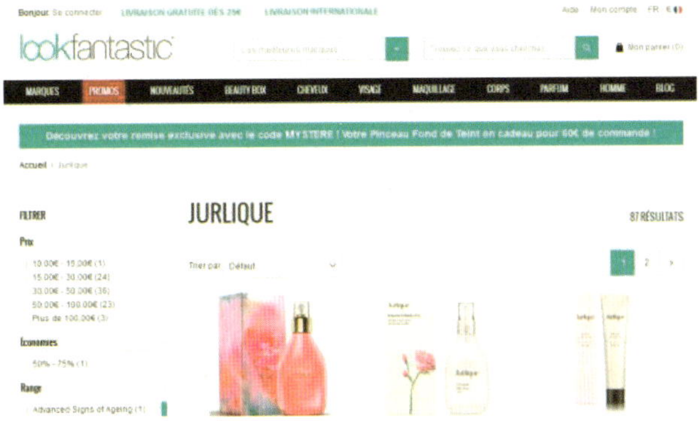

图 2-17

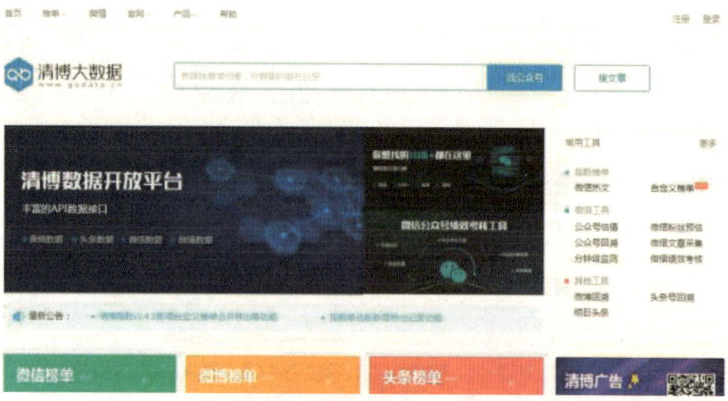

■ 图 2-18

2. 满版型

满版型的页面以图像充满整版，如图 2-19 和图 2-20 所示。页面主要以图像为诉求点，将少量文字压制于图像之上，视觉传达效果直观而强烈。满版型给浏览者以舒展、大方的感觉。美中不足的是，由于当前网络宽带对大幅图像的传输速度较慢，这种版式多见于强调艺术性或个性的网页设计中。

■ 图 2-19

■ 图 2-20

3. 分割型

分割型版式设计是把整个页面分成上下或左右两部分，分别安排图片和文案，两个部分形成明显的对比，有图片的部分感性而具有活力，文案部分则理性而平静，如图 2-21 所示。在设计实践中，可以通过调整图片和文案所占的面积，来调节对比的强弱。如果图片所占比例过大，文案使用的字体过于纤细，字距、行距、段落的安排又很疏落，则易造成视觉的不平衡，显得生硬、强烈。倘若通过文字或图片将分割线虚化处理，就会产生自然和谐的效果。

4. 中轴型

中轴型版式设计是沿着页面的视觉中轴将图片或文字进行水平或垂直方向的排列，如图 2-22 所示。水平排列的页面给浏览者以稳定、平静、含蓄的感觉。垂直排列的页面给浏览者以舒畅的感觉。

5. 曲线型

曲线型版式设计是将图片或文字在页面上进行曲线的编排，如图 2-23 所示，这种编排方式能使浏览者产生韵律感与节奏感。

图 2-21 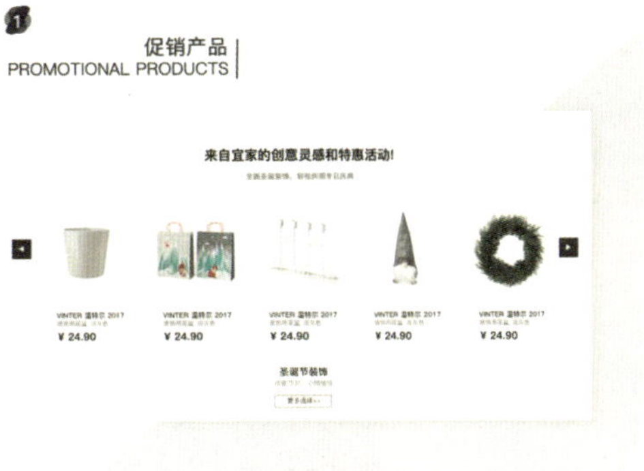　　　　　　　　　　　　　图 2-22

图 2-23

6. 倾斜型

倾斜型版式设计是将页面主题形象或多幅图片、文字进行倾斜编排，它能使页面产生强烈的动感，引人注目。如图 2-24 所示，利用倾斜式的图片突出产品。

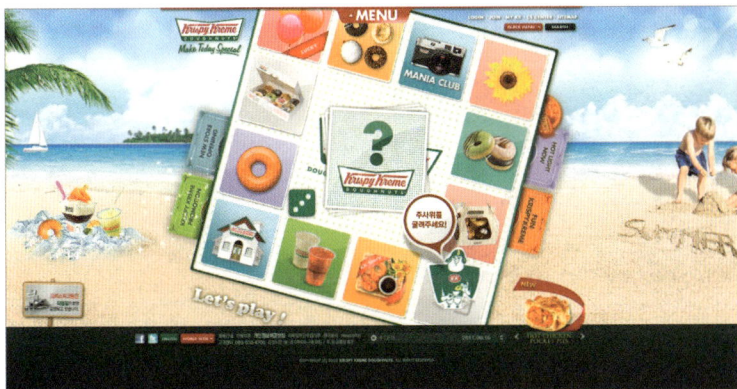

图 2-24

7. 对称型

对称型版式设计给浏览者以稳定、严谨、庄重、理性的感觉，如图 2-25 所示。

对称型分为绝对对称和相对对称两种类型。一般采用相对对称的手法，以避免版式显得呆板。

四角型也是对称型的一种，是在页面四个角落安排相应的视觉元素。四个角落是页面的边界点，其重要性不可低估。在四个角落安排的任何内容都能使浏览者产生安定感。控制好页面的四个角落，也就控制了页面的空间。越是凌乱的页面，越要注意对四个角落的控制。

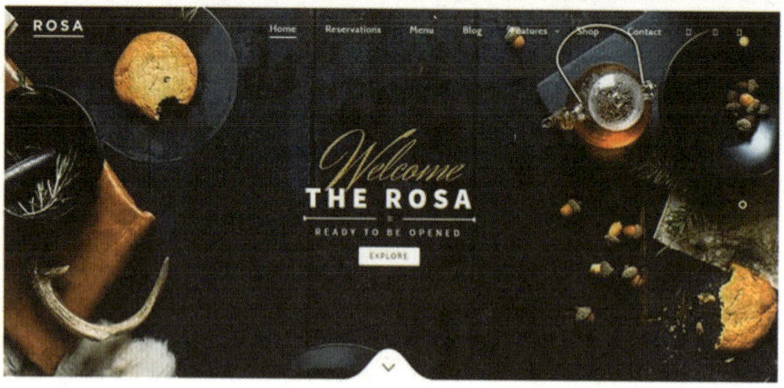

![图2-25](data:image/placeholder)

■ 图 2-25

8. 焦点型

焦点型版式设计可以通过对视线的诱导，使页面具有强烈的视觉效果，如图 2-26 所示。焦点型分为三种情况。

① 中心：以对比强烈的图片或文字置于页面的视觉中心。

② 向心：视觉元素引导浏览者视线向页面中心聚拢，就形成了一个向心的网页版式。向心版式是集中的、稳定的，是一种传统的手法。

③ 离心：视觉元素引导浏览者视线向外辐射，则形成一个离心的网页版式。离心版式是外向的、活泼的，更具现代感，运用时应注意避免凌乱。

9. 三角型

三角型版式是指网页视觉元素呈三角形排列，如图 2-27 所示。正三角形（金字塔形）最具稳定性，倒三角形则产生动感。侧三角形构成一种均衡版式，既安定又有动感。

■ 图 2-26

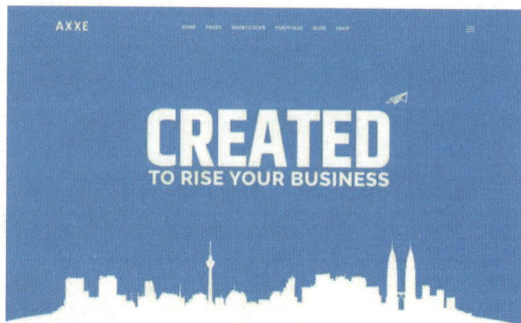

■ 图 2-27

10. 自由型

自由型版式设计的页面具有活泼、轻快的风格，如图 2-28 所示。

■ 图 2-28

2.4 网页界面设计案例制作

如图 2-29 所示是一个用 Photoshop 制作的网页界面设计效果，是在传统三三式构图上发展变化而来的。整个页面使用了无彩色系的黑色，浅灰为主色调，显得简洁有条理、理性而冷静。

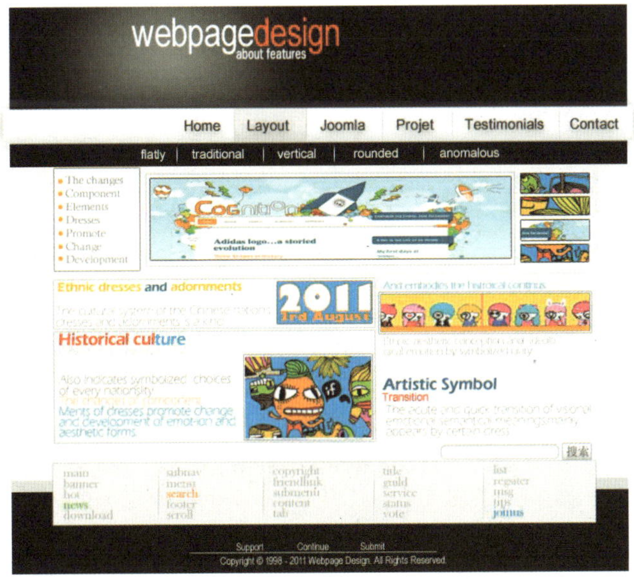

■ 图 2-29

2.4.1 布局部分制作

（1）根据设计需要确定页面的大小，设定网页尺寸为 900 像素×600 像素，分辨率为 72 像素/英寸。执行菜单"视图"命令，在其下拉菜单中勾选"标尺"选项，打开工作区中的标尺功能，将鼠标指向标尺并拖曳出辅助线，效果如图 2-30 所示。

（2）单击"图层"面板底部的"新建图层"按钮并命名为 header，激活工具箱中的"矩形选框工具"，绘制并填充颜色为#000000 的黑色矩形，效果如图 2-31 所示。

■ 图 2-30　　　　　　　　　　　　　　　■ 图 2-31

（3）新建图层，并命名为 footer，使用"矩形选框工具"，在页脚部分绘制一个黑色矩形，效果如图 2-32 所示。此时，通过绘制两个黑色矩形，将页面分成上、中、下三部分。

（4）新建图层，并命名为 mg，在 header 图层和 footer 图层之间绘制矩形选框，激活"渐变工具"，设置如图 2-33 所示的渐变色，并填充矩形选框，效果如图 2-34 所示。

■ 图 2-32　　　　　　　　　　　　　　　■ 图 2-33

（5）新建图层，并命名为 gray，在 footer 图层和 mg 图层之间绘制一个矩形并填充灰色为 #d6d6d6，效果如图 2-35 所示。

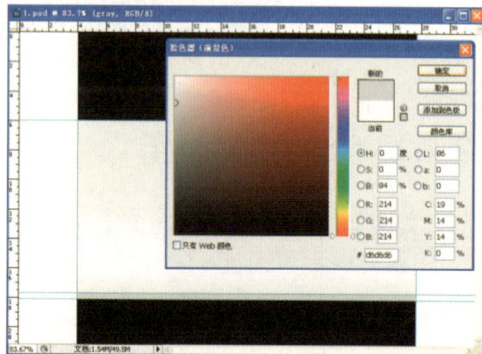

■ 图 2-34　　　　　　　　　　　　　　　■ 图 2-35

（6）在"图层"面板中新建一个文件夹，并命名为 bg，将 header 图层、footer 图层、mg 图层、gray 图层分别移动到 bg 文件夹中，效果如图 2-36 所示。

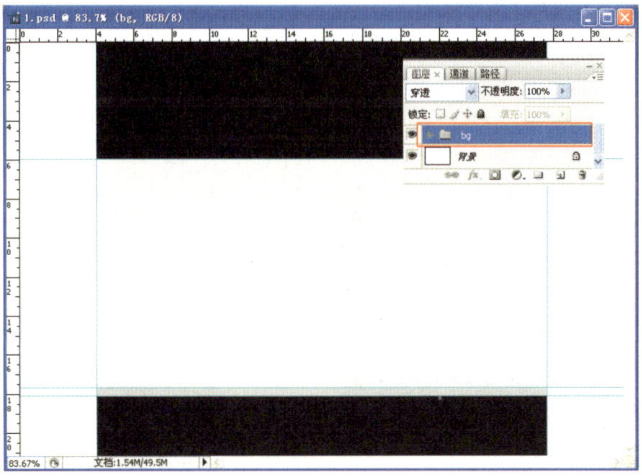

■ 图 2-36

2.4.2 Logo 部分制作

Logo 部分以 Arial 文本形式直接呈现网址，可读性强，简洁明了，便于记忆。

（1）新建 light 图层，在工具箱中激活"画笔工具"，设置主直径为 300 像素，流量设置为 100%，在 header 图层上绘制白色光晕图形，效果如图 2-37 所示。

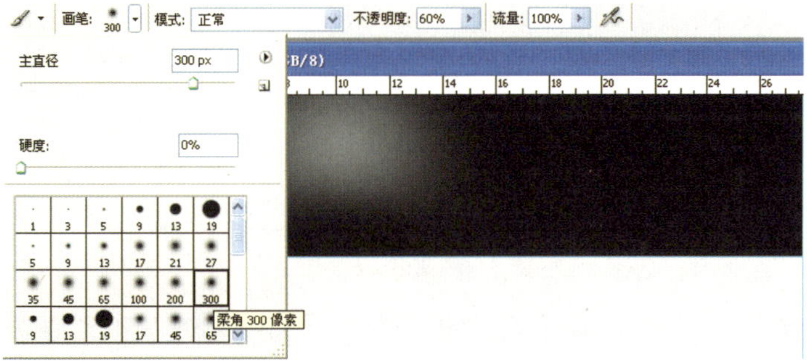

■ 图 2-37

（2）激活工具箱中的"文字工具"，在 light 图层上输入文本"webpage""design"，颜色分别设置为#ffffff 和#ff0000。字体设置为 Arial，字号设置为 42 点，也可以使用"变形工具"调整大小，效果如图 2-38 所示。

（3）激活"文字工具"，输入文本"about features"，设置恰当的字体与字号。新建文件夹，并命名为 Logo，将 light 图层和两个文本图层拖曳到 Logo 文件夹中。效果如图 2-39 所示。

2.4.3 导航栏制作

（1）新建图层，并命名为"图层 2"，在页眉上绘制一个矩形，填充灰色，双击"图层 2"，打开"图层样式"面板，勾选"外发光"选项，使"图层 2"的矩形产生阴影效果；勾选"渐变叠加"选项，使"图层 2"的矩形产生"白色到透明"的渐变效果；勾选"描边"选项，将矩形添加 1 像素的白色描边，其参数设置分别如图 2-40、图 2-41、图 2-42 所示。单击"确定"按钮，效果如图 2-43 所示。

■ 图 2-38

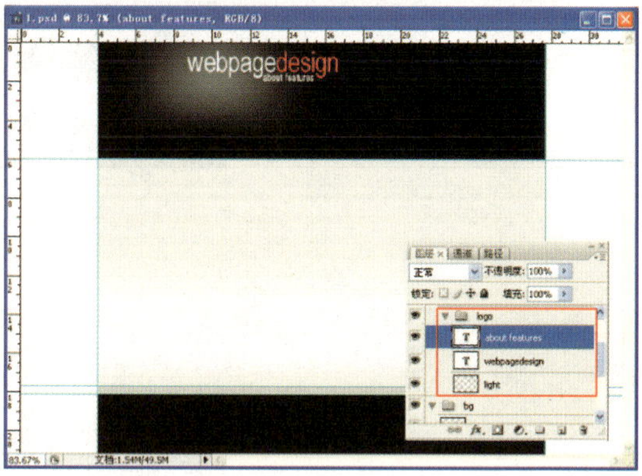

■ 图 2-39

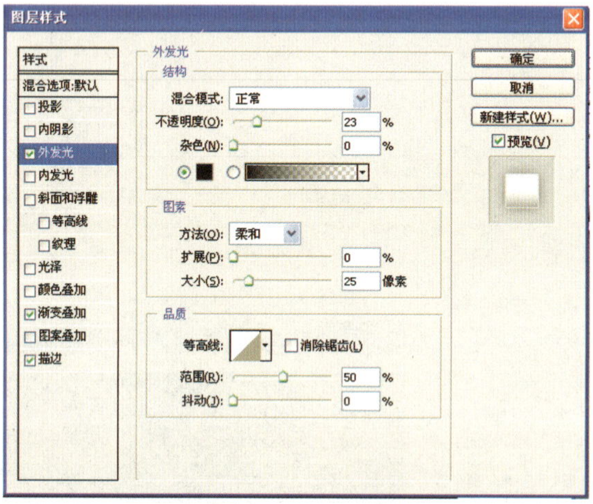

■ 图 2-40

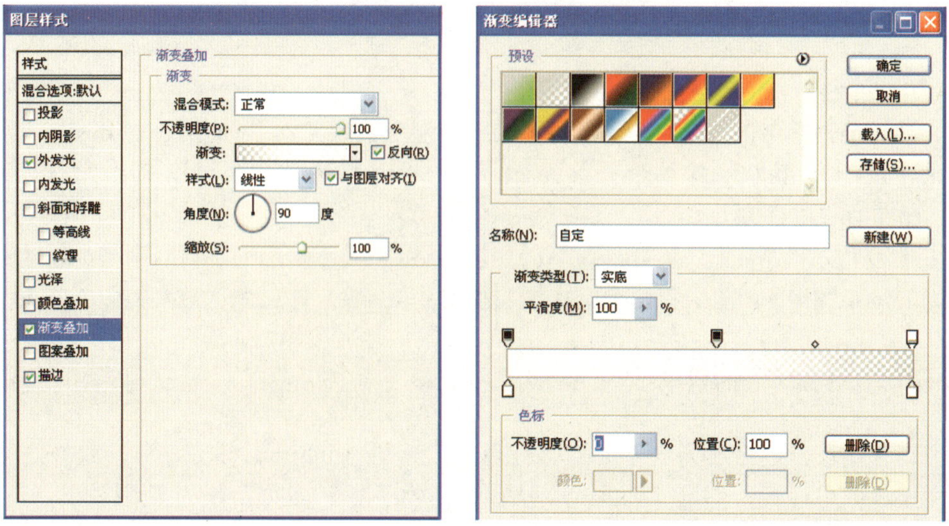

■ 图 2-41

图 2-42

图 2-43

（2）激活工具箱中的"文本工具"，在"图层2"的矩形上输入文本，文字参数设置如图 2-44 所示。双击"文本图层"，设置如图 2-45 所示的"投影"样式，单击"确定"按钮，导航栏的效果如图 2-46 所示。

（3）设置前景色为#d6d6d6，新建图层，并命名为"形状1"。激活工具箱中的"直线工具"，在其"属性"面板上单击"填充像素"按钮，绘制一条1像素分割线，效果如图 2-47 所示。

图 2-44

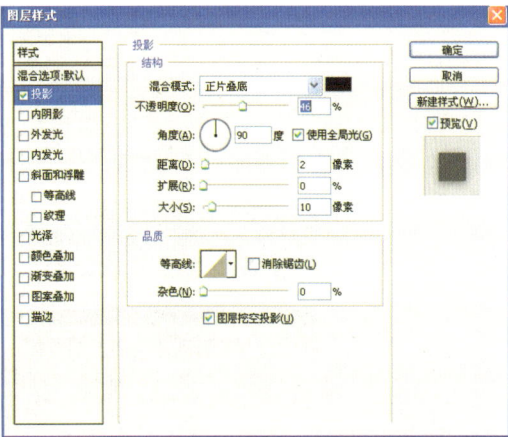

图 2-45

图 2-46

图 2-47

（4）激活工具箱中的"橡皮工具"，设置直径为 65 像素，硬度为 0%，在直线的两端轻轻擦除，使分割线两端虚化，效果如图 2-48 所示。

（5）复制"形状 1"图层四次，将复制的分割线移动到合适的位置上，效果如图 2-49 所示。

■ 图 2-48

■ 图 2-49

（6）下面开始制作鼠标悬停效果。设置前景色为#e7e7e7，新建"图层 3"，并在导航文本"layout"的上方绘制矩形。在"图层"面板上，将"图层 3"拖曳到导航文本图层的下方，效果如图 2-50 所示。

■ 图 2-50

（7）双击"图层 3"，打开"图层样式"面板，勾选"描边"选项。将"图层 3"设置颜色为#797979 的 1 像素的"描边"宽度，效果如图 2-51 所示。

■ 图 2-51

（8）在导航栏下方的黑色色条上输入子导航文本，字体、字号、颜色的设置分别如图 2-52 所示。

（9）在子导航文本中间插入同导航栏效果一致的分隔线，效果如图 2-53 所示。在"图层"面板上新建文件夹，并命名为"Navigation bar"，将导航栏部分的所有图层拖曳到 Navigation bar 文件夹下。再次新建文件夹，并命名为 top，将 logo 文件夹和 Navigation bar 文件夹拖曳到 top 文件夹下。

图 2-52

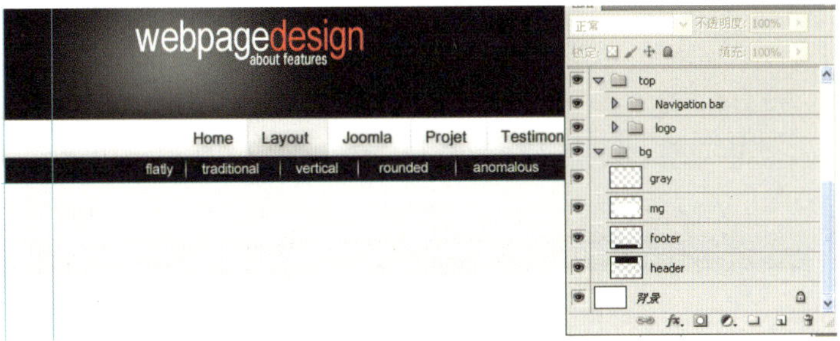

图 2-53

2.4.4 页中部分制作

页中部分可以根据网站的需要进行扩展，子网页中的页中部分也会因为内容的需要来调整各个栏目。

（1）根据设计草图，利用辅助线将页中部分分区。将页中部分分为上、中、下三部分（part 1、part 2、part 3），如图 2-54 所示。

（2）绘制页中的 Banner 区域。在国际上有 Banner 的通用尺寸，特别是大型综合网站和商业 Banner 都遵循这个约定。也有部分个人网站或没有商业广告投放的网站不受此制约。Banner 可以是图片或者交互式图片，也可以是 Flash 动画。

（3）激活工具箱中的"矩形工具"，新建图层，并在 part 1 的中间部分绘制白色矩形，其尺寸比准备好的 Banner 长宽各大 2 像素。双击打开"图层样式"面板，勾选"描边"选项，设置大小为 1 像素，位置设置为"外部"，填充颜色为#e1e1e1，效果如图 2-55 所示。

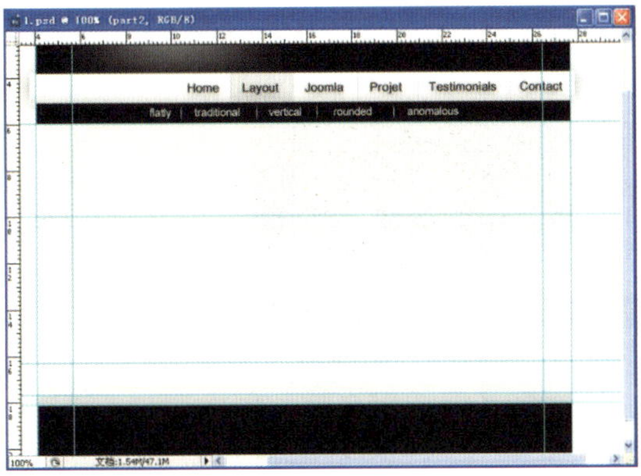

图 2-54

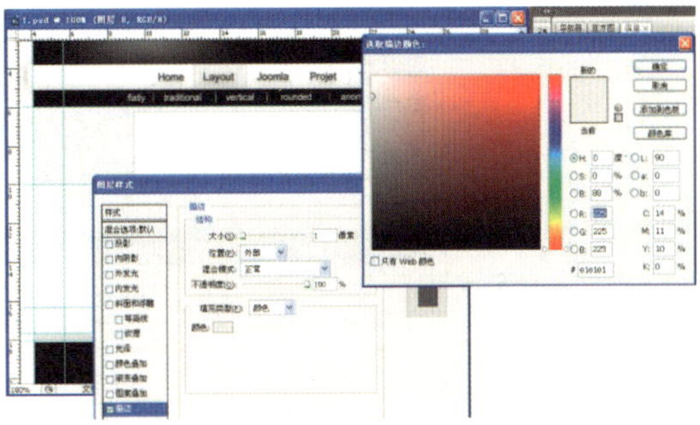

图 2-55

（4）在 Banner 的左侧绘制颜色为#ffffff 的白色矩形。用同样方法打开"图层样式"面板，勾选"描边"选项，设置颜色为#7a7a7a，Part 1 的分区效果如图 2-56 所示。

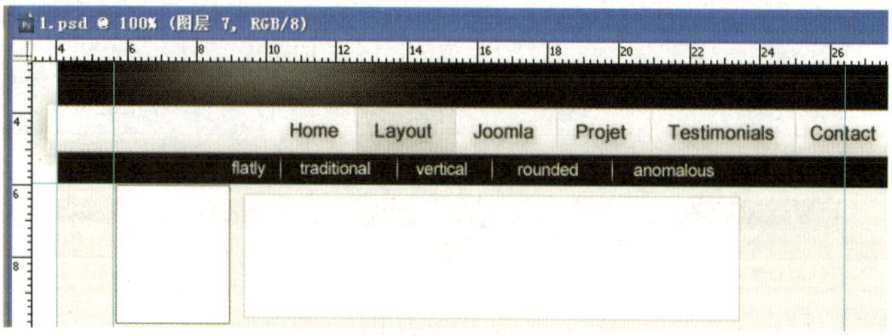

图 2-56

（5）新建图层，将 Banner（素材 s-1）放置在预留的矩形位置内。打开"图层样式"面板，勾选"描边"选项，为 Banner 添加 1 像素描边效果，颜色设置为#424242，如图 2-57 所示。

图 2-57

（6）将准备好的四张素材图片（s-2 至 s-5）放置在 Banner 的右侧，可以在后期制作交互式图片时添加链接。在"图层"面板的 Banner 图层上，单击鼠标右键，在其弹出的下拉菜单中选择"拷贝图层样式"命令，然后再粘贴到四个图片的图层，给四个图片添加 1 像素的描边，效果如图 2-58 所示。

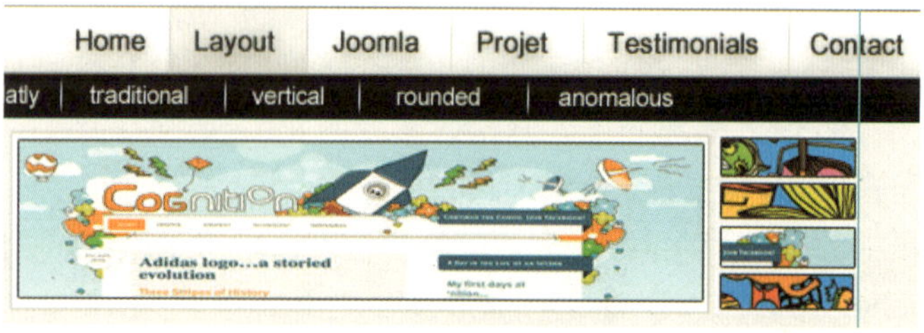

图 2-58

（7）在 Part 1 的左侧矩形栏中输入文本。在新建图层上绘制橙色圆点，并复制该图层，在每行文字前放置一个橙色圆点，效果如图 2-59 所示。

图 2-59

（8）在"图层"面板上新建"组 1"图层，将"圆点"图层和其副本都拖曳到"组 1"文件夹中。此时，"图层"面板如图 2-60 所示。

（9）将 part 1 和 part 2 之间的辅助线向下拖曳，准备在 part 1 和 part 2 之间绘制一个分割线。激活工具箱中的"直线工具"，颜色设置为#e7e7e7，绘制一条和页头部分同宽的 1 像素线，效果如图 2-61 所示。

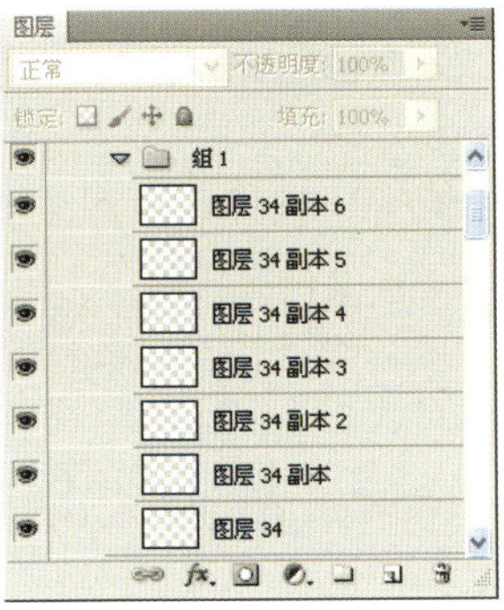

图 2-60

图 2-61

（10）在"图层"面板上新建"组"并命名为 part 1，将 part 1 部分包含的所有图层拖曳到该文件夹中。

（11）在 part 2 部分绘制白色矩形，将 part 2 分区。在"图层样式"面板中勾选"描边"选项，设置一个颜色为#bebebe 的 1 像素描边。在 part2 中绘制灰色为#f3f3f3 的矩形，设置一个颜色为#bebebe 的 1 像素描边，效果如图 2-62 所示。

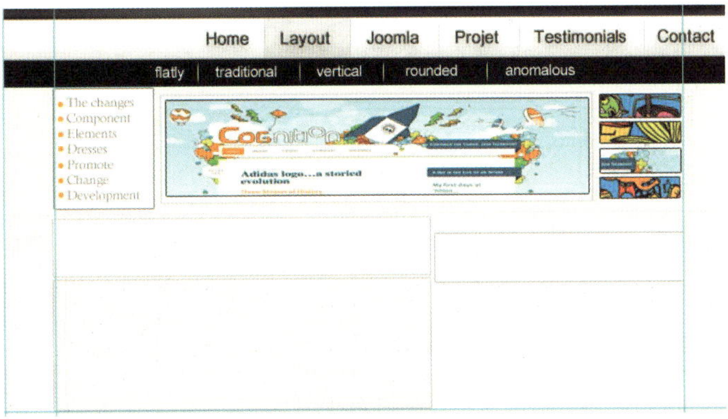

图 2-62

（12）在 part 2 中输入必要的文本和粘贴素材图片（s-6 至 s-8），并微调各个部分的位置。效果如图 2-63 所示。在"图层"面板上新建文件夹，并命名为 part 2，将 part 2 部分的各个图层拖曳到文件夹中。

（13）将前景色设置为#ebebeb，在 part 3 部分绘制一个矩形。新建图层，在 part 3 的矩形中绘制同导航栏效果一致的分隔线，将 part 3 划分为五个部分，效果如图 2-64 所示。

（14）在 part 3 中输入必要的文本，效果如图 2-65 所示。

（15）激活工具箱中的"圆角矩形工具"，在其属性栏上单击"填充像素"按钮，设置半径为 5px，新建图层，在 part 2 与 part 3 之间绘制一个圆角矩形，颜色设置为白色，效果如图 2-66 所示。

（16）双击该图层，打开"图层样式"面板，勾选"内阴影"和"描边"选项。"内阴影"

参数设置如图 2-67 所示，"描边"颜色设置为#c8c8c8，大小设置为 1 像素。

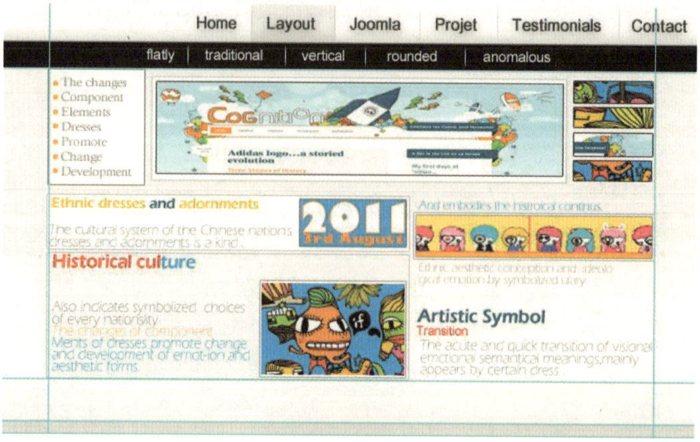

■ 图 2-63

■ 图 2-64

■ 图 2-65

■ 图 2-66

（17）新建图层，在圆角矩形右边绘制一个矩形按钮，双击该图层，打开"图层样式"面板，勾选"渐变叠加"和"描边"选项。设置#d4d4d4 到白色的渐变效果；设置"描边"颜色为#b0b0b0；设置距离为 1 像素，效果如图 2-68 所示。

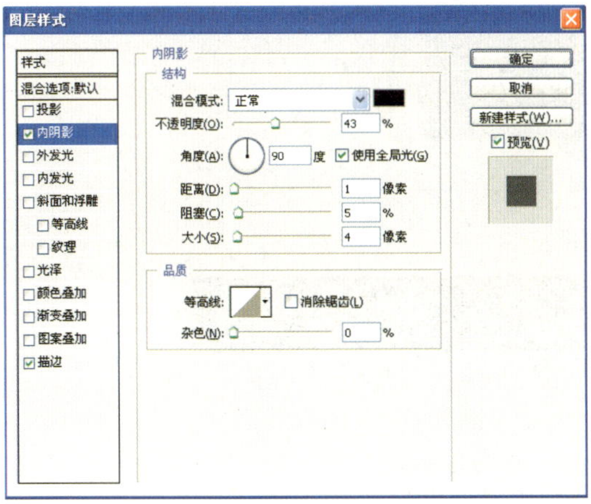

■ 图 2-67 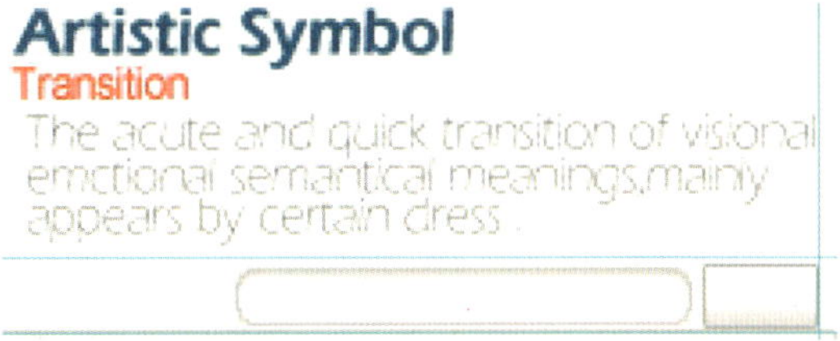　　　　　　　　　　　　　　　　　　　■ 图 2-68

（18）在矩形按钮上输入文本"搜索"，双击"搜索"图层，打开"图层样式"面板，勾选"投影"等选项，参数设置如图 2-69 所示。

（19）在"图层"面板上新建文件夹，并命名为 part 3，将 part 3 上的所有图层拖曳到 part 3 文件夹中，part 3 部分完成，效果如图 2-70 所示。

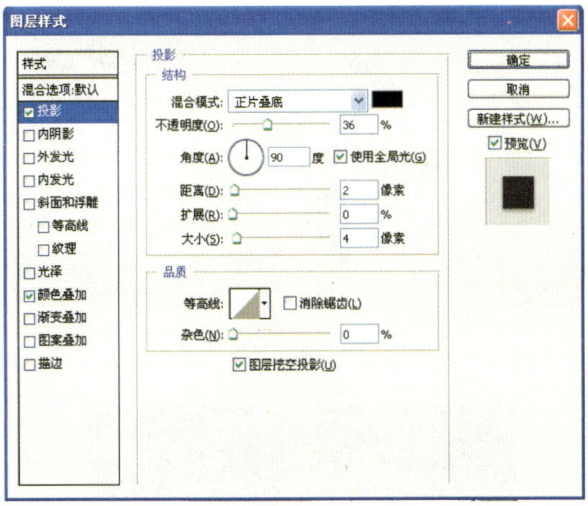

■ 图 2-69 　　　　　　　　　　　　　　　　　　　■ 图 2-70

2.4.5　页脚部分制作

（1）新建图层并命名为 line，在页脚绘制一条颜色为#828282 的宽为 1 像素的线条，效果如图 2-71 所示。

（2）在 line 图层的上方输入文本，在某下方按标准格式输入版权信息文本，效果如图 2-72 所示。整个页面设计完成，最终效果如图 2-29 所示。

■ 图 2-71

■ 图 2-72

实践与提高

1．学习并理解网页版式设计的基本内容有哪些？

2．分别制作以文字为主和以图片为主的版面。

3．试分析如图 2-73 至图 2-76 所示网页的布局与构成特点。

■ 图 2-73

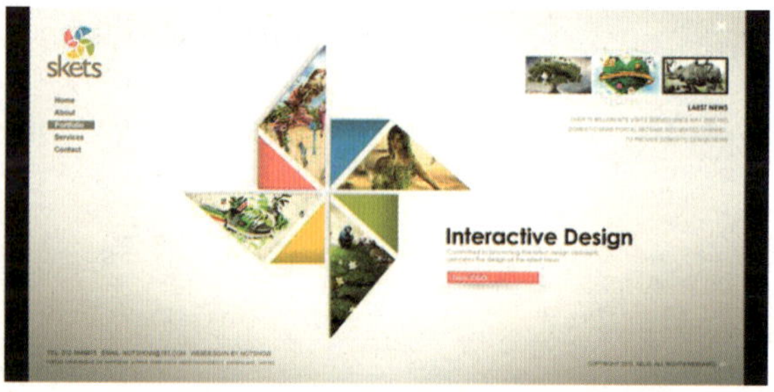

■ 图 2-74

■ 图 2-75

■ 图 2-76

第 3 章

网页创意与规划设计

网页是信息传播的媒体，但又不同于传统媒体，它有自己的特殊性。网页具有交互性、多维性、整合性、不确定性等特点，它与技术的结合更为密切，网页的超级链接功能也使得它比传统媒体更具吸引力。正是因为这些特殊性，网页的设计与发布也有一个特殊的流程。

一个成功的网站离不开周密的前期规划，就像要去一个陌生的地方之前要事先打听好路线一样，否则就有可能迷失方向。

3.1 为网站制定目标

为网站制定的目标可分为长期目标和短期目标，长期目标是一个战略性的指导方向，而短期目标的实现直接关系到企业的利益。因此，短期目标的制定更为关键。

3.1.1 对市场的预测和分析

建立网站前的市场分析通常包括了解相关行业的市场是怎样的，有什么样的特点，是否适合在互联网上开展公司的相关业务，还要分析竞争对手的网站内容、功能和作用等，根据公司自身的条件分析公司的概况和市场优势。当然，这些工作可能不需要亲自去做，大的公司会有专门的部门去做市场调研，但是，作为设计者必须仔细阅读委托方提供的这些相关资料，否则设计出的作品可能与实际情况大相径庭。

3.1.2 网站的项目规划与组织

如果已经了解了公司自身的状况、优势等信息，接下来就要考虑将要如何建立行业门户网站，并根据公司的需要和计划来确定网站的功能是电子商务类型、产品宣传类型还是其他等类型。

1. 项目规划

规划和设计是网站设计的前提条件。设计者必须认真对待站点开发计划，这样才能使网站的建设经得起时间的考验。这一阶段称为项目规划阶段。

1）确定网站类型

本阶段首先要明确建立站点的目的，也就是先搞清楚要建立的网站类别究竟属于以下哪种情况。

（1）个人主页：发布个人信息，提供个人服务，展示个性，同别人广泛交流，如共享业余爱好等，如图3-1所示为展示自我的主页。

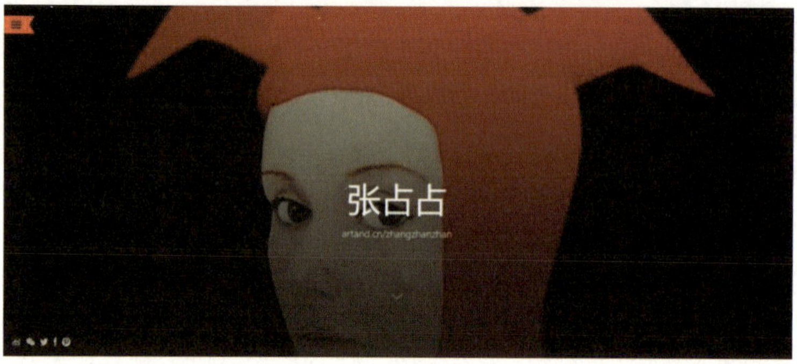

■ 图3-1

（2）电子商务：树立企业形象，提供更好的服务，发布广告。首先，有利于树立企业的形象。目前，国内很多大企业都非常重视企业形象这种无形资产，建立企业网页是宣传自己的重要手段。拥有国际域名和主页代表了企业的实力、规模和品位。其次，公司可以利用网页的实时性为客户提供更好的服务，如提供产品目录、实现网上购物、提供技术支持信息、即时解答客户问题等，同时可以降低开支，减轻客户支持部门的负担。再次，在网上发布广告，其优势也是一般媒体所不能比拟的。如图3-2所示为海尔集团主页。

■ 图3-2

（3）电子出版：内容的更新、传递的速度都比传统的报纸和杂志更快捷，影响更广泛。如图3-3所示（局部）在线书籍的更新、售出、推广深得读者喜爱。

（4）社区服务：可以通过邮件列表、新闻组、聊天室和电子公告牌促进社区人员的信息交流，为背景和地址各不相同的人提供活动的场所。

图 3-3

（5）网上教育：远程教育、终身教育和开放式教育都因此变为现实。这样的站点主要靠内容来吸引浏览者，而不是华而不实的设计技巧。需要注意的是，儿童教育站点又有其特殊性，设计者必须考虑孩子们受教育的程度和年龄组。如图 3-4 所示，儿童教育网站要紧紧围绕儿童对色彩、图形的喜爱展开设计，整个页面明亮、欢快。

图 3-4

（6）休闲娱乐：包括影视站点、音乐站点、旅游站点、游戏站点等，为浏览者提供了休闲娱乐的场所。要求设计者能够提供各种多媒体信息，具有很强的变化能力和灵活的设计思想，如图 3-5 所示的音乐站点。

图 3-5

（7）艺术欣赏：如何把作品的含义表达给浏览者，是艺术站点应该考虑的问题。因此，设计者应该与艺术家保持良好的沟通。另外，准确地运用多媒体也是设计艺术站点的关键。如图 3-6 所示为 ARTING 365 创意门户网站。

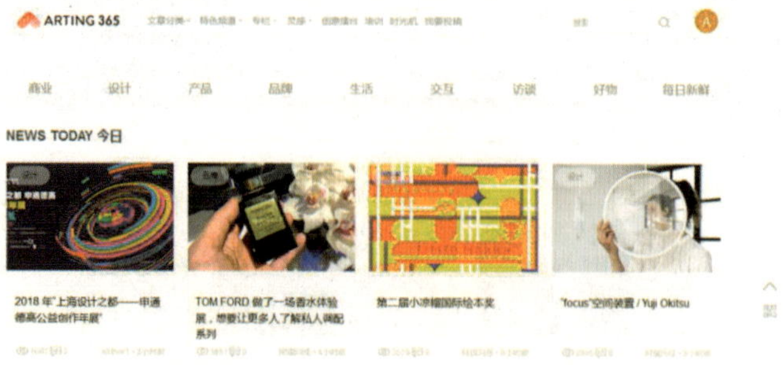

图 3-6

（8）搜索引擎：大型搜索引擎可以帮助浏览者在整个网络中查找信息。大家比较熟悉的搜索引擎有 Google、Yahoo、Infoseek、百度、搜狐、中文雅虎等。小型搜索工具安装在地区或单独的站点上，可以帮助浏览者查找站内的信息。这些强大的功能都需要大型数据库来支持。

（9）综合服务：很多大型网站的网页属于各种类型混合的站点。例如，绝大多数综合性网页都提供个人主页空间、免费电子信箱、休闲娱乐、艺术欣赏、搜索引擎的服务。有的社区站点里还设有二手旧货市场，巧妙地把社区服务和电子商务结合起来。

网页设计的目的就是满足浏览者的需求。在进行网页设计时，设计者应该明确知道来这个"房间"访问的人都想得到什么。首先必须考虑服务对象的技术背景、受教育程度、阅读能力、兴趣爱好、消费习惯、上网方式等因素，然后选择相应的页面内容和形式。每个网页都是一次机遇和挑战，设计者必须在规划阶段就认真考虑为浏览者提供哪些适宜而有趣的服务，以便迎来"回头客"。

2）确定建站位置

把网站建在哪里，也是一个很重要的问题，涉及网络的类型大体分为 Internet、Intranet 和 Extranet 三种。建立在 Internet 上的站点可以被公众访问，它的用户可以是 Internet 上的任何一位漫游者。Intranet 是内部网络，主要为大企业或大机构的内部交流服务，它与面向公众的 Internet 站点不同，它的访问是受控制的。Extranet 站点是一种介于自由 Internet 和私有 Intranet 之间的独特环境，假定这个 Extranet 站点由一家企业建造，那么，它既要使消费者得到最准确的公开数据，又要防止竞争对手看到企业内部的核心机密。

设计者应根据网页规模的大小、资金投入的多少、预测的访客流量、浏览者的访问方式等因素，做出自己的选择。公司和组织可以通过自己建立 WWW 服务器、由电信部门托管和租用 ISP 的空间等方式设立站点。同时，还要申请一个简单、易记、具有标识意义的域名。因为好的域名有助于品牌的确立，它的重要性与企业名称和企业标志不相上下。对于个人主页，国内外有很多服务商提供免费的主页存放空间，这无疑是一个很好的选择。

为了明确地描述以上信息，需要形成一份书面报告。报告的内容应包括网页以什么为主题？设计师是不是对这个主题很熟悉？现有的竞争性站点和互补性站点的情况如何？同类站点在哪些方面考虑得不周到或做得还不够好？本站点的独到之处在哪里？设计目的和原则有哪些？主要面向哪些人群？潜在的浏览者的情况是怎样的（如技术背景、学历、兴趣和所关心的内容等）？浏览者访问了你的网站后会做什么？网站会给他们带来怎样的影响？客观地完成这份报告后，就需要组织内容。

2. 内容组织

无论设计一个什么样的站点，内容的组织都将是最大的挑战，这包括搜集、筛选内容，组织内容，编写脚本三个方面的工作。

1）搜集、筛选内容

在搜集、筛选将要发布的内容的阶段，搜集到的信息越多越好。按照项目规划分析这些信息。分析的方面包括以下几项：

① 目前可以使用什么信息？

② 日后可以使用什么信息？

③ 什么样的信息适用于今天的浏览者？

④ 什么样的信息可以用来吸引潜在用户？

为了更好地准备站点内容，必须掌握以下情况：目前拥有哪些资料？现有资料能否实现设计的意图？如果能，那么哪些是需要的，哪些是不需要的？还有哪些资料没有搜集到？除此之外，还要注意访问权限的问题，即哪些内容是希望所有的人都看到的（Internet）？哪些信息是限于公司或组织内部人员交流的（Intranet）？哪些是允许特定的用户访问的（Extranet）？

2）组织内容

梳理清楚上述问题以后，就可以进行第二阶段工作了。在组织内容阶段，要求设计者把搜集到的信息，用清晰明确的文字表达出来。设计人员可以运用一些语言技巧，确保浏览者能够准确且迅速地理解网页所要传达的意图。

网页的内容搜集后，要经过重新组织安排。网页写作不同于传统媒体（书籍、报刊等）的写作，Alertbox 的作者 Jakob Nielsen 说："以浏览代替阅读是 Web 世界中已经被证实的无可否认的事实。站点的作者们必须了解这一事实……"

网页文章长度应该为印刷文章长度的一半，因为人们阅读网页时的注意力远不如阅读报刊时集中，这使得网页写作成为一项新技能。为了使人们注意网页上发布的信息，就必须采用一种新的方法进行写作。

由于大多数人只为传统媒体写过文章，所以要打破旧习惯是很难的。但网页的特殊性要求设计者必须适应新的写作方式。专家建议，为网页所写的内容应简洁明快，以大纲形式提出，并且不要使用商业措辞，应该把网页中的更多空间留给要发布的实际内容，以及导航菜单、广告、图形等。

设计者可以使用突出显示的文字，限制为表达一个中心思想，并将所有内容全部放入公告牌和列表中。还可以使用项目和编号列表突出文章的要点，拓展视觉空间，从而使页面更加简洁。

在组织内容时还应注意以下问题。

（1）建立可信度。研究表明，浏览者普遍认为那些经过专业设计的网站信息更为可靠，而且新的信息比较可信。因此，管理者应仔细删除排版错误，并且经常更新站点上的信息。添加一些与其他网站的链接，也有助于提高可信度。

（2）减少商业味道。浏览者讨厌那些免费的、自我吹嘘的商业信息。Nielsen 说："他们真正想要的是铁的事实，而不是那些自吹自擂的信息。"

（3）采用倒金字塔形式。冗长的内容会使大多数浏览者失去阅读的兴趣。因此，建议将结论放在开头，首先列出最重要的信息，然后再予以进一步的说明，分层次地传达网站所要表达的信息。

（4）用超级链接缩短长度。由于文章力求简洁，所以不必向浏览者解释那些不重要的想法。这时，可以在这些文字中添加超级链接，以转到其他辅助条目、相关文章或其他站点，由浏览者自己选择是否要点击这些链接，以获得他们感兴趣的信息。超级链接是缩短长文章的有效途径。

（5）去掉不必要的图形。由于网页受下载时间的限制，所以不要让浏览者花过多的时间等待下载图形和大页面。专家认为，大多数人如果等待页面出现的时间超过 1 秒，就会变得焦急不安。除非对他们来说是非常重要的信息，否则等待时间不会超过 10 秒。

（6）并不是信息越多越好。真正重要的不是为浏览者提供更多信息，而是为他们提供更有用的信息。究竟多少才是过多了呢？这主要取决于网站要表达的对象的具体情况，但作为一条通用的规则，不应让浏览者在读到文章末尾前向下滚动三屏以上。

3）编写脚本

确定内容后，就要编写脚本。在大型网页设计中，脚本有助于设计人员之间的交流。它通常包含这样几个方面：首先，将内容分类列表，把各个项目分成逻辑组、页的总体结构（树形结构）；其次，确定各页的主题、包含的内容，以及各页层次结构和隶属关系；最后，设计者还要考虑树形结构之外的交叉链接关系。

编写脚本时应注意的问题是，控制每个页面的信息含量。太大的页面可分为几页，太小的页面则予以合并。内容的组织结构已在前文中阐述过。对于不同的内容，应采用不同的结构形式，避免千篇一律。

如果网页是由几个工作小组分工完成的，则可以根据内容和主题，将网页分成几个子项目。设计规划人员负责对各个子项目进行审查，以保证各项目在风格上的一致性。

3.1.3　网站建设

网站的建设可以按照以下步骤进行。

1．设定网站导航、栏目

门户网站信息量巨大，导航内容、栏目较多，因此要事先对访问者希望阅读的信息进行调查，不实用的信息无法吸引匆匆浏览的浏览者，从而丧失被访问的机会。而企业网站的信息量相对少一些，导航和栏目的划分也有规律可循，通常包括公司简介、服务内容、产品展示、产品价格、联系方式、网上订购等基本内容。如果是电子商务网站，就要提供会员注册、信息搜索查询、详细的商品服务等信息。

知识链接

无论是网站赢利方式还是具体的视觉设计表现，门户网站和企业网站的差异很大。门户网站倾向于信息的传递，网页设计通常干净利落、简洁明快，而企业网站则倾向于推广公司形象、宣传和表现产品，因此对视觉设计的要求更严格。

2．网页设计

网页设计涉及色彩和画面构成等视觉元素，网页的配色通常和企业标准色保持一致。

有些优秀的绘画作品，是在画家们强烈的创作欲望驱使下，没有计划、没有尺度，仅靠着巨大的热情和无法抑制的创作渴望，疯狂地涂抹画布来完成的。这种方法对网页设计者来说，可以作为一种有趣的创作方法偶尔一试，但对商业设计来说，缺乏计划性、准确性、整体性，都将是设计师通往成功道路上的障碍。

知识链接

通常，在设计初期希望大家抛开网页的约束，在画布上挥洒自己的激情，但这只可用来发掘设计师的创新意识和设计潜能。作为网页设计师，必须先思而后行。

当脑海里有了整个页面的大体构思时，可以用纸笔把它粗略勾画出来。首先不要管它是否可行，也不要考虑 HTML 代码等各种限制，这只是充分发挥创意的阶段。草图完成之后，就可以上机启动 Photoshop 或其他图像应用软件，打开一个长宽尺寸大约为 995 像素×618 像素的新文件，当作页面设计区。在各个图层上绘制网页图形，安插文字，根据草图和脑海中的设想制作出实际页面的效果图。

在设计网页的过程中，还需要根据设计者的构想，制作多媒体文件，由专业的程序设计人员编制相应的程序，以实现网页的交互性。如果网站在风格上有很好的一致性，且在功能上有强大的交互性，则可给浏览者留下很深的印象。

3．测试发布

测试发布包括完整性测试和可用性测试两部分。完整性测试用于确保技术上的正确性。例如，页面显示是否无误，链接指向的地址是否正确等。可用性测试用于确保页面内容是浏览者所需的，符合最初的设计目标。经测试满意后，就可以上传到 Web 服务器发布了。

4．后期维护

网站的后期维护包括相关软件、数据库的维护、网站内容的更新和调整等内容。

5．网站推广

设计师或许认为，网站的推广不是设计人员的工作。为什么要在一本讨论网页艺术设计的书中介绍网站推广的内容呢？答案很简单，Web 的动态发布和即时交互性，使网页设计成为一个循环的过程，网站推广也是网页设计整个过程中的一个环节。它拓宽了站点获得反馈信息的渠道，并将打开浏览者通往网站的大门。

关于网站推广有两个常见的误区，一个常见的误区是在网站完工之前就迫不及待地推广它。如果浏览者接受宣传来到你的站点，结果看到一个内容不完整，到处写着"正在建设……"的网页，他们往往会失望地离开，并且不愿意再来。另一个常见的误区是认为没有必要进行网站推广。许多人认为只要公布了网站，自然就会有人来访问。但事实上，万维网（www）网站如此众多，如果没人知道你的网站地址，它就是一座"信息孤岛"。

那么，如何推广呢？可以通过传统媒体和网络媒体宣传两个途径进行推广。

1）利用传统媒体

设计师可以在传统媒体上做广告，如广播、电视、报刊、黄页电话簿、分发的广告页、广告牌、灯箱、招贴、海报等。平时应注意把网页地址（URL）当作公司或组织的通信地址一样来对待，放在任何可以放置的地方，包括企业的产品手册、信笺、名片等细小的地方。

2）利用网络媒体

◇到各搜索引擎注册、登记；

◇参加广告交换组织；

◇参与论坛、新闻组的讨论；

◇雇佣专门机构进行宣传；

◇通过与其他网页互换首页链接、在电子刊物上发布广告等方法推广站点。

6. 反馈评估

网站推广工作并不是网页设计最后的阶段。网页不同于传统媒体之处，就在于信息的更新频率和信息传播主客双方的即时互动。因此，发布之后并非万事大吉。网页设计人员必须根据用户的反馈信息，经常对网页进行调整和修改，定期或不定期增加新的内容。

获得用户反馈的渠道很多，如留言本、论坛、调查表、访客情况统计、计数器等。如果拥有自己的 Web 服务器，则还可以通过检查日志文件，了解网页被访问的情况。国内外有很多提供访客统计服务的网站，它们提供各种统计数据，包括访客的 IP 地址，访客的国别，来自哪个网页，来访时间，按日、周、月统计的访问量等，对于设计者分析访客群体的人员构成、兴趣爱好，以及网页受欢迎程度等方面很有帮助。

3.1.4 改版案例制作

如图 3-7 所示是荣海财富的现有网页主页，如图 3-8 所示则是某同学根据荣海财富网上提供的要求，征集设计的首页改版效果。

■ 图 3-7

该网页设计着重体现了金融服务行业特点和荣海财富的公司文化，网页专业、严谨、不浮夸，首页围绕着理财、借款、加盟三个板块进行设计。版式条理清晰，颜色简洁明快。白色和红色的搭配干净利落并且充满热情。

■ 图 3-8

1. 页头部分设计制作

（1）根据设计需要，首先确定页面尺寸和分辨率，打开"标尺工具"，根据布局草图，在页面上拖曳出辅助线，将布局的基本效果确定为如图 3-9 所示。

（2）将素材 s-1 复制至 Banner 位置，效果如图 3-10 所示。

■ 图 3-9

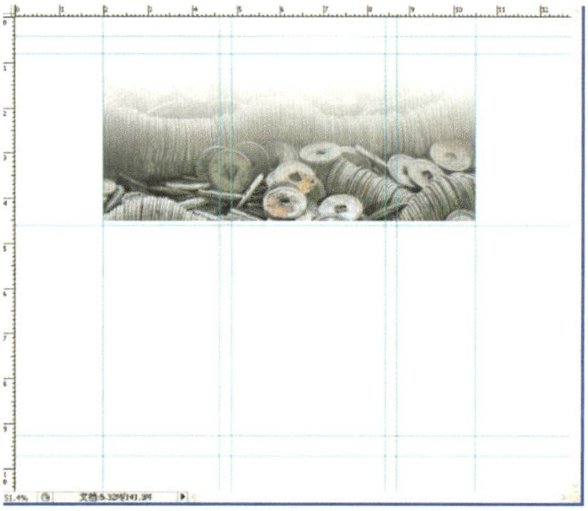

■ 图 3-10

（3）将荣海财富的 Logo 素材（s-2）复制至页头位置，调整大小及位置，效果如图 3-11 所示。

（4）新建图层，设置前景色为#a62129，激活工具箱中的"直线工具"，在其"属性"面板上单击"填充像素"按钮，绘制一条 1 像素的水平线，并放置在 Logo 的下方，效果如图 3-12 所示。

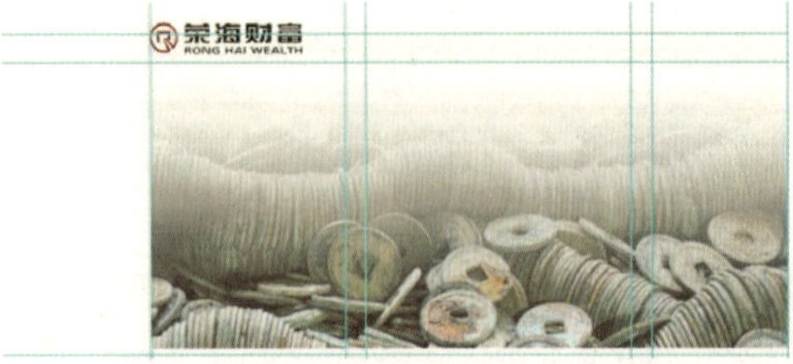

■ 图 3-11

■ 图 3-12

（5）激活工具箱中的"文字工具"，选择字体为 FZQJW GB1 0，颜色设置为#404040，输入文字"全国加盟咨询服务热线"，效果如图 3-13 所示。

（6）新建图层，激活工具箱中的"圆角矩形工具"，在其"属性"面板上单击"填充像素"按钮，选择颜色为#a62129，圆角半径设置为 10 像素，绘制一个圆角矩形，效果如图 3-14 所示。

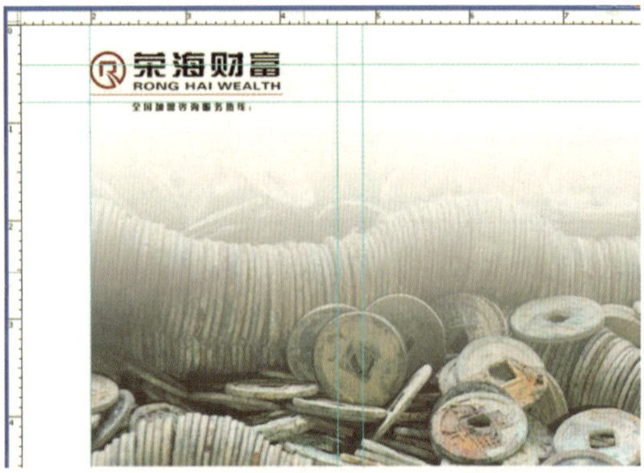

■ 图 3-13

■ 图 3-14

（7）激活工具箱中的"文字工具"，选择字体为 FZQJW GB1 0，颜色设置为#ffffff，输入文本"400-066-0608"，如图 3-15 所示。调整各个图层的位置，在"图层"面板上新建"组"，命名为"LOGO 部分"，将 Logo 部分的图层拖曳到"LOGO 部分"文件夹中。

2. 主导航栏制作

页头的主导航栏部分的设计内容由三层导航组成，黑色导航条、子导航和页头最上方的导航文本。这部分的导航在子页面的设计中始终保持不变。

（1）新建图层，激活工具箱中的"圆角矩形工具"，在其"属性"面板上单击"填充像素"按钮，前景色设置为#202020，设置圆角半径为 50 像素，绘制如图 3-16 所示黑色导航条。

（2）双击该图层，打开"图层样式"面板，勾选"投影"选项，颜色设置为#000000，模式为"正常"，不透明度设置为 64%，角度设置为 90 度，距离设置为 7 像素，大小设置为 10 像素，扩展为 0%，单击"确定"按钮，效果如图 3-17 所示，为黑色导航条制作一个投影效果。

（3）激活工具箱中的"文字工具"，选择字体为 FZQJW GB1 0，选择颜色为#ffffff，输入文本"首页"等文字，调整文字大小，效果如图 3-18 所示。

■ 图 3-15   ■ 图 3-16

■ 图 3-17

■ 图 3-18

（4）制作黑色导航条中的分割线。新建图层，激活"画笔工具"，前景色设置为#ffffff，按快捷键 F5，打开"画笔预设"面板，如图 3-19 所示，调整笔尖形状和大小，调整间距在 200% 以上，按住 Shift 键绘制一条垂直虚线，效果如图 3-20 所示。

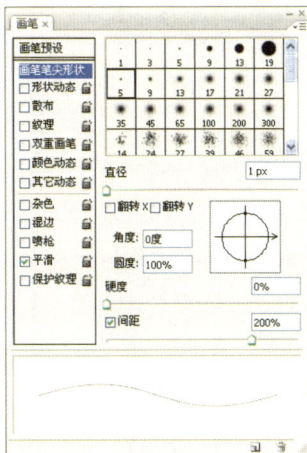

■ 图 3-19

■ 图 3-20

（5）选中该图层，单击鼠标右键，复制该图层四次，将复制的分割线调整至合适的位置，效果如图 3-21 所示。

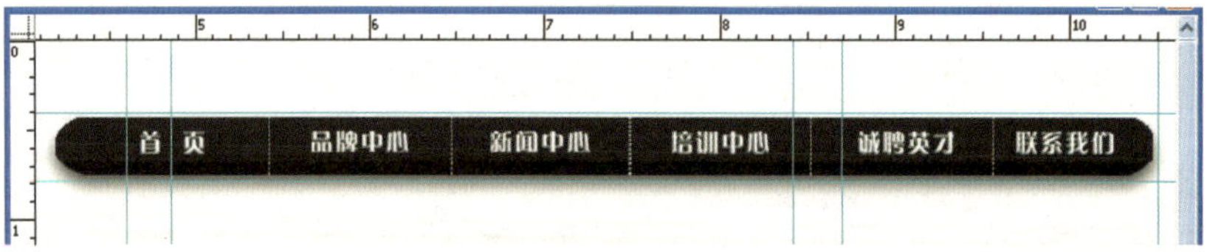

■ 图 3-21

（6）制作导航栏的鼠标悬停效果。激活工具箱中的"文字工具"，选择字体为"黑体"，设置颜色为#4e4e4e，在导航栏"新闻中心"的下方输入文本"企业新闻""政策法规""贷款新闻"，调整文字大小，效果如图 3-22 所示。

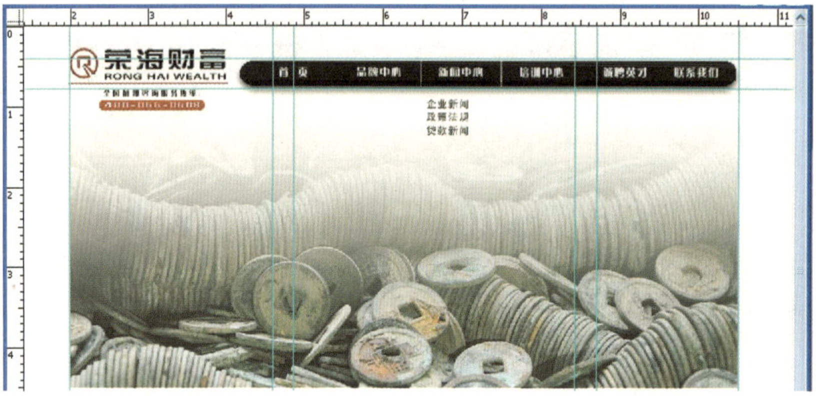

■ 图 3-22

（7）激活工具箱中的"铅笔工具"，在文字的前方绘制一条宽度为 1 像素，颜色为# 4e4e4e 的虚线；前景色设置为#424242，在黑色导航条的下方水平绘制一条黑色直线；激活工具箱中的"椭圆选择框工具"，按住 Shift 键，在文本"企业新闻"前方绘制一个圆形选区并填充颜色为#333333。效果如图 3-23 所示。

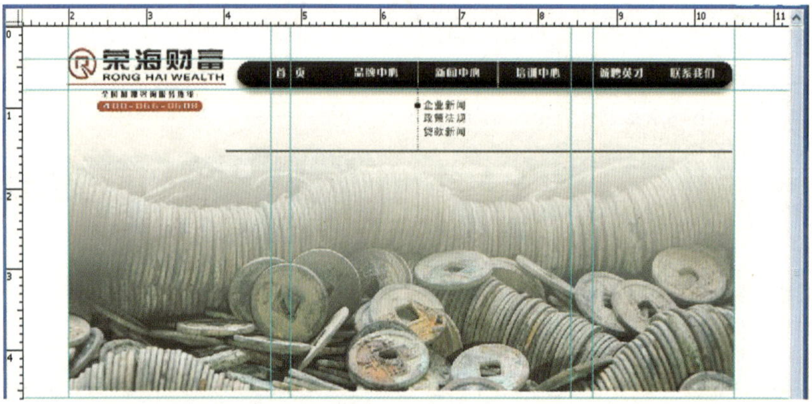

■ 图 3-23

（8）激活工具箱中的"文字工具"，设置字体为"黑体"，颜色为#343333，在黑色导航条的上方输入导航文本"设为首页　加入我们　联系我们"，效果如图 3-24 所示。

图 3-24

（9）新建图层，激活工具箱中的"铅笔工具"，前景色设置为#6c6c6c，按住 Shift 键，绘制垂直短线，作为导航文本"设为首页　加入我们　联系我们"的分割线，效果如图 3-25 所示。

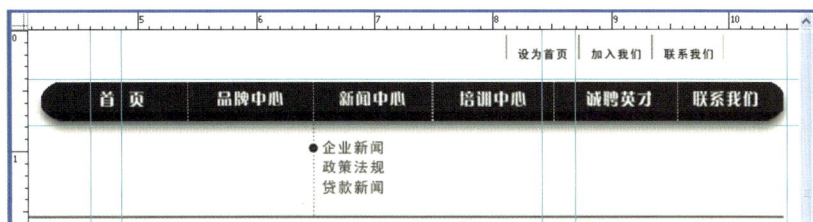

图 3-25

（10）激活工具箱中的"文字工具"，设置字体为 hzgb，颜色设置为#424242，在黑色导航条的下方输入文本"News Center"，效果如图 3-26 所示。

图 3-26

（11）在图层面板上新建文件夹，命名为"第一导航"，将制作页头导航部分的图层拖曳到该文件夹中，整个页头部分效果如图 3-27 所示。

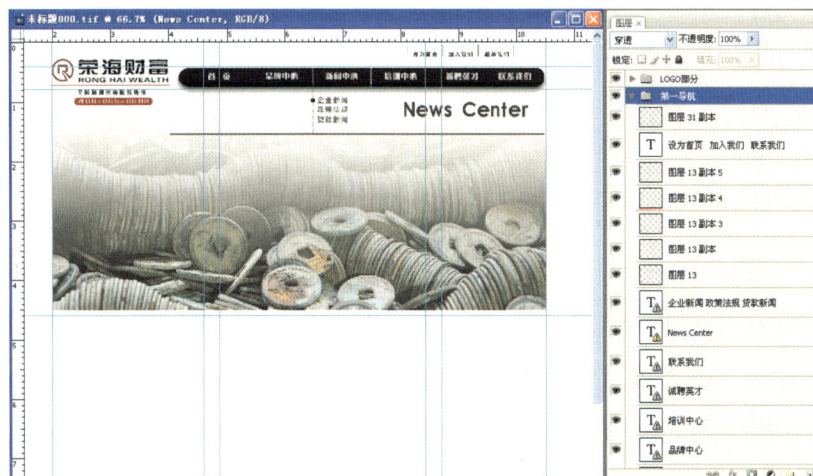

图 3-27

3. Banner 上的导航制作

（1）新建图层，激活工具箱中的"圆角矩形工具"，半径设置为 20 像素，绘制一个圆角矩形，打开"图层样式"面板，选择"渐变叠加"选项，设置渐变色颜色为从#616161 至#a2a2a2。选择"描边"选项，设置颜色为#959595，宽度为 3 像素。单击"确定"按钮，给圆角矩形设置一个灰色描边，效果如图 3-28 所示。

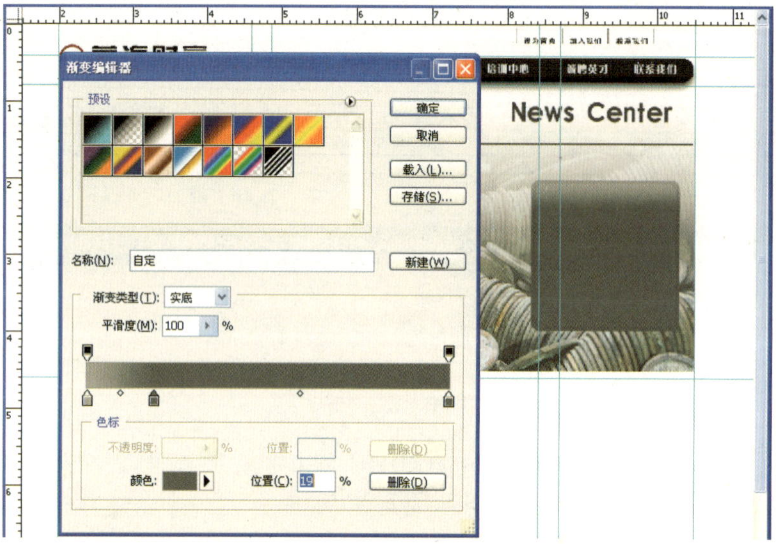

■ 图 3-28

（2）继续打开"图层样式"面板，如图 3-29 所示，勾选"投影"选项。混合模式设置为"正片叠底"，颜色设置为#000000，不透明度设置为 75%，角度设置为 90 度。距离设置为 5 像素，大小设置为 5 像素，扩展设置为 0%。

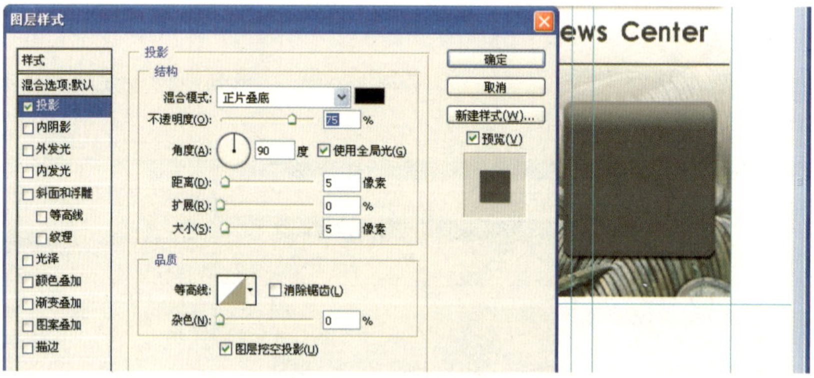

■ 图 3-29

（3）复制该圆角矩形图层，改变渐变颜色，设置为#787878 至#ababab，其他参数不变，效果如图 3-30 所示。

（4）新建图层，设置前景色为#ffffff。激活工具箱中的"椭圆选框工具"，按住 Shift 键，绘制圆点并填充前景色，效果如图 3-31 所示。

（5）复制圆角矩形的"图层样式"参数，并粘贴图层样式至白色圆点图层。以同样的方法完成左边圆角矩形，效果如图 3-32 所示。

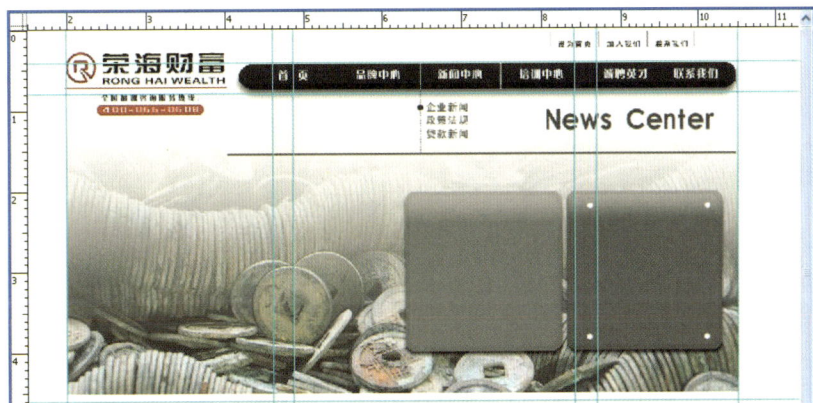

图 3-30

图 3-31

图 3-32

（6）激活工具箱中的"文字工具"，设置字体为 FZQJW GB1 0，颜色为#ffffff，在圆角矩形上输入标题文本。再设置字体为黑体，颜色设置为#ffffff，输入说明文本，效果如图 3-33 所示。

■ 图 3-33

（7）将素材（s-3）复制至文件中，调整位置及大小，效果如图 3-34 所示。

■ 图 3-34

（8）将素材（s-4）复制至文件中，调整位置、大小及不透明度。在"图层"面板新建文件夹，命名为"导航2右"，将 Banner 图片右侧的图层拖曳到该文件夹中，效果如图 3-35 所示。

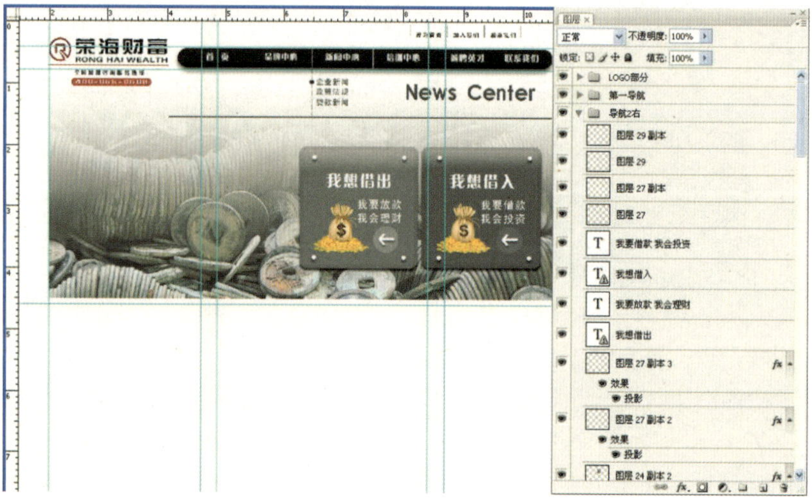

■ 图 3-35

（9）制作 Banner 上的左侧文字导航。新建图层，激活工具箱中的"矩形选框工具"，前景色设置为#000000，绘制一个黑色矩形，效果如图 3-36 所示。

■ 图 3-36

（10）在"图层"面板上将该图层的不透明度调整为 7%，效果如图 3-37 所示。

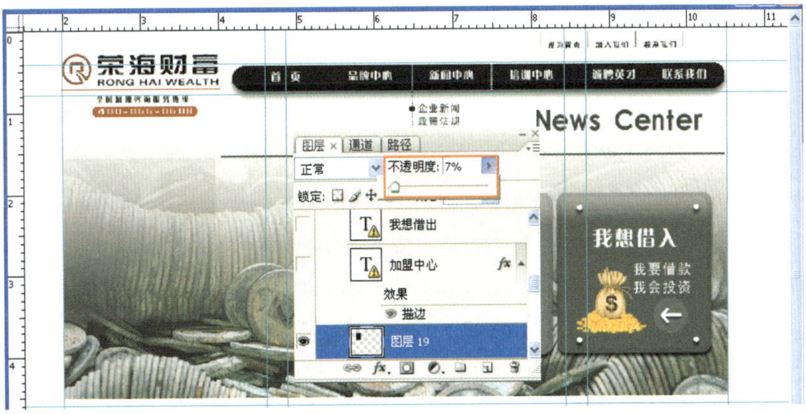

■ 图 3-37

（11）激活工具箱中的"文字工具"，设置字体为 FZQJW GB1 0，颜色分别设置为#a62129、#ffffff，在左侧导航上输入文本，效果如图 3-38 所示。

■ 图 3-38

（12）新建图层，激活工具箱中的"直线工具"，在其"属性"面板中单击"填充像素"按钮，设置粗细为 3 像素，前景色设置为#ffffff，在如图 3-39 所示位置绘制线段。

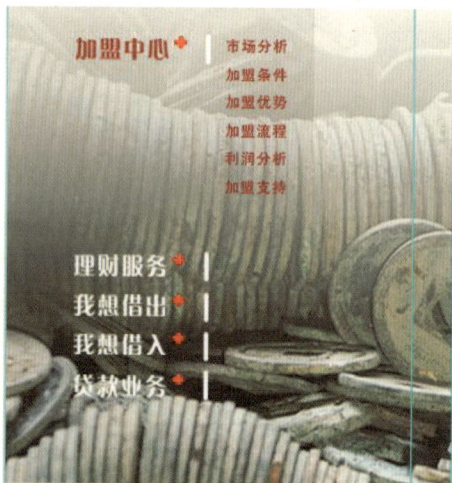

■ 图 3-39

（13）新建图层，激活工具箱中的"直线工具"，前景色设置为#f6080b，在其"属性"面板中单击"填充像素"按钮，宽度设置为 3 像素，绘制"+"号图标，效果如图 3-40 所示。

（14）激活工具箱中的"文字工具"，设置字体为黑体，颜色设置为#a62129，在如图 3-41 所示的位置输入子导航文本。

■ 图 3-40　　　　　　　　　　　　■ 图 3-41

（15）新建图层，激活工具箱中的"直线工具"，在其"属性"面板中单击"填充像素"按钮，前景色设置为#ffffff，宽度设置为 1 像素，在白色导航文本的下方绘制白色直线，效果如图 3-42 所示。

（16）新建图层，激活工具箱中"矩形选框工具"，在导航底部绘制矩形选区，设置渐变色为从#9c192a 至#ffffff 再至#7f2824，其填充效果如图 3-43 所示。

（17）新建文件夹，并命名为"导航 2"，将 Banner 图层和左侧导航栏的所有图层拖曳到文件夹"导航 2"中。此时，页面效果如图 3-44 所示。

4. 根据草图设计制作页中部分

页中部分的设计主要体现在按钮设计（见第 1 章按钮设计），文字部分及其他部分的设计不再赘述，效果如图 3-45 所示。

■ 图 3-42 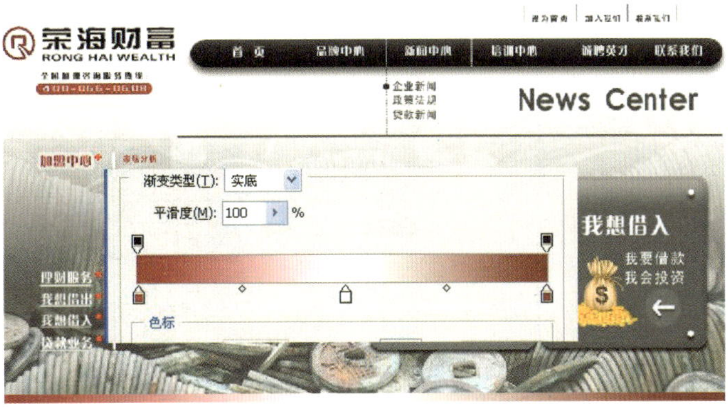   ■ 图 3-43

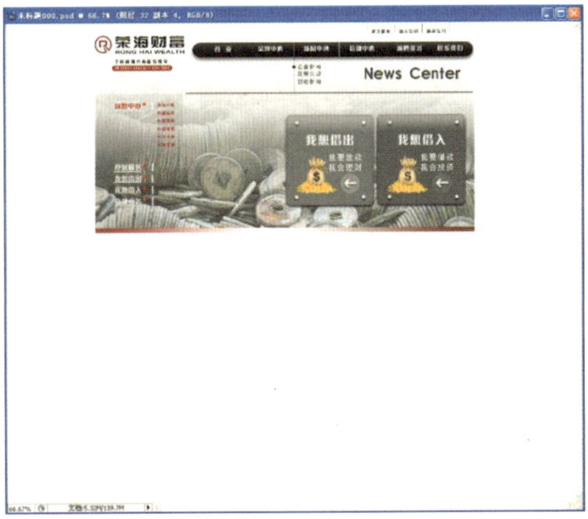

■ 图 3-44   ■ 图 3-45

5. 页脚部分的设计制作

（1）新建图层，激活工具箱中的"矩形选框工具"，前景色设置为#f2f2f2，在页脚位置绘制矩形选框并填充灰色，效果如图 3-46 所示。

（2）激活工具箱中的"文字工具"，颜色设置为#121212，输入文本"关于荣海　联系我们　招贤纳士　合作伙伴"。效果如图 3-47 所示。

（3）新建图层，激活工具箱中的"直线工具"，在其"属性"面板中单击"填充像素"按钮，前景色设置为#121212，宽度设置为 1 像素，绘制如图 3-48 所示分割线。

（4）激活工具箱中的"文字工具"，字体设置为黑体，颜色设置为#121212，输入版权信息"京 ICP 证 100777 号　京公网安备 1101055555CreditEase©2012 荣海投资管理(北京)有限公司"。效果如图 3-49 所示。

■ 图 3-46

■ 图 3-47

关于荣海 ｜ 联系我们 ｜ 招贤纳士 ｜ 合作伙伴

■ 图 3-48

关于荣海 ｜ 联系我们 ｜ 招贤纳士 ｜ 合作伙伴
京ICP证100777号 京公网安备1101055555CreditEase©2012荣海投资管理（北京）有限公司

■ 图 3-49

（5）在图层面板中新建组，并命名为"页尾部分"，将页脚部分的所有图层拖曳到文件夹"页尾部分"中。最终效果如图3-8所示。

3.2 网页设计的创意方法

网站的创意是网站的灵魂所在，好的创意可以使浏览者印象深刻，过目不忘，并使网站充满魅力，个性鲜明。

网页风格和网站创意有直接的联系，网页风格要和网站创意相统一，网页的整体设计风格依靠图形、色彩、文字等元素表现，不同性质的行业网站应体现出不同的风格类型。儿童最喜欢明快的色彩、卡通般的图画和跳动的节拍。因此，儿童网站在风格设计上一定要符合儿童的心理，如图3-50、图3-51所示。

"创意"一词源于英文 Creation idea，意为"具有创造性的意念"。创意是人类特有的思维活动，是设计师灵感的火花，是人类智慧的结晶，是设计师智慧的释放。在网页设计中，创意是产生优秀网页的先决因素，是成功网页的灵魂。一个好的网页应该具备内在的"意"，使浏览者得到美的享受。当然，成功的创意是形式与内容、理智与感情、审美与实用的辩证统一。将页面主题的创意与版式设计相结合是现代网页设计的发展趋势。

图 3-50

图 3-51

3.2.1 创意是网页的灵魂

人类与动物的最大区别就是善于思考，否则统治地球的可能就是老虎、大象，或者是猴子什么的。人类不仅善于思考，还擅长创造性的想象，我们的生活也因此日益丰富多彩。

很难想象一个毫无创意的网站能让人长时间停留下去，只有充满趣味、想象力的网站才能吸引更多的浏览者。创意就像是网页的灵魂，可以使网站变得生动起来。如图3-52所示，将中国传统的红棉袄与汽车结合在一起，展现春节的喜庆气氛。虽然这是汽车的招贴广告，但是这种创意的思想同样对网页创意有帮助。而图3-53（主页）、图3-54（连接页）则是采用动画的形式结合卡通形象吸引用户的，页面生动有趣。

■ 图 3-52

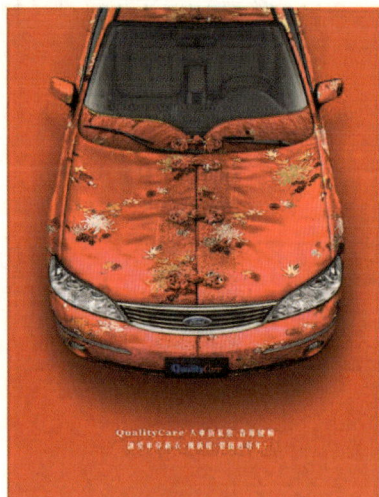

■ 图 3-53

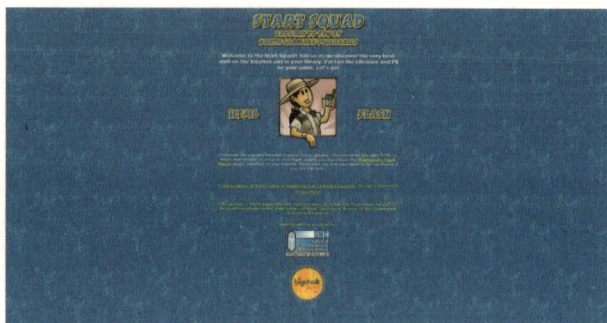

■ 图 3-54

3.2.2 网页创意方法

一个优秀的创意需要通过创造性思维才能获得，创造性思维是一种具有创造性意义的思维活动，创造性思维能力的获得要经过长期的知识、经验积累，智能训练，以及素质磨砺才能具备，创造性思维的过程离不开推理、想象、直觉等思维活动。

创意和创造性思维有着直接的联系，创意是一个创造未知事物的思维过程，创意的获得虽然很复杂，但也有一定的方法和规律可循。总地来讲，方法是比较多的。现在，本书列出几种常见的方法。

1. 联想法

联想是艺术形式中最常用的表现手法。在审美的过程中，通过丰富的联想，能够突破时空的界限，扩大艺术形象的容量，加深画面的意境。人类具有联想思维的心理活动特征，它来自认知和经验的积累。通过联想，人们在审美对象上看到自己或与自己有关的经验，从而使审美对象与产品引发美感共鸣，其感情的强度是激烈的，这是一种丰富的、合乎审美规律的心理现象。如图 3-55 所示，页面背景是宽广的沙滩、湛蓝的海域，使人充满无限的遐想，而页面上的每个按钮几乎都与背景或多或少有些联系。

2. 对比法

对比是一种趋向于对立的冲突，是艺术美中最突出的表现手法。在网页设计形式中加入不和谐的元素，把网页作品中所描绘的事物的性质和特点放在鲜明的对照和直接对比中来表现，互比互衬，从对比所呈现的差别中，达到集中、简洁、曲折变化的表现。通过这种手法，更鲜明地强调或提示网页的特征，给浏览者以深刻的视觉感受。对比包括明暗对比（如图 3-56 所示）、大小对比（如图 3-57 所示）、粗细对比、主从对比等。

■ 图 3-55

■ 图 3-56　　　　　　　　■ 图 3-57

3. 夸张法

夸张是创作的基本原则，借助想象，使用夸张的手法能够更鲜明地强调或揭示事物的实质，强化作品的艺术效果。因此，夸张是常用的表现手法，但有一点需要注意的是，夸张要具有合理性。当然，夸张也是一种追求新奇变化的手法，通过虚构把对象的特点和个性中美的方面进行夸大，赋予人们一种新奇与变化的情趣。按其表现特征，夸张可以分为形态夸张和神情夸张两种类型，前者为表象性地处理作品，后者则为含蓄性地处理作品。通过夸张手法的运用，为网页的艺术美注入了浓郁的感情色彩，使网页的特征鲜明、突出、动人。如图 3-58 所示通过海洋生物"八爪鱼"说明公司在网页设计方面功力深厚，无所不能。

4. 趣味、幽默法

趣味是指网页作品中巧妙地再现喜剧性特征，创造出一种充满情趣，能够引人发笑而又耐人寻味的意境，引起欣赏者会心一笑。幽默法是指抓住生活现象中局部性的东西，通过人们的性格、外貌和举止的某些可笑的特征表现出来。幽默的表现手法往往运用饶有风趣的情节，巧妙地安排，把某种需要肯定的事物，无限延伸到漫画的程度。幽默的矛盾冲突可以达到出乎意料，又在情理之中的艺术效果，引起观赏者会心的微笑，以别具一格的方式，发挥艺术感染力的作用。如图 3-59 所示是"花生部落"引导页，画面中从语言的运用到人物形象的造型都极具诙谐、幽默感，无不让浏览者为之心动。

■ 图 3-58

■ 图 3-59

5. 比喻法

比喻法是指在设计过程中，选择两个各不相同，而在某些方面又有些相似性的事物"以此物喻彼物"。比喻的事物与主题没有直接的关系，但是，在某一点上又与主题的某些特征有相似之处，因而可以借题发挥，进行延伸转化，获得"婉转曲达"的艺术效果。与其他表现手法相比，比喻手法比较含蓄隐伏，有时难以一目了然，但一旦领会其意，便能给人以意味无穷的感受，如图 3-60 所示。

6. 巧设悬念法

在表现手法上故弄玄虚，布下疑阵，使人乍看网页时并不解题意，造成一种猜疑和紧张的心理状态，在浏览者的心理上掀起层层波澜，产生夸张的效果，驱动浏览者的好奇心和强烈举动，开启积极的思维联想，引导浏览者产生进一步探明题意之所在的强烈愿望，然后通过网页标题或正文把网页的主题点明出来，使悬念得以解除，给人留下难忘的心理感受。悬念法具有相当高的艺术价值，它能够加深矛盾冲突，吸引浏览者的兴趣和注意力，造成一种强烈的感受，产生引人入胜的艺术效果。如图 3-61 所示，黑色历来被称作神秘而经典、前卫的色彩，画面中人物大脑的活动是通过动画表现出来的，周围则是飘逸的发丝与发光圆圈，形成一种神秘感。

■ 图 3-60

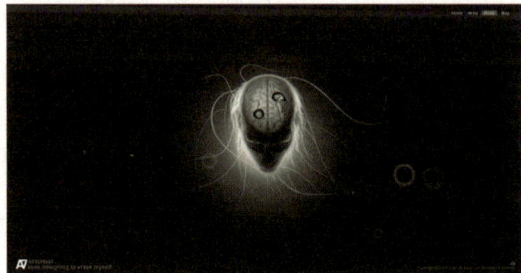
■ 图 3-61

7. 以小见大

以小见大中的"小"指的是网页中描写的焦点和视觉兴趣中心,它既是网页创意的浓缩和升华,也是设计者匠心独具的安排,因而它已不是一般意义的"小",而是小中寓大,以小胜大的高度提炼的产物,是简洁的刻意追求。以细节见整体,以管窥豹。如图3-62所示的网页,本就很小的一张图片被分割成上下两部分,恰到好处地将"i"表现出来,而中间的人物从视觉上又产生出无限的深远意义。

■ 图 3-62

8. 注重情感

艺术的感染力最直接作用的是感情因素,而以人为本是艺术加强传达感情的特征,在表现手法上侧重选择具有感情倾向的内容,以美好的感情来烘托主题,真实而生动地反映这种审美感情就能以情动人,发挥艺术感染人的力量,这是现代网页设计的文学侧重,以及对美的意境与情趣的追求。

"以情动人"是艺术创作中奉行的原则,网页设计也同样如此。例如,文字的编排就非常富于情感的表现。它表现在文字空间结构、韵律节奏的关系上,体现了各种情感动势,如轻快、凝重、舒缓、激昂,如图3-63所示。

另外,在空间结构上,水平、对称、并置的结构表现严谨与理性;曲线与散点的结构表现自由、轻快、热情与浪漫,如图3-64所示。

■ 图 3-63

■ 图 3-64

在网页设计中，除图像本身所具有的情感因素外，文字的情感表述也占据了重要的地位。

9. 偶像法

偶像法的效果非常好，其创意的受关注程度和偶像的知名度有关。在现实生活中，人们心里都有自己崇拜、仰慕或效仿的对象，而且有一种想尽可能地向他靠近的心理欲求，从而获得自己心理上的满足。这种方法正是运用人们的这种心理特点，抓住人们对名人、偶像仰慕的心理，选择人们心目中崇拜的偶像，配合产品信息传达给浏览者。由于名人、偶像有很强的心理感召力，故借助名人、偶像的陪衬，可以大大提高产品的印象与销售地位，树立品牌可信度，产生不可言喻的说服力，诱发浏览者对名人、偶像所赞誉的产品的注意，从而激发起他们的购买欲望，如图 3-65 所示为羽坛名将林丹代言的吉列广告。

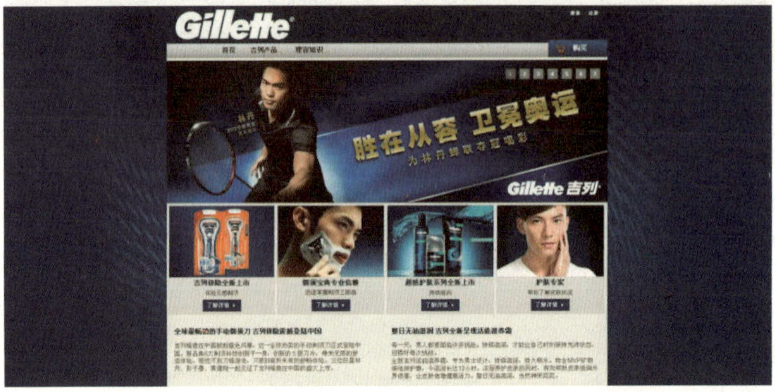

■ 图 3-65

10. 怀旧法

这类网页设计以传统风格和古旧形式来吸引浏览者。古典传统创意适合应用于以传统艺术和文化为主题的网站中，将书法、绘画、建筑、音乐、戏曲等传统文化中独具的民族风格，融入网页设计的创意中，如图 3-66 所示。

■ 图 3-66

11. 时尚法

流行时尚的创意手法是指通过鲜明的色彩、单纯的形象及编排上的节奏感，体现流行的形式特征。设计者可以利用不同类别的视觉元素，给浏览者强烈、不安定的视觉刺激感和炫目感。

如图 3-67 所示，这类网站以时尚现代的表现形式吸引年轻浏览者的注意。

图 3-67

12. 个性法

要想在互联网上的无数网页中脱颖而出，就要采用个性化的设计语言。个性化是指设计者可以有意识地摆脱陈旧与平庸的设计模式，追求轻松、诙谐的表现形式，或者创造某种神秘、混乱甚至怪诞的气氛，来表现新颖独特的个性，以达到吸引浏览者、引起共鸣、接收信息的目的。

强调个性是一种标新立异。应用趣味图像、动画等传播元素是获得个性化的有效手段。另外，也可以通过版式设计来营造个性氛围。在个性化的版式设计中，图像、文字等多媒体元素本身虽然平淡无奇，但经过巧妙编排，却能产生令人耳目一新的视听效果，如图 3-68 所示。

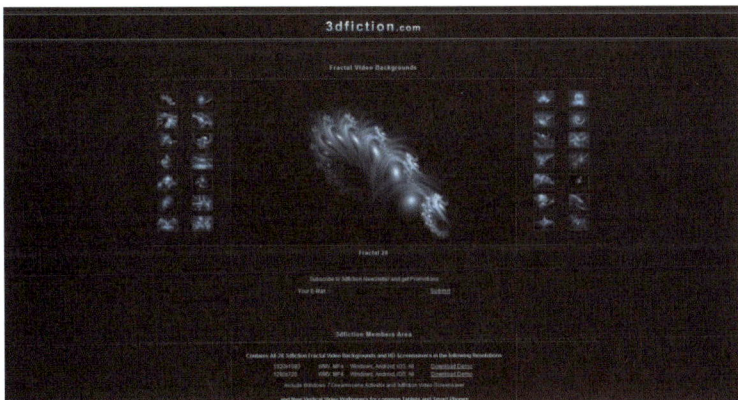

图 3-68

13. 综合法

综合设计是广泛应用的方法，该方法从各个元素的适宜性处理中体现设计师的创作意图，追求和谐的美感。综合法在分析各个构成要素的基础上加以组合，使整个界面的整体形式表现出创造性的新成果，如图 3-69 所示。

总之，在网页设计中，创意是决定设计的倾向、意境、深度的关键。网页设计是一种有目的的创作，依据这个目的去设计是创意的出发点和设计的要旨。通常，人们把突如其来的领悟叫作"灵感"，它是由人们的记忆力、想象力、创造思维力巧妙结合而迸发的智慧之花。

■ 图 3-69

　　每位设计者的生活阅历、设计经验不同，艺术素养有别，对于事物的喜好各异，这就造成了灵感的激发点千变万化。通常，由灵感的启示而做出的网页设计更具有打动人心的力量。作为一名网页设计者，必须善于在日常生活中捕捉稍纵即逝的灵感。

3.3 "小福屋"网页案例制作

　　"小福屋"网页是某同学为对 VI 设计课的作业——"小福屋 VI 手册"（如图 3-70 所示）而延伸设计创作的一个商业网站。由于 VI 的设计经历了准备、成立设计小组、理解消化、确定贯穿的基本形式、搜集相关资讯几个阶段，对"小福屋"的经营理念、市场信息反馈等方面的工作已经完成，所以以下工作主要是设计网站界面。

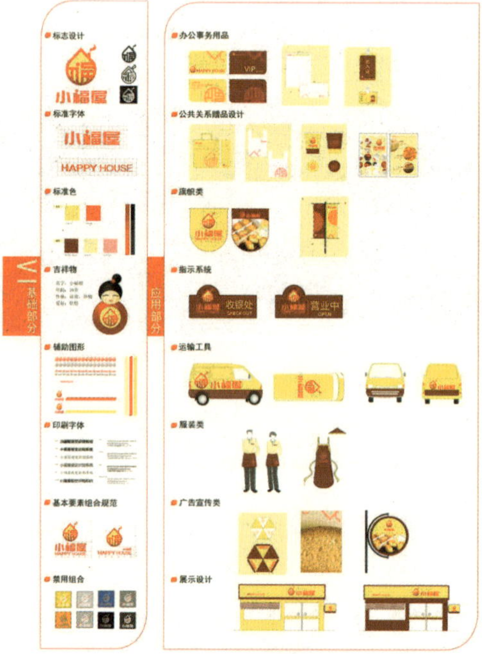

■ 图 3-70

3.3.1　建立"小福屋"网页的模板

制作并保存一个模板，为以后各个链接网页的制作提供方便。模板主要包括页头、页脚部分，而页中部分可以依据每个网页的设计元素进行更改。根据设计的不同，甚至可以保存两个及两个以上的模板备用。

（1）根据设计需要，新建文档，设置宽度为 768 像素，高度为 800 像素，分辨率为 72 像素/英寸，色彩模式设置为 RGB，背景为白色。

（2）新建图层，激活工具箱中的"矩形选框工具"，在页头位置绘制矩形，填充颜色为 #fc0404，效果如图 3-71 所示。

（3）新建图层，激活工具箱中的"直线工具"，在其"属性"面板中单击"填充像素"按钮，前景色设置为 #fc0404，粗细设置为 1 像素，在红色矩形的下方绘制一条水平线，效果如图 3-72 所示。

■ 图 3-71	■ 图 3-72

（4）新建图层，激活工具箱中的"圆角矩形工具"，在其"属性"面板中单击"填充像素"按钮，半径设置为 15 像素，前景色设置为白色 #ffffff。在新建图层中绘制圆角矩形，效果如图 3-73 所示。

（5）双击圆角矩形图层，打开"图层样式"面板，勾选"投影"选项，设置混合模式为"正常"，颜色为黑色 #000000，不透明度设置为 40%，角度设置为 120 度，大小设置为 5 像素。单击"确定"按钮，效果如图 3-74 所示。

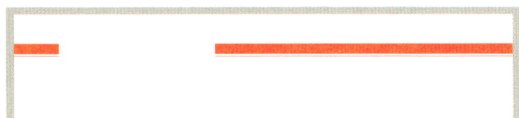

■ 图 3-73	■ 图 3-74

（6）复制并粘贴准备好的 Logo。选中 Logo 图层，单击鼠标右键，在弹出的快捷菜单中选择"转换为智能对象"命令，调整"小福屋"的标志大小、位置，效果如图 3-75 所示。

（7）新建图层，激活工具箱中的"矩形选框工具"，在页头位置的下方绘制一个矩形，填充颜色为 #fdf7f4，效果如图 3-76 所示。

（8）以同样方法，绘制不同大小的选区，分别填充颜色为 #fdf2f3、#fdebf1，效果如图 3-77

所示。

■ 图 3-75

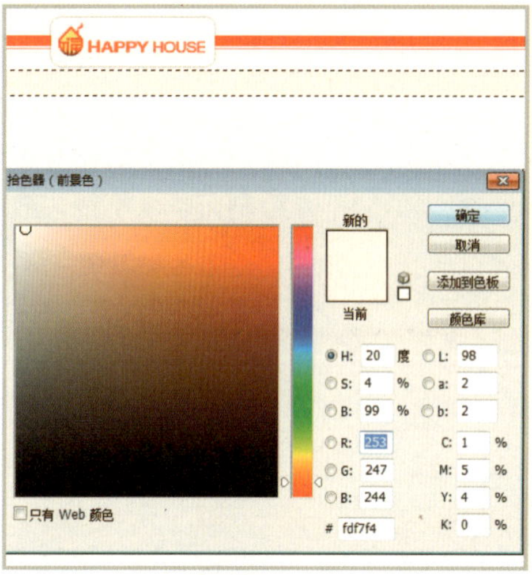

■ 图 3-76　　　　　　　　　　　　　　　　　■ 图 3-77

（9）激活工具箱中的"横排文字工具"，设置中文部分的字体样式设置为"宋体"，字号设置为 14 点，颜色设置为#fc0404；拉丁字母的字体设置为 Arial，字体样式设置为 Regular，字号为 14 点，颜色设置为#fc0404，效果如图 3-78 所示。

■ 图 3-78

（10）新建图层，激活工具箱中的"矩形选框工具"，在页中绘制两个不同的矩形选区，分别填充颜色为#fda7a7 与#fb3737，效果如图 3-79 所示。

（11）新建图层，激活工具箱中的"矩形选框工具"，前景色设置为#fc0404，在页脚位置绘制一个矩形选区并填充颜色为#fc0404。效果如图 3-80 所示。

（12）双击图层面板中的页脚位置的矩形图层，打开"图层样式"面板，勾选"描边"选项。在"描边"面板上设置大小为 4 像素，位置选择"外部"，不透明度为 100%，颜色设置为#dbd9d9，单击"确定"按钮，效果如图 3-81 所示。

（13）激活工具箱中的"圆角矩形工具"，在其"属性"面板中单击"填充像素"按钮，半径设置为 15 像素，前景色暂设置为白色#ffffff，在新建图层中绘制一个圆角矩形。执行菜单"编辑"→"描边"命令，设置宽度为 2 像素，位置选择"居外"，颜色设置为#b8b8b8，单击"确定"按钮，给圆角矩形添加一个"灰色边"，效果如图 3-82 所示。

■ 图 3-79

■ 图 3-80

■ 图 3-81

■ 图 3-82

（14）以白色圆角矩形图层为当前图层，激活"矩形选框工具"，在白色圆角矩形上方绘制一个选区，按键盘上的 Delete 键，删除矩形选区内的图形，效果如图 3-83 所示。

（15）激活工具箱中的"橡皮工具"，在"画笔预设"中选择"柔角 65 像素"笔形，模式设置为"画笔"，不透明度设置为 100%，流量设置为 9%，在圆角矩形的两端单击数次，创造如图 3-84 所示虚化效果。

■ 图 3-83

■ 图 3-84

（16）隐藏白色圆角矩形图层，激活工具箱中的"椭圆选框工具"，设置羽化值为 5 像素，绘制选区并填充颜色为#a2a2a2，调整椭圆形图层的不透明度为 70%，效果如图 3-85 所示。

（17）复制一个椭圆形，分别执行菜单栏"编辑"→"变换"→"旋转"命令，分别调整椭圆形角度，效果如图 3-86 所示。

■ 图 3-85

■ 图 3-86

（18）打开隐藏的圆角矩形图层，使圆角矩形图层可见，将圆角矩形图层置于两个椭圆形图层的上方，效果如图 3-87 所示。

■ 图 3-87

（19）激活工具箱中的"横排文字工具"，设置字体为 Arial，字体样式设置为 Regular，字号设置为 8 点，颜色设置为#57595b，输入如图 3-88 所示文本。

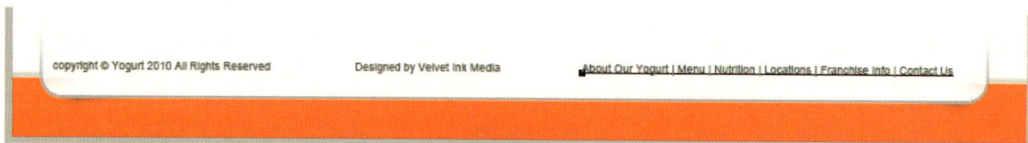

■ 图 3-88

（20）完整效果如图 3-89 所示，保存为源文件，命名为"模板 1"并留作备用。

（21）新建图层，激活工具箱中的"圆角矩形工具"，在其"属性"面板中单击"填充像素"按钮，半径设置为 10 像素，前景色暂时设置为蓝色，绘制如图 3-90 所示圆角矩形。复制矩形并填充为白色。

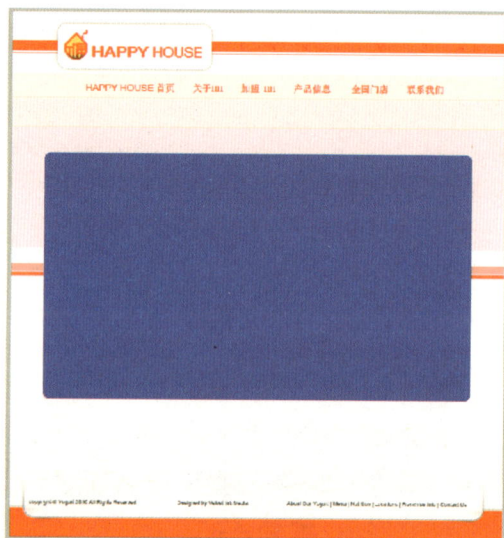

■ 图 3-89   ■ 图 3-90

（22）以白色矩形层为当前图层，执行菜单"编辑"→"描边"命令，在"描边"面板上设置宽度为 1 像素，颜色设置为#b8b8b8，位置设置为"居外"，单击"确定"按钮，效果如图 3-91 所示。

（23）激活工具箱中的"橡皮工具"，设置模式为"画笔"，在"画笔预设"中选择"柔角 65 像素"笔形，流量设置为 20%，在圆角矩形的下边缘单击数次，创建如图 3-92 所示虚化效果。

（24）新建图层，激活工具箱中的"椭圆选框工具"，设置羽化值为 5 像素，填充颜色设置为#c4c4c4，如前所述将其复制、旋转，并调整两个椭圆图形的不透明度为 90%，效果如图 3-93 所示。

（25）调整图层的上下关系，效果如图 3-94 所示。

（26）激活工具箱中"椭圆选框工具"，分别选择颜色为#fca3a3、#fbcbcb、#fc2424、#fc0404。依次在新建图层上绘制正圆形，并根据需要调整图层不透明度为 30%或 20%，效果如图 3-95 所示。保存为源文件，命名为"模板 2"，并留作备用。

■ 图 3-91

■ 图 3-92

■ 图 3-93

■ 图 3-94

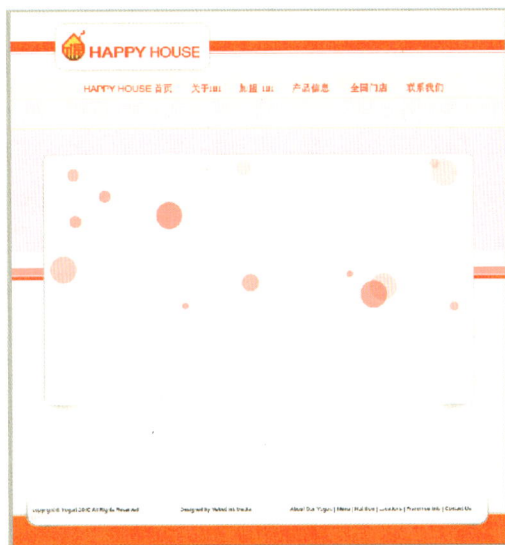

■ 图 3-95

3.3.2　"小福屋—首页"

"小福屋"的首页是在"模板1"的基础上制作完成的。

（1）打开"模板1"，将素材（s-6）复制并粘贴至文件中，选中图片所在图层，单击鼠标右键，在其下拉菜单中选择"转换为智能对象"命令。执行菜单"编辑"→"自由变换"命令，按住Shift键，调整图片大小及位置，效果如图3-96所示。

（2）激活工具箱中的"横排文字工具"，输入如图3-97所示的文字，设置标题字体为"黑体"，字号为36点，颜色设置为#fc0404；设置副标题字体为Trebuchet MS，字体样式设置为Regular，字号设置为26点，颜色设置为#fce43a。

图 3-96

图 3-97

（3）新建图层，激活工具箱中的"圆角矩形工具"，在其"属性"面板中，单击"填充像素"按钮，设置半径为5像素，前景色设置为白色，绘制如图3-98所示圆角矩形。

（4）双击圆角矩形所在图层，打开"图层样式"面板，勾选"描边"选项，在"描边"面板上设置大小为6像素，位置选择"内部"，混合模式设置为"正常"，颜色设置为#fc0404，单击"确定"按钮，效果如图3-99所示。

（5）将素材（s-7）复制并粘贴至矩形框中，调整大小及位置。新建图层，激活工具箱中的"钢笔工具"，在其"属性"面板中单击"填充像素"按钮，颜色设置为#9d161a，绘制如图3-100所示的形状。

（6）双击钢笔绘制的图形所在的图层，打开"图层样式"面板，勾选"投影"和"渐变叠加"选项。其中，在"投影"面板上设置混合模式为"正常"，不透明度为50%，角度为90度，距离为4像素，大小为5像素；在"渐变叠加"面板上设置混合模式为"正常"，不透明度为100%，渐变颜色设置为#fd9c9c到#fc0404的渐变，渐变样式选择"线性"，渐变角度设置为90度。缩放设置为100%。单击"确定"按钮，效果如图3-101所示

（7）如图3-102所示，调整图层的上下关系，将其拖曳到圆角矩形图层的下方。

（8）新建图层，激活工具箱中的"圆角矩形"工具，在其"属性"面板中单击"路径"按钮，设置半径为10像素，绘制一个圆角矩形。按Ctrl+Enter键将路径转换为选区，效果如图3-103所示。

■ 图 3-98

■ 图 3-99

■ 图 3-100

■ 图 3-101

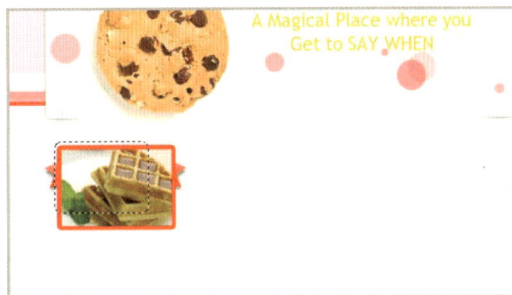

■ 图 3-102

■ 图 3-103

（9）激活工具箱中的"渐变工具"，选择"线形渐变"方式，打开"渐变编辑器"，设置颜色为从#d69000 到#f9a100，以及从#f9a100 到#fc5f00 的渐变。单击"确定"按钮，填充效果如图 3-104 所示。

图 3-104

（10）激活工具箱中的"多边形套索工具"，如图 3-105 所示绘制选区。按键盘上的 Delete 键删除图形，效果如图 3-106 所示。

图 3-105

图 3-106

（11）关闭圆角矩形所在图层。激活工具箱中的"多边形套索工具"，新建图层，绘制如图 3-107 所示的图形，填充颜色为黑色（#000000），在"图层"面板上调整不透明度为 40%。

（12）在"图层"面板上打开一个圆角矩形图层，调整灰色区域，如图 3-108 所示，形成阴影效果。

（13）激活工具箱中的"矩形选框工具"，在新建图层上绘制矩形，填充颜色为白色（#ffffff），效果如图 3-109 所示。

（14）激活工具箱中的"橡皮工具"，模式设置为"画笔"，选择"柔角 27 像素"笔形，流量设置为 100%，在白色矩形上擦除出如图 3-110 所示的高光效果。在擦除过程中可以将流量调小，多次擦除。

图 3-107

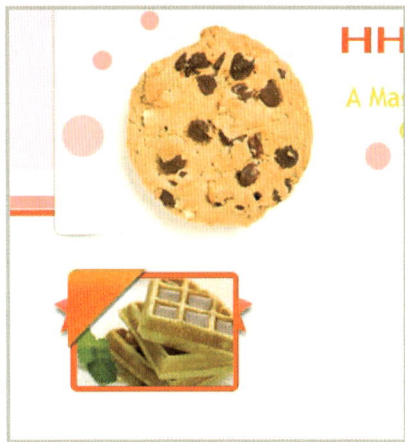

图 3-108

图 3-109

图 3-110

（15）激活工具箱中的"横排文字工具"，设置字体为 Impact，字体样式设置为 Regular，字距设置为 60，字号设置为 10 点，颜色设置为白色（#ffffff），输入文字。按 Ctrl+T 键，调整文字的角度，效果如图 3-111 所示。

（16）新建图层，激活工具箱中的"椭圆选框工具"，设置羽化值为 8 像素，绘制一个椭圆形，填充颜色为#9d9d9d，效果如图 3-112 所示。

（17）按 Ctrl+T 键，调整椭圆形角度，将其所在图层调至圆角矩形图层的下方，然后调整椭圆形位置，效果如图 3-113 所示。

（18）选中灰色椭圆形图层，复制该图层，执行菜单"编辑"→"变换"→"水平镜像"命令，将该图层移动到合适的位置上，效果如图 3-114 所示。

（19）激活工具箱中的"横排文字"工具，设置字体为 Arial，字体样式设置为 Regular，字号设置为 9 点，行间距设置为 14 点，颜色设置为#7e7d7d，在如图 3-115 所示的位置拖曳出文本框，确定段落文本的宽度并输入段落文本。

（20）激活工具箱中的"圆角矩形工具"，在其"属性"面板中单击"填充像素"按钮，半径设置为 2 像素，前景色暂时设置为灰色，新建图层，并绘制一个灰色圆角矩形，效果如图 3-116 所示。

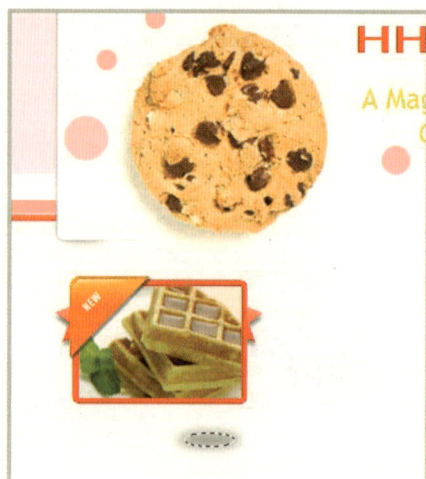

■ 图 3-111

■ 图 3-112

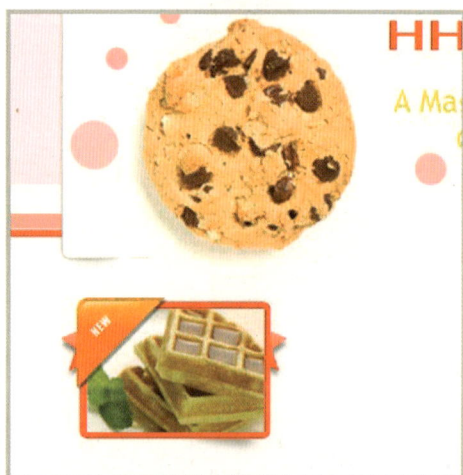

■ 图 3-113

■ 图 3-114

■ 图 3-115

At vero eos et accusamus et iusto odio
Chocolate with raisins and slightly sweet,
just to see the children a smiling face,
warm smile.

■ 图 3-116

（21）双击灰色圆角矩形图层，打开"图层样式"面板，勾选"投影""渐变叠加""描边"选项。其中，在"投影"面板上设置混合模式为"正常"，颜色为黑色#000000，不透明度为60%，角度为120度，大小为3像素；在"渐变叠加"面板上设置混合模式为"正常"，不透明度为100%，设置颜色为#fe8282到#fc0404的渐变，渐变样式设置为"线性"，渐变角度设置为90度，缩放设置为100%；在"描边"面板上设置大小为1像素，设置位置为"内部"，设置混合模式为"正常"，设置不透明度为100%，设置颜色为白色#ffffff，单击"确定"按钮，效果如图3-117所示。

（22）激活工具箱中的"横排文字工具"，设置字体为"宋体"，设置字号为9点，设置颜色为白色（#ffffff），输入如图3-118所示的文字。

■ 图3-117

■ 图3-118

（23）将其他素材（s-8、s-9）复制并粘贴至文件中，以同样的方式制作其他图形，效果如图3-119所示。首页的最终效果如图3-120所示。

■ 图3-119

图 3-120

3.3.3 "小福屋—关于HH" 页面

根据设计草图，"关于 HH""加盟 HH""产品信息""全国门店""联系我们"几个页面适用"模板 2"。下面进行"关于 HH"页面的制作。

（1）激活工具箱中的"横排文字工具"，在"字符"面板上设置字体为黑体，设置字号为 24 点，设置颜色为#fc0202，输入"关于 HH"文本。正文设置字体为宋体，设置字号为 12 点，设置行间距为 20 点，设置颜色为黑色（#000000），分别输入三段文本，效果如图 3-121 所示。

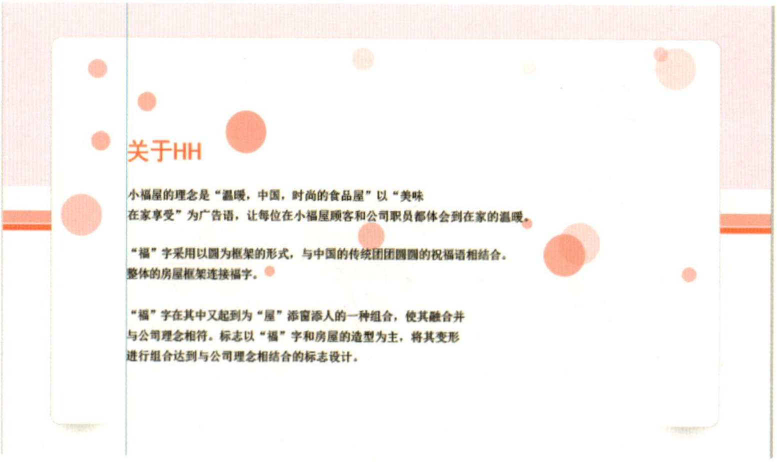

图 3-121

（2）复制并粘贴准备好的"小福屋"的吉祥物，单击鼠标右键，在弹出的快捷菜单中选择"转换为智能对象"命令，调整图像的大小和位置，效果如图 3-122 所示。

■ 图 3-122

3.3.4 "小福屋—加盟 HH"页面

"小福屋—加盟 HH"页面，是在"模板 2"的基础上制作完成的。

（1）打开"模板 2"，根据设计需要，从标尺中拖曳出辅助线。激活工具箱中"横排文字工具"，在"字符"面板上设置字体为黑体，设置字号为 24 点，设置颜色为#fc0404，输入如图 3-123 所示的文字。

（2）激活工具箱中"横排文字工具"，在"字符"面板上设置字体为宋体，设置字号为 10 点，设置正文颜色为#fc0404，设置标题颜色为#000000，输入如图 3-124 所示的段落文本。

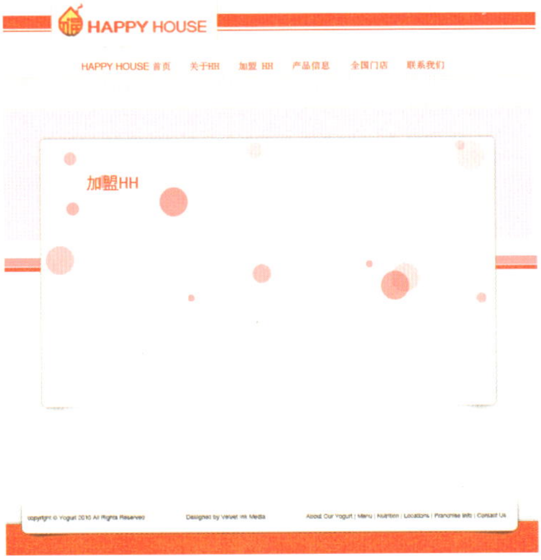

■ 图 3-123　　　　　　　　　　　　　　　■ 图 3-124

（3）将素材（s-10）复制并粘贴至文件中，单击鼠标右键，将其转换为智能对象，执行菜单栏"编辑"→"自由变换"命令，按住 Shift 键调整图片大小及位置、角度，效果如图 3-125 所示。

（4）双击图片图层，在其"图层"样式面板中，勾选"投影"和"描边"选项。其中，在"投影"面板上设置混合模式为"正常"，设置不透明度为50%，设置角度为120度，设置大小为7像素。在"描边"面板上设置大小为1像素，设置位置选择"外部"，设置不透明度为100%，设置颜色为#dfe1e3。单击"确定"按钮，效果如图3-126所示。

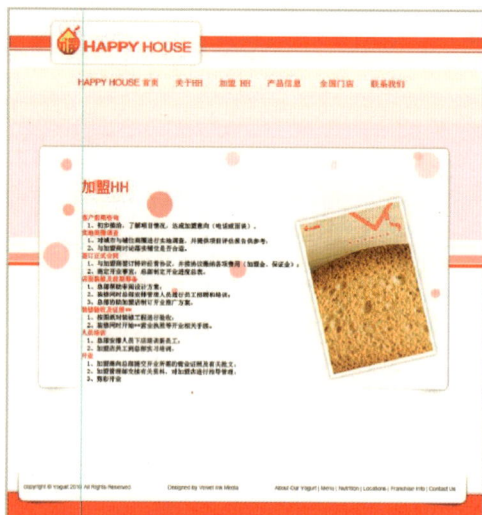

图 3-125　　　　　　　　　　　　　图 3-126

（5）依次复制并粘贴其他素材（s-11、s-12），用同样的方法调整大小和位置。鼠标右键单击"素材10"图层，在弹出的快捷菜单中选择"拷贝图层样式"命令，然后依次选中其他素材所在图层，单击鼠标右键，分别在弹出的快捷菜单中选择"粘贴图层样式"命令，效果如图3-127所示。至此，"小福屋—加盟HH"页面制作完成。

图 3-127

3.3.5 "小福屋—产品信息"页面

（1）打开"模板2"，激活工具箱中的"横排文字工具"，在"字符"面板上设置字体为"黑体"，设置字号为18点，设置颜色为#fc0404，输入如图3-128所示的"产品信息"文字。

（2）激活工具箱中的"横排文字工具"，设置标题文字字体为"微软雅黑"，设置字体样式为Regular，设置字号为16点，设置行间距为24点，设置颜色为#fc0404；设置正文字体为"微软雅黑"，设置字体样式为Regular，设置字号为12点，设置行间距为24点，设置颜色为#000000，输入如图3-129所示的文字。

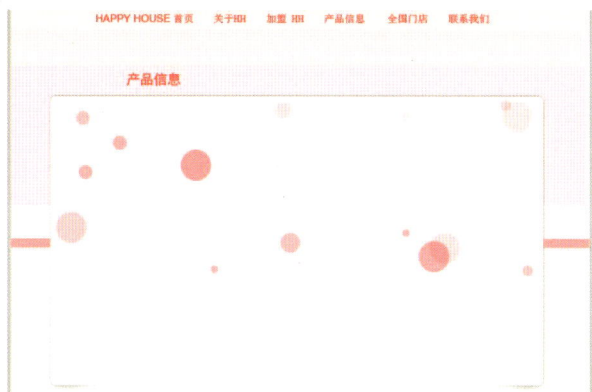

图 3-128

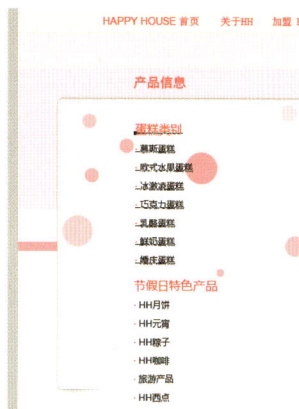

图 3-129

（3）将素材（s-10）复制并粘贴至文件中，单击鼠标右键，将其转换为"智能对象"，执行菜单栏"编辑"→"自由变换"命令，按住Shift键调整图片大小及位置、角度，效果如图3-130所示。

（4）双击图片图层，在其"图层样式"面板中，勾选"投影"选项，在"投影"面板上设置混合模式为"正片叠底"，设置不透明度为30%，设置角度为135度，设置距离为5像素，设置大小为5像素，单击"确定"按钮，效果如图3-131所示。保存文件，"小福屋—产品信息"页面完成。

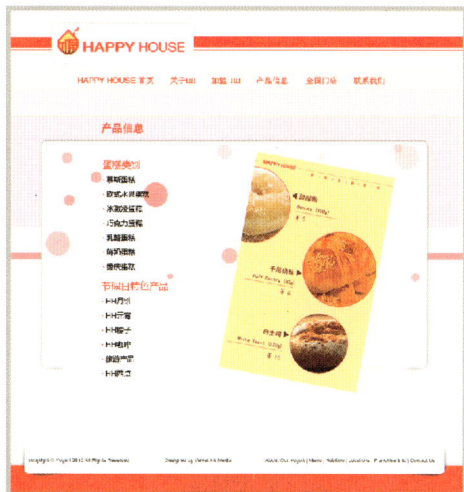

图 3-130

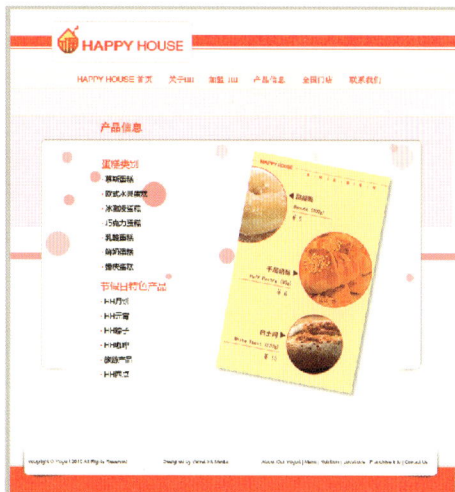

图 3-131

3.3.6 "小福屋—全国门店"页面

（1）打开"模板 2"，激活工具箱中的"横排文字工具"，在"字符"面板中设置字体为"黑体"，字号为 24 点，颜色为#fc0404，输入如图 3-132 所示的文字。

（2）将素材（s-13）复制并粘贴至文件中，单击鼠标右键，将其转换为"智能对象"，执行菜单栏"编辑"→"自由变换"命令，按住 Shift 键调整图片大小及位置、角度，效果如图 3-133所示。

■ 图 3-132

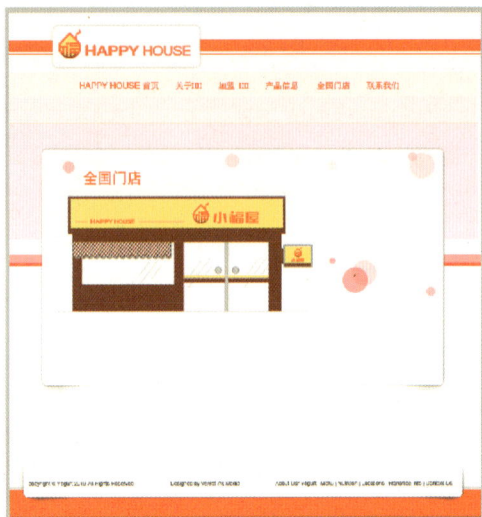

■ 图 3-133

（3）激活工具箱中的"横排文字工具"，在"字符"面板上设置字体为"黑体"，设置字号为 12 点，设置颜色为#fc0404，输入如图 3-134 所示的文字。保存文件，"小福屋—全国门店"页面制作完毕。

■ 图 3-134

3.3.7 "小福屋—联系我们"页面

（1）打开"模板2"，激活工具箱中的"横排文字工具"，在"字符"面板上设置字体为"黑体"，设置字号为18点，设置颜色为#fc0404，输入如图3-135所示的文字。

（2）将素材（s-14、s-15）复制并粘贴至文件中，单击鼠标右键，将其转换为"智能对象"，执行菜单栏"编辑"→"自由变换"命令，按住 Shift 键调整图片大小及位置、角度，效果如图 3-136 所示。保存文件，"小福屋—联系我们"页面制作完毕。

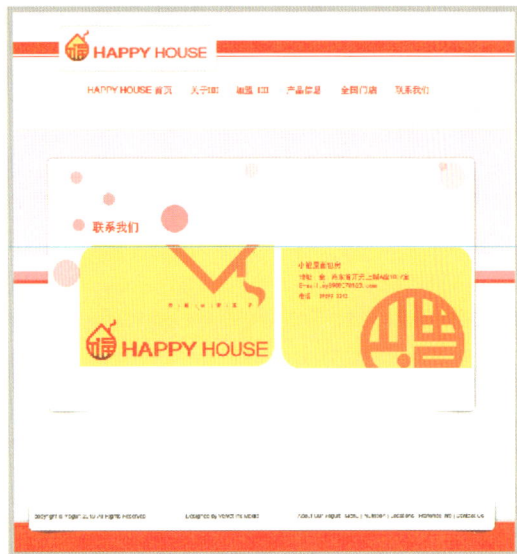

■ 图 3-135　　　　　　　　　　　　　　　　　　■ 图 3-136

实践与提高

1．为自己的主页组织必要的文字信息并编写脚本。
2．根据脚本内容，利用所学的软件对自己的主页进行初步的规划。
3．简述网页创意的方法并阐述自己主页的设计思路。
4．依据设计思路，尝试完成自己主页的导航栏设计。

第 **4** 章

网页配色

网页设计作为一门新兴学科，其色彩风格必然带有鲜明的时代特征。后现代主义（Post Modernism）设计思潮与网页设计几乎同时兴起，为网页设计风格奠定了基础。后现代主义设计师标榜个性化和象征性，通常采用独特的色彩手法，如象征、隐喻、幽默等装饰手段，力求将现实与历史文化完美结合起来，创造出许多个性鲜明的网页设计作品。随着时代的变迁，适应新时代的设计思想也随之变化，优秀的设计师应紧跟时代潮流，敏锐地触摸到色彩的审美变化和对色彩感情的影响，从而确立网页独具个性的色彩风格。

4.1　认识色彩

色彩是人们常见的事物，但是仔细地问起来色彩又是很难讲明白的一件事情。因此色彩既是一门艺术，也是一门科学。

4.1.1　何为色彩

色彩并不是物体本身固有的，物体的颜色是物体本身吸收和反射光波的结果。色彩与光有着极为密切的联系，同时又影响人们的直觉。

物体表面的色彩的形成取决于光源的照射、物体本身反射一定的色光、环境与空间对物体色彩的影响三个方面。

由各种光源发出的光，光波的长短、强弱、比例性质的不同形成了不同的色光，称为光源色。

物体本身不发光，它是光源色经过物体的吸收反射，反映到视觉中的光色感觉，通常把这些本身不发光的色彩统称为物体色。

4.1.2 色彩三要素

色彩的三要素也称为色彩三属性，是指任何一种色彩同时含有的三种属性，即色相、明度和纯度。

在色彩构成中，色彩三要素之间要整体地、兼顾地使用，包括色彩之间的关系、色与形之间的关系、色与人之间的关系等。其中，最需要设计师解决的问题是色彩之间的色差大小和配置。

1. 色相（Hue）

又称色名（Hue，H）是区分色彩的名称，也就是色彩的名字，就如同人的姓名是用来辨别不同的人一样。除黑、白、灰外的色彩都有色相的属性。

2. 明度（Value）

明度（Value，V）是指颜色的亮度。光线强时感觉比较亮，光线弱时感觉比较暗，色彩的明暗强度就是所谓的明度，明度高是指色彩较明亮，而明度低，就是指色彩较灰暗。

无彩色中最亮是白色，最暗是黑色。黑、白之间不同程度的灰都具有不同的明度。

3. 纯度（Chroma）

又称彩度（Chroma，C）是指色彩的纯度，通常以某种色彩的纯度所占的比例，来分辨彩度的高低，纯色比例高为彩度高，纯色比例低为彩度低，在色彩鲜艳的状况下，通常很容易感觉高彩度，但有时不易做出正确的判断，因为容易受到明度的影响。例如，人们最容易误会的是："黑、白、灰是属于无彩度的，它们只有明度。"

4.1.3 色彩对比

两种以上的色彩，以空间或时间关系相比较，表现出明显的差别，并产生比较作用，这被称为色彩对比。

1. 色相对比

色相对比即因色相之间的差别形成的对比。当主色相确定后，则必须考虑其他色彩与主色相是什么关系，要表现什么内容及效果等因素，这样才能增强其表现力。

例如，将相同的橙色放在红色上将会发现，在红色上的橙色会有偏黄的感觉，因为橙色是由红色和黄色调合成的，当它和红色并列时，相同的成分被调和而相异部分被增强，所以比单独看时偏黄，其他色彩相比较时也会有这种现象，称为色相对比。除色感偏移外，对比的两色有时会发生互相色渗的现象，而影响相隔界线的视觉效果，当对比的两色具有相同的纯度和明度时，则对比的效果越明显；当对比的两色越接近补色时，则对比的效果越强烈。

2. 明度对比

因明度之间的差别形成的对比称为明度对比。例如，柠檬黄的明度高，蓝紫色的明度低，橙色和绿色属中明度，红色与蓝色属中低明度。

将相同的色彩放在黑色和白色上，比较色彩的感觉时会发现放在黑色上的色彩感觉比较亮，放在白色上的色彩感觉比较暗，明暗的对比效果非常强烈。明度差异很大的对比，会让人有不安的感觉，如图 4-1、图 4-2 所示为黑白底色上的文字与色条线条对比的网页效果；如图 4-3 所示就是运用明度对比的网页效果。

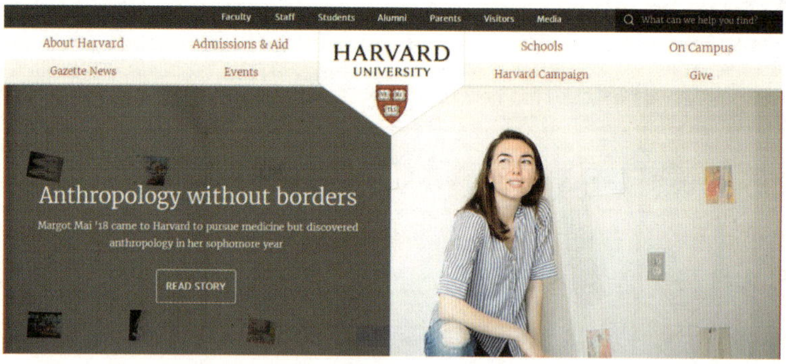

■ 图 4-1

■ 图 4-2

■ 图 4-3

3．纯度对比

一种颜色与另一种更鲜艳的颜色相比时，会感觉不太鲜明，但与不鲜艳的颜色相比时，则显得鲜明，这种色彩的对比称为纯度对比。如图 4-4 所示，中间的色块比左边的色块纯度高，同时又比右边的色块纯度低。如图 4-5 所示为运用纯度对比的网页效果。

■ 图 4-4

■ 图 4-5

4. 补色对比

将红与绿、黄与紫、蓝与橙等具有补色关系的色彩彼此并置，使色彩感觉更为鲜明，纯度增加，这称为补色对比。如图 4-6 所示为运用补色对比的网页效果。

■ 图 4-6

5. 冷暖对比

由于色彩感觉的冷暖差别而形成的色彩对比称为冷暖对比。例如，红、橙、黄使人感觉温暖；蓝、蓝绿、蓝紫使人感觉寒冷；绿与紫介于其间。另外，色彩的冷暖对比还受明度与纯度的影响，白光反射高而感觉冷，黑色吸收率高而感觉暖。如图 4-7 所示为运用冷暖对比的网页效果。

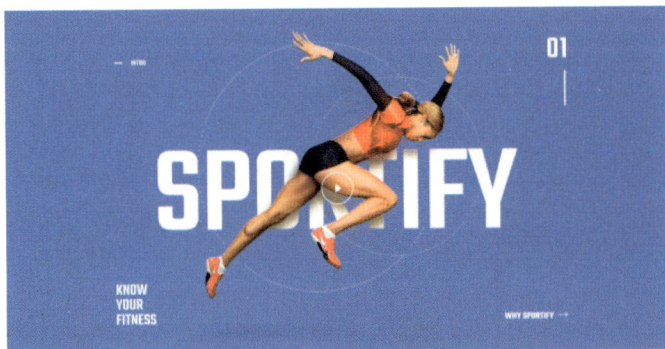

■ 图 4-7

4.1.4　色调的变化

色调倾向大致可归纳为鲜色调、灰色调、深色调、浅色调、中色调等。

1. 鲜色调

在确定色相对比的角度、距离后，尤其是中差（90 度）以上的对比时，必须与无彩色的黑、白、灰及金、银等光泽色相配，在高纯度、强对比的各色相之间起到间隔、缓冲、调节的作用，以达到既鲜艳又真实，既变化又统一的积极效果，使人感觉生动、华丽、兴奋、自由、积极、健康（如图 4-8 所示）。

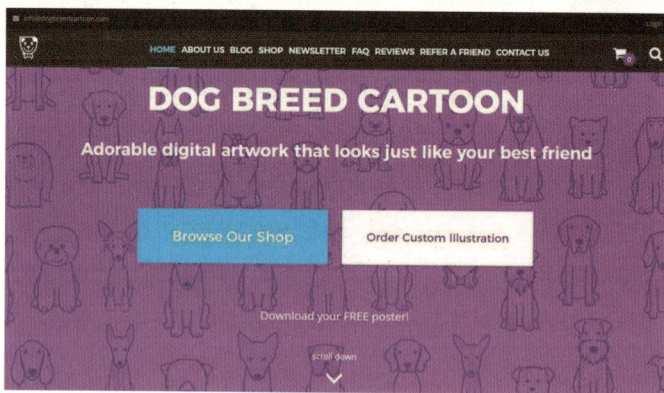

■ 图 4-8

2. 灰色调

在确定色相对比的角度、距离后，于各色相之间调入不同程度、不等数量的灰色，使大面积的总体色彩向低纯度方向发展，为了加强这种灰色调倾向，最好与无彩色，特别是灰色组配使用，使人感觉高雅、大方、沉着、古朴、柔弱（如图 4-9 所示）。

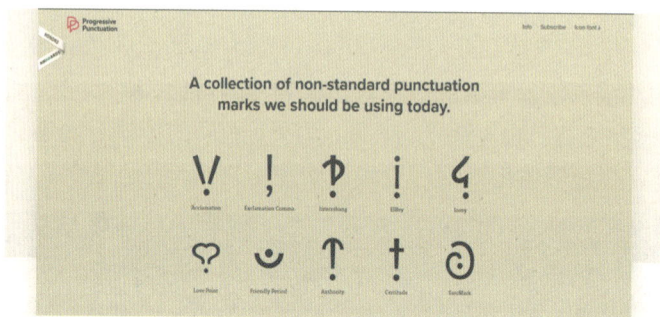

■ 图 4-9

3. 深色调

在确定色相对比的角度、距离后，首先考虑多选用些低明度色相，如蓝、紫、蓝绿、蓝紫、红紫等，然后在各色相之间调入不等数量的黑色或深色。同时，为了加强这种深色倾向，最好与无彩色中的黑色组配使用，使人感觉老练、充实、古雅、朴实、强硬、稳重、男性化（如图 4-10 所示）。

4. 浅色调

在确定色相对比的角度、距离后，首先考虑多选用些高明度色相，如黄、橘黄、黄绿等，然后在各色相之间调入不等数量的白色或浅灰色。同时，为了加强这种粉色调倾向，最好与无彩色中的白色组配使用（如图 4-11 所示）。

■ 图 4-10

■ 图 4-11

5. 中色调

中色调是一种使用最普遍、数量最众多的配色倾向，在确定色相对比的角度、距离后，于各色相间都加入一定数量的黑、白、灰色，使大面积的总体色彩呈现不太浅也不太深、不太鲜艳也不太灰的中间状态，使人感觉随和、朴实、大方、稳定（如图4-12所示）。

■ 图 4-12

在优化或变化整体色调时，最主要的是首先确立基调色的面积所占优势。一幅多色组合的作品大面积、多数量使用鲜艳的颜色，势必成为鲜艳的色调。大面积、多数量使用灰色，势必成为灰调，其他色调依此类推。这种优势在整体的变化中能使色调产生明显的统一感，但是，如果只有基调色而没有鲜艳色调就会使人感到单调、乏味。如果设置了小面积对比强烈的点缀色、强调色、醒目色，由于其不同色感和色质的作用，则会使整个色彩气氛丰富，活跃起来。但是整体与对比是矛盾的统一体，如果对比、变化过多或面积过大，则易破坏整体，失去统一效果而显得杂乱。

4.2　网页配色常见问题

1. 缺乏主色调

在网上经常可以看到这样的网站，网页上的颜色众多，一个标题就是一种颜色，每个框、线的颜色都不同，令人眼花缭乱。虽然画面色彩繁多，好像很丰富的样子，但过多的色相给人一种复杂混乱的视觉效果，使访问者无法明确地识别重点内容，甚至起到反作用。

一般来讲，色调明确的网页更受浏览者的欢迎，因为这样的网页主次分明，易于找到重点，能够有效减少视觉负担。

如图 4-13 所示是韩国 POSCO 公司的官方网站，也是韩国网站版式设计中比较有代表性的一个网站。该网站首页的页面左边是网站的 Logo，右边是导航栏。POSCO 公司是从事汽车产业生产方面的公司，所以页面中间选择的是汽车前盖及车灯部分的一个特写，暗红色的车身也是整个网页上的一处亮点。网站整体选择了灰色为主色调，深浅不同的灰色对整个网页的区域进行了划分，左侧利用插图和文字介绍公司的产品；中间部分是告示栏；最右边是关于公司生产线的一个介绍及其相关的动画，均为可点击的子目录。整个网页版式设计条理清楚，色彩运用简单却不呆板，体现出工业产品的特点。

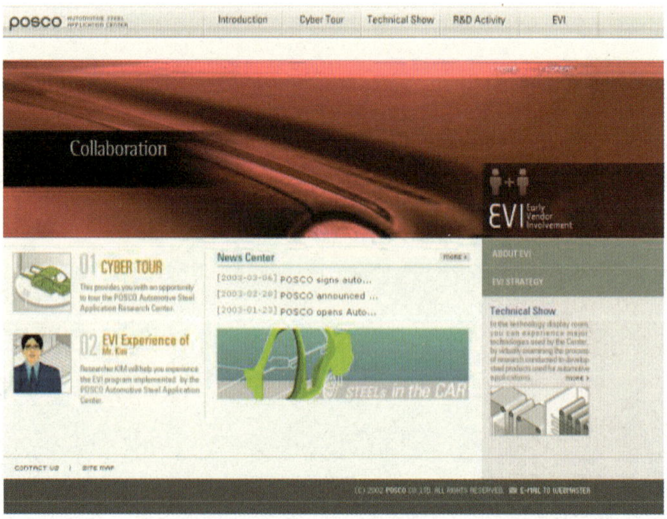

■ 图 4-13

如图 4-14 所示是韩国 HAUZEN 公司的网站，这是一家以家电制造为主的公司。蓝色的主色调，是与家电产品最为吻合的色彩。该公司的网站首页页面做了一分为二的设计，上半部分展示的是该公司的洗衣机，可以强调洗衣机的 Logo 部分，页面顶端是公司 Logo 和导航栏。页面下半部分主要是文字性的子目录，包括告示新闻、公司其他产品及公司广告，均为可点击的子目录。为了与顶端导航相呼应，页面底端也设计了导航栏。

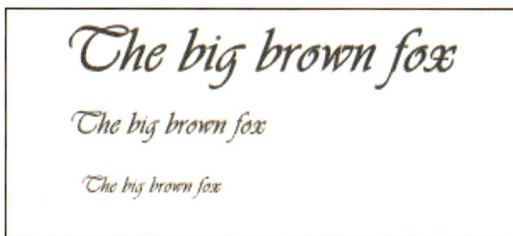

■ 图 4-14

2．文字能见度低

人眼识别色彩的能力有一定限度，由于色彩的同化作用，色彩间相互对比时强者易分辨，弱者难分辨，色彩学上称为易见度。

网页上的色彩或图片通常与文字结合在一起，要么成为文字的背景色，要么成为文字本身的颜色，这就出现了文字与色彩的对比问题。对浏览者来说，重要的是文字，因此，画面色彩的运用就必须注意文字的可识别性，也就是文字的易见度。

为了确保选择的字体在较小的屏幕上仍然清晰可辨，应选择粗细均匀且大小适中的字体（如图 4-15 所示）。设计师进行网页文字设计时应避免选择过于繁复的字体，如图 4-16 所示的维瓦尔第字体将难以在小屏幕上阅读。

Arial	Light 112sp
Arial	Regular 56sp
Arial	Regular 45sp
Cambria	Regular 34sp
Ebrima	Regular 24sp
Candara	**Bold 24sp**
Candara	Bold 14sp

The big brown fox

The big brown fox

The big brown fox

■ 图 4-15   ■ 图 4-16

在高明度色彩的背景上，低明度的文字易于识别，如果背景和文字明度接近，就容易出现难以识别的问题，如图 4-17 所示字体颜色与文字相近，并不利于浏览者更好地阅读；而如图 4-18 所示的页面则根据背景色的变化调整文字的颜色，突出字体，使文字更加清晰。

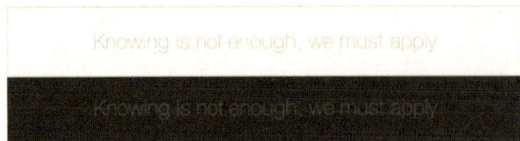

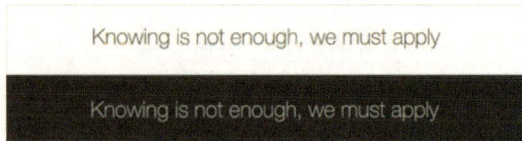

■ 图 4-17   ■ 图 4-18

　　一般来讲，网页的背景色应该柔和一些、素一些、淡一些，再配上深色的文字，使其看起来自然、舒畅。而为了追求醒目的视觉效果，可以为标题使用较深的颜色。下面是设计网页和浏览网页时，网页背景色和文字色彩搭配经常采用的色彩，这些颜色既可以作为正文的底色，也可以作为标题的底色，再搭配不同的字体，在此仅供大家在制作网页时参考使用。

　　BgcolorK"#F1FAFA"——淡雅，适合作为正文的背景色（R24、G250、B250）

　　BgcolorK"#E8FFE8"——适合作为标题的背景色（R232、G255、B232）

　　BgcolorK"#E8E8FF"——适合作为正文的背景色，文字颜色配黑色（R232、G232、B255）

　　BgcolorK"#8080C0"——适合搭配黄色、白色文字（R128、G128、B192）

　　BgcolorK"#E8D098"——适合搭配浅蓝色或蓝色文字（R232、G208、B152）

　　BgcolorK"#EFEFDA"——适合搭配浅蓝色或红色文字（R239、G239、B218）

　　BgcolorK"#F2F1D7"——适合搭配黑色文字素雅，搭配红色文字则显得醒目（R242、G241、B215）

　　BgcolorK"#336699"——适合搭配白色文字（R51、G102、B153）

　　BgcolorK"#6699CC"——适合搭配白色文字或用作标题（R152、G153、B104）

　　BgcolorK"#66CCCC"——适合搭配白色文字或用作标题（R102、G204、B204）

　　BgcolorK"#B45B3E"——适合搭配白色文字或用作标题（R180、G91、B62）

　　BgcolorK"#479AC7"——适合搭配白色文字或用作标题（R71、G154、B199）

　　BgcolorK"#00B271"——适合搭配白色文字或用作标题（R0、G178、B113）

　　BgcolorK"#FBFBEA"——适合搭配黑色文字（R251、G251、B234）

　　BgcolorK"#D5F3F4"——适合搭配黑色文字（R213、G243、B244）

　　BgcolorK"#D7FFF0"——适合搭配黑色文字（R215、G255、B240）

　　BgcolorK"#F0DAD2"——适合搭配黑色文字（R240、G218、B210）

　　BgcolorK"#DDF3FF"——适合搭配黑色文字（R221、G243、B255）

　　浅绿色底搭配黑色文字，或者白色底搭配蓝色文字都很醒目，但前者突出背景，后者突出文字。红色底搭配白色文字，比较深的底色搭配黄色文字显得非常有效果。颜色处于灰色地带时，颜色的调配则最难把握和权衡，尤其需要注重明度、纯度、色相的平衡。

3. 增加视觉负担

　　生活中，在看高明度颜色时会感觉很刺眼，并且容易出现视觉疲劳，如红色，这是由于视网膜对色彩刺激的兴奋程度不同造成的。当看低明度色彩（深色）时，视网膜上的兴奋程度低，因而不觉得刺眼。

　　在浏览网页时，当然不希望对视力有损害，因此，网页配色要尽量少用视疲劳度高的色调。一般来讲，高明度、高纯度的颜色刺激强度高，视疲劳度也大。在无彩色系中，白色的明度最高，黑色的明度最低；在有彩色系中，最明亮的是黄色，最暗的是紫色。用明度太高的色彩作为背景看起来很刺眼，容易引起视觉疲劳，为此，尽量减少高明度背景对视觉的刺激是设计师需要考虑的问题。如图 4-19 所示的蓝颜色只是用来点缀画面，视觉丝毫没有感觉负担，而如图 4-20 所示同样是黑色背景，则采用两种高亮度的色彩作为点缀，大大激发了浏览者的探究欲望。

■ 图 4-19

■ 图 4-20

4.3 网页配色原则

色彩是页面设计中重要的设计元素之一。优秀的色彩搭配不仅可以吸引浏览者的注意力，同时还可以为页面的设计添彩。统一设计风格，从视觉上会给浏览者带来良好的体验。

不同的色彩具有不同的情感。心理学研究表明，暖色可以引起瞳孔放大，心脏脉搏跳动加快，心情兴奋；冷色可以引起眼睛的淡漠感觉，心脏、脉搏跳动平稳，心情沉静，有收缩、寒冷的感觉；中间色（介于暖色与冷色之间）处于兴奋和冷静之间，眼睛不过于疲劳，给人以柔和、宁静与舒适的感觉，如图 4-21 所示的与众不同的色彩界面与如图 4-22 所示的冷暖色区分清晰，不同的颜色会给浏览者带来不同的心理感受。每种色彩在饱和度、透明度上略微变化就会产生不同的感觉。根据这个原理，可以为所要设计的页面选择适合的颜色搭配，奠定页面的基调。

■ 图 4-21

■ 图 4-22

当然，在设计中也有一些使用颜色的禁忌。如何让色彩搭配更为契合页面设计的主题，下面将对色彩设计原则逐一进行阐述。

4.3.1　三色搭配原则

三色搭配原则是指在一个设计作品中，颜色应保持在三种之内。同样，对于页面设计中的主要色彩最好不要超过三种（拥有独立色值的算作一种），可以表达出主题即可。因为，太多的颜色会使页面变得杂乱无章，干扰到主要信息。

如果一个页面只是单一地运用一种颜色，则难免会让人感到单调和乏味；如果将所有的颜色都运用到页面设计中，则可能会让人感到浮夸和花哨。因此，一个完美的页面设计，首先要了解页面色彩的组成部分，即页面的主色调、辅助色、点睛色及背景色。其中，主色调尤为关键，一个页面中必须要有一种或两种主色调，才不至于使浏览者迷失方向，感觉乏味。三色构成（主色+辅助色+点睛色）色彩页面搭配原则。

1.　主色

主色是决定画面风格趋向的色彩，通常情况下，主色约占75%。主色并不一定只能有一种颜色，它还可以是一种色调，最好选择同色系或邻近色中的1～3种颜色，并保持协调。通常情况下，主色调主要是由页面中整体或中心图像所形成的中等面积的色块，它在页面的空间中具有重要的作用，通常形成页面的视觉中心。通常认为，饱和度高的颜色一般为主色（如图 4-23 所示）；深颜色一般为主色（如图4-24 所示）；面积大的一般为主色（如图4-25 所示）；视觉中心所呈现的一般为主色（如图4-26 所示）。

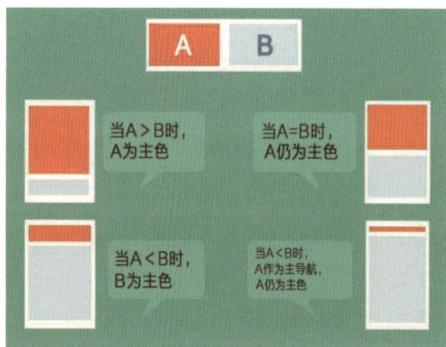

■ 图4-23　　　　　　　　　　　　　■ 图4-24

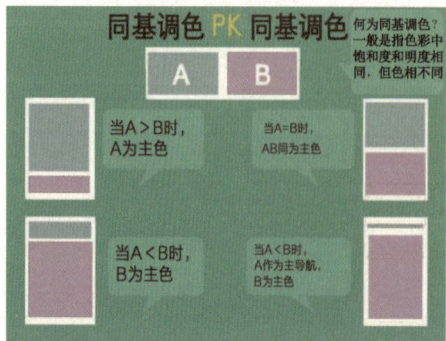

■ 图4-25

■ 图4-26

2. 辅助色

主色调与辅助色共同构成页面的标准色彩，起到烘托主色调，支持主色调，以及融合主色调的作用。辅助色在整体的页面中应起到平衡主色调的视觉效果，并应减轻浏览者所产生的视觉疲劳，起到视觉分散，使页面丰富，更具细节的作用，辅助色约占20%。辅助色也不一定只能有一种颜色，也可以多色相辅助。同类色作为辅助色，页面较柔和，整体显得和谐统一，如图4-27所示。邻近色作为辅助色，会产生高度和色相对比，页面较丰富，如图4-28所示。对比色或互补色作为辅助色，则页面色彩层次丰富，主色更鲜明，如图4-29所示。也可以充分利用背景色，正确运用背景色会让页面更具特色。另外，也可使用辅助图，用于辅助、装饰页面，但点缀图案通常为1~2种，否则容易使浏览者感觉花哨或主题分散。

■ 图4-27

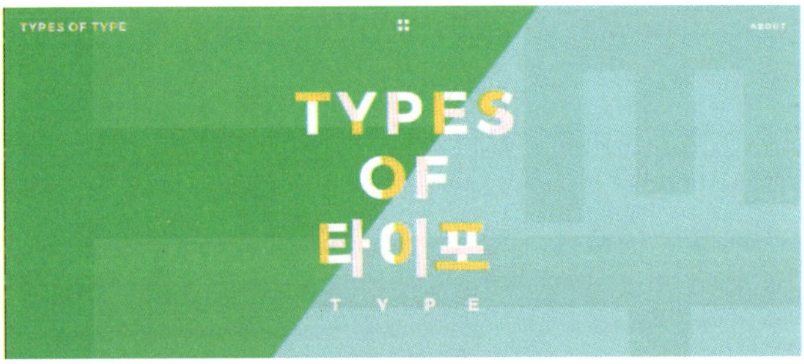

■ 图4-28

■ 图4-29

3．点睛色

点睛色或点缀图主要用于引导阅读、装饰页面、营造独特的页面风格，点睛色约占5%。

在页面设计中，辅助色和点睛色能够丰富页面，增强页面的层次感，使整个页面显得生动活泼。确定主色调和辅助色后，通过在小范围内添加强烈色彩（点睛色）来突出主题效果，使得页面更加鲜明生动。为了营造出生动的页面氛围，点睛色应该选择较鲜艳的颜色。在少数情况下，为了营造低调柔和的整体氛围，则点缀色还可以选用与背景色接近的颜色，如图4-30所示为点睛色与背景强烈的反差，以及如图4-31所示为点缀色与背景二者相近的效果。

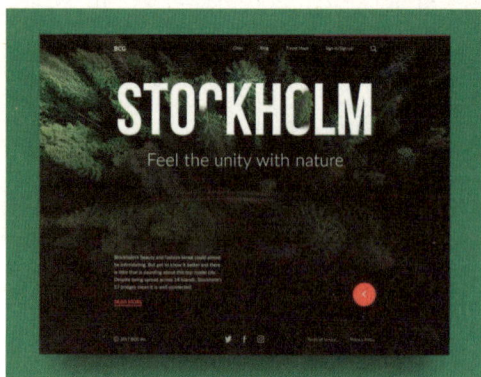

■ 图4-30　　　　　　　　　　　　　　　　■ 图4-31

4.3.2　色彩搭配应注意的问题

1．色彩心理暗示

研究表明，色彩心理受个人认知的影响。社会因素中，性别对颜色的感知有一定的影响作用。因此，色彩及心理学是相互关联的，但它们又是如何作用于网页界面设计之上呢？

首先看一下色彩在心理上的暗示。

（1）黄色：过度耀眼会让人讨厌，有警示的寓意（交通法规中常使用），但儿童非常喜欢这种颜色。

（2）橘色：温暖而不危险，与能量有关（饮料、运动、健身），儿童也同样喜欢这种颜色。

（3）红色：提示操作、兴奋、冲动、血腥，象征激情和理想的时尚，化妆品牌、交友网站和食物使用较多（如麦当劳、肯德基）。

（4）紫色：代表奢华、典雅、温柔、女性，只有暗色系的紫色才使人有恐怖灰暗的联想。

（5）黑色：代表上等的、漂亮的、传统的、团体的、企业的、优秀、卓越等。

（6）绿色：代表自然，能提升幸福感，健康产品，道德活动，新理念、新观点。

（7）蓝色：代表智力理性，深蓝色与奢侈品有关联，浅蓝与清新的产品和想法有关，蓝色有利于抑制食欲，所以几乎在做食品广告时都不使用蓝色系。

（8）粉色：用来吸引女性浏览者的注意力，一般对喜爱甜食的人比较有刺激效果。

（9）白色：代表纯净、凉爽、冷静和现代。

2．色彩的大小位置

主要标准色使用大面积色块，大块的色彩在烘托气氛与主题方面较为稳定，而小块的色彩则常用于点缀，起到丰富画面的作用。另外，色彩的搭配需要统一颜色，在不同的页面框架中应尽可能统一颜色，从而给浏览者一种非常统一的印象，使浏览者一目了然，记忆深刻。

3. 在相似中寻找呼应色彩

想要使页面变得更有节奏感，则可以运用相似色进行色彩呼应。首先需要定义色彩的基调，找到最主要的色彩。如果在设计中采用单一颜色进行设计，则使用大小关系区分功能的主次关系，虽然视觉上较为平衡但显得比较单调。然后在主要功能上使用补色对比，以此使浏览者的关注点聚焦在主要功能上。切记不要采用过多色彩，否则会使页面没有秩序感，给浏览者带来混乱感。

在色彩搭配问题上，不仅要聚焦浏览者的注意力，还要讲求颜色的呼应性，同类色彩就会彼此呼应，从而使浏览者聚焦在主要的点上，如图4-32至图4-35所示。

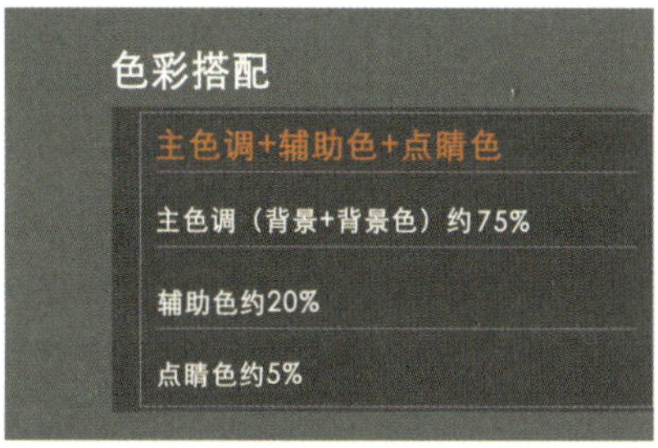

■ 图4-32

■ 图4-33

■ 图4-34

■ 图4-35

4.4 页面设计配色技巧

页面中的色彩运用既可以体现页面的风格和所展现的主题，使其具有引导作用，又可以表达网站的情感和意图，向浏览者说明该网站的意义和存在的价值，还可以针对特定人群，更加快捷、方便地为大众所用。

因此，设计一个网站、一个 App，一般都需要确定一个主题颜色，任何一个页面只有一种颜色是不可能的，当然不排除有人会运用纯单色。因此，设计者应该考虑整体的配色方案和使用的每种色彩，以及它们的统一性。另外，还要考虑颜色对浏览者的影响，以及如何使正在使用的主色和辅助色相匹配。考虑以上这些因素后，每个设计者都会关心且能够解决页面颜色问题。下面主要介绍页面颜色搭配的一些技巧。

1. 使用邻近色

这里所讲的邻近色，就是指在色环中相邻近和靠近的颜色，既可以是两两相靠的颜色，也可以是相隔几个色彩的颜色，但是相隔的色彩至多不能超过五个。例如，蓝色与紫色，红色与黄色等颜色。利用邻近色来设计页面，可以使页面色彩搭配更便捷，同时也可以避免色彩杂乱无章，使得页面层次井然，整体的页面效果更容易达到和谐统一。

如图 4-36 所示，此页面利用红与黄这一对邻近色相搭配，使得页面整体协调，不突兀，自然而然地使浏览者的重点放在页面的文字中，不喧宾夺主，起到很好的引导作用。

如图 4-37 所示的是一个关于字母游戏的页面，运用蓝色和绿色这一对邻近色作为页面的主色，并利用字母的排列方式，体现页面和游戏的趣味性。

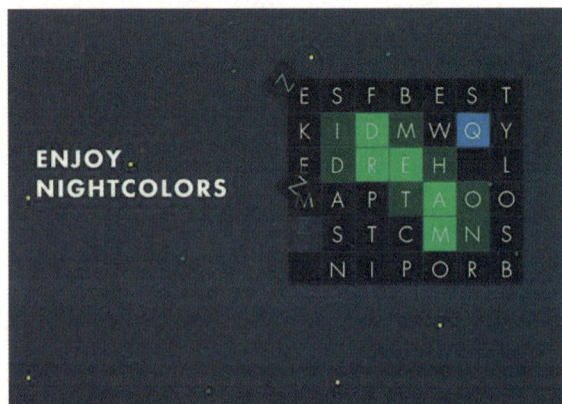

■ 图 4-36   ■ 图 4-37

2. 使用对比色

所谓对比色是指色环中相差不到 180 度的两种颜色，相互之间的角度越大，也就意味着对比度越大。例如，蓝色与橙色，红色与绿色，以及紫色与黄色等。通过合理地使用对比色，能够使页面特色鲜明，为浏览者提供一种鲜活的视觉效果，并且突出页面的重点，吸引浏览者进一步浏览和更深层次地了解此网站的信息。在设计页面时，一般以一种颜色为主色调，用对比色来进行点缀和丰富页面，可以起到画龙点睛的作用。如图 4-38 和图 4-39 所示，两个页面利用蓝色与橙色，以及紫色与黄色进行对比，运用少量的颜色与其形成对比，突出主题，吸引浏览者的注意力。

3. 使用黑色

黑色是经典的色彩，更是神秘的色彩，它蕴含着攻击性，但它在邪魅中还隐藏着优雅，在沉稳中还包含着权威，它与力量密不可分，它是最具表现力的色彩，强烈而鲜明。因此，当黑色同锐利多变的排版结合起来，加上对比色和辅助色，页面就会拥有独特而鲜明的质感。黑色系的页面设计往往可以顺利隐藏一部分缺陷，并可突出展现一些内容和效果。如图 4-40 所示页面中非凡的细节设计和独特的个人风格从黑色的页面中自然而然地体现出来，整个页面在沉稳的黑色中展现出令人着迷的节奏感，黑色的视觉吸引力在这个页面中得到清晰的呈现。

如图 4-41 所示页面使用传统而经典的黑白系配色，互相映衬，使页面的主题效果更加突出，整个页面的细节设计微妙而漂亮。

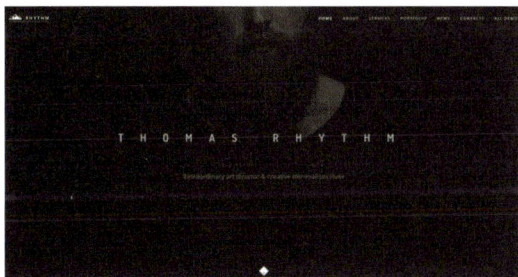

■ 图 4-38

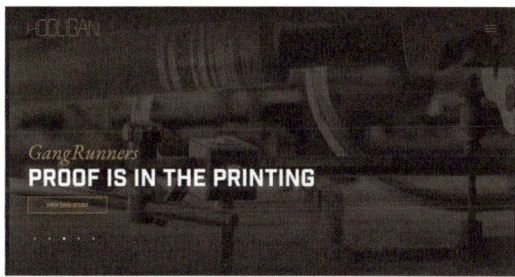

■ 图 4-39

■ 图 4-40

■ 图 4-41

4. 使用背景色

在一般情况下，应使用素淡清雅的颜色作为背景色，避免采用花纹复杂的图片和纯度较高的色彩，背景色的颜色要与页面的主色调相协调，背景色的目的是辅助主色调，丰富页面设计的整体性。因此，背景色不能使用纯度过高的色彩。如果为了美化页面使用一些颜色过于复杂的图片，那么不仅使页面华而不实，而且会混淆视听，不易突出重点。同时需要注意的是，背景色要与文字的色彩对比强烈一些，这样才能突出文字，进而突出页面的主题。如图 4-42 所示页面中利用黑板的形式作为背景，而且将字体设计为粉笔字，二者相互联系。同时，背景与文字的黑白色彩形成了强烈的对比，使得页面的中心落在文字之中，主次分明。

5. 色彩的数量

初学者在进行页面设计时，往往大多会采用多种颜色，这样做的弊端是容易使页面整体显得很花哨，缺乏统一性和协调性，虽然能够吸引眼球，但是缺少内在的美感。由此可见，在页面设计中的配色方面，颜色用得越多效果却不一定越好，相反有时还会起到不好的效果。事实上，色彩的数量一般控制在 2～5 种颜色最好，通过颜色属性的不断调整来产生不同的效果。但在个别的一些页面中可以使用多种色彩，如社交类、时尚类、美食类、购物类、儿童类等页面中，色彩可以相对丰富一些。如图 4-43 所示的是英国航空公司的网站，该页面虽然只运用一种色彩，但是整体设计充满了现代气息，利用精致入微的专业图片作为背景，再使用舒适的白色，使浏览者在网站上感受到云层之上的体验。

■ 图 4-42　　　　　　　　　　　　　　　■ 图 4-43

如图 4-44 所示的是艺术家远藤健治的官方网站，中性的黑白色调构成了页面的主色调，强烈的对比和留白令页面设计感十足。

如图 4-45 所示的页面运用了红、白、黑三种颜色，虽然色彩较少，但是页面整体协调，色彩搭配合理。

■ 图 4-44　　　　　　　　　　　　　　　■ 图 4-45

如图 4-46 所示页面是 Facebook 社交软件的页面，其用色丰富，吸引眼球，很好地体现了页面的主题。

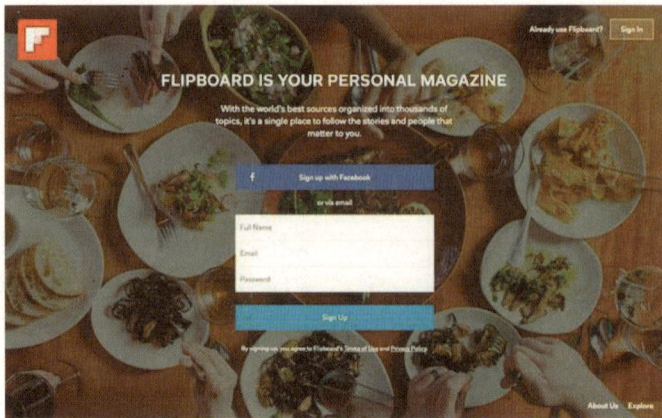

■ 图 4-46

4.5 儿童线上教育网站案例制作

如图 4-47 所示是一个用 Photoshop 制作的儿童线上教育网站首页的网页页面设计效果。页面在传统的三三式构图的基础上变化发展，黄色占据整个页面的视觉中心，显得充满童趣和活泼。

■ 图 4–47

4.5.1 主页设计

1. 布局部分

（1）根据设计需要，首先确定好页面尺寸和分辨率，激活"标尺工具"，根据布局草图，在页面上拖曳出辅助线，确定布局的基本效果，如图 4-48 所示。

■ 图 4–48

（2）打开"图层"面板，新建图层，并命名为"黄背景"。激活"矩形选框工具"，按照辅助线绘制矩形选区，并填充颜色为 R246、G225、B0，效果如图 4-49 所示。

（3）新建图层，并命名为"页脚背景"，在标尺高度 214 处，添加横向参考线。激活"矩形选框工具"，从此位置至底部绘制选区并填充颜色（R32、G33、B33）作为网站页脚。此时，通过两个矩形选框，将页面分为页首、页中、页脚三部分。

■ 图 4-49

■ 图 4-50

2. Logo 部分制作

激活"文字工具"，输入文字"CJ""儿童""KID.CJ.COM"，设置字体参数如图 4-51 至图 4-53 所示。复制"KID.CJ.COM"图层为"KID.CJ.COM 阴影"图层，设置颜色为黑色，调整位置，将其移动到"KID.CJ.COM"的右下侧，以同样的方法完成"儿童阴影"图层，效果如图 4-54 所示。

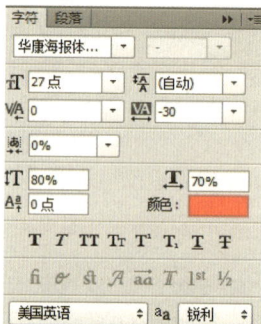

■ 图 4-51

■ 图 4-52

■ 图 4-53

■ 图 4-54

3. 制作图标

（1）激活"自定形状工具"，选择五角星形状图案，如图 4-55 所示，取消填充，描边设置为 0.3 点即可。

（2）激活"圆角矩形工具"，通过绘制路径与选区的相互转换，以及利用"自定形状"工具，绘制并填充 R48、G49、B49 颜色，效果如图 4-56 所示。

（3）用同样的方法绘制如图 4-57 所示图形，并填充 R48、G49、B49 颜色。

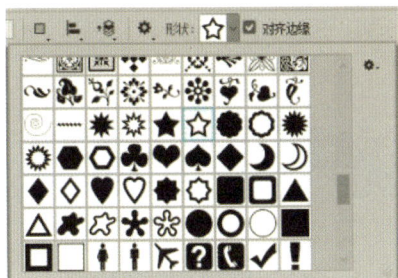
■ 图 4-55

■ 图 4-56

■ 图 4-57

（4）调整三个图形的位置及大小，并输入相应文字，分别建立不同图层组即可，效果如图 4-58 所示。

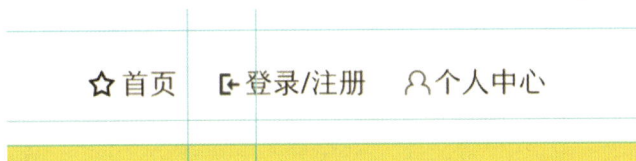
■ 图 4-58

4. 页中部分

（1）继续添加辅助线，布局效果如图 4-59 所示。

（2）激活"圆角矩形工具"，创建高为 510 像素、宽为 499 像素的圆角矩形，命名该图层为"蓝框"。颜色设置为白色。然后复制七次，分别命名为不同颜色的名称。此时，"图层"面板如图 4-60 所示，画面效果如图 4-61 所示。

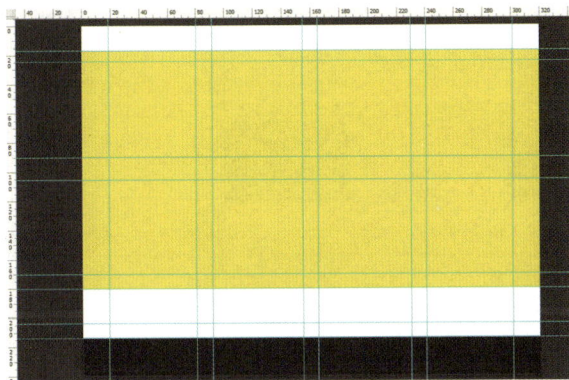
■ 图 4-59

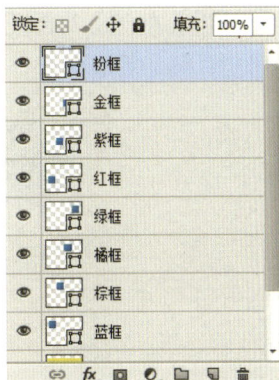
■ 图 4-60

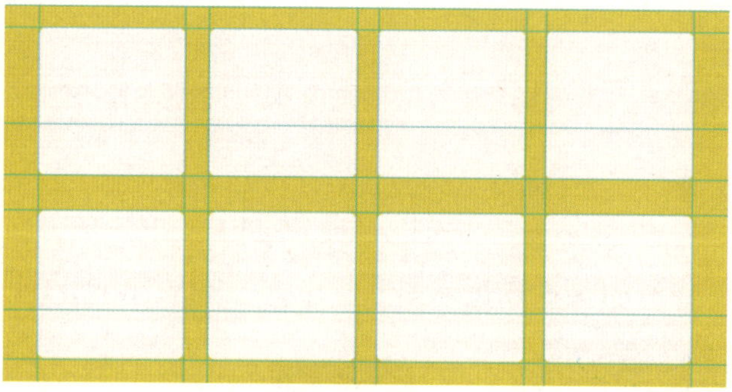

■ 图 4-61

（3）复制"蓝框"图层为"蓝框 1"图层。按住 Ctrl+T 组合键，调整其大小为宽 510 像素、高 328 像素；在其属性栏中（如图 4-62 所示）设置渐变色为从 R0、G151、B224 到 R30、G71、B150，填充效果如图 4-63 所示。

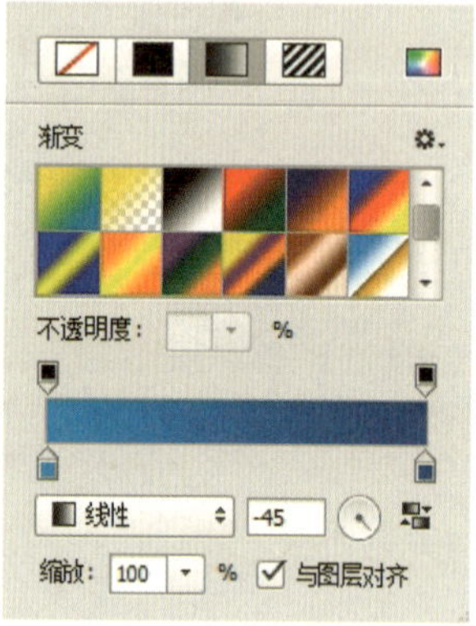

■ 图 4-62 　　　　　　　　　　■ 图 4-63

（4）用同样的方法，依次对"棕框"等图层填充渐变色。"棕框"渐变色设置为从 R215、G177、B136 到 R83、G26、B16；"橘框"渐变色设置为从 R229、G163、B21 到 R234、G79、B25；"绿框"渐变色设置为从 R113、G173、B56 到 R20、G102、B53；"红框"渐变色设置为从 R237、G112、B88 到 R207、G25、B27；"紫框"渐变色设置为从 R207、G128、B167 到 R134、G42、B94；"金框"渐变色设置为从 R237、G210、B126 到 R202、G148、B30；"粉框"渐变色设置为从 R226、G117、B145 到 R195、G40、B82。画面效果如图 4-64 所示。在"图层"面板新建文件夹，并命名"框"，将 8 个颜色图层置入该文件夹中。

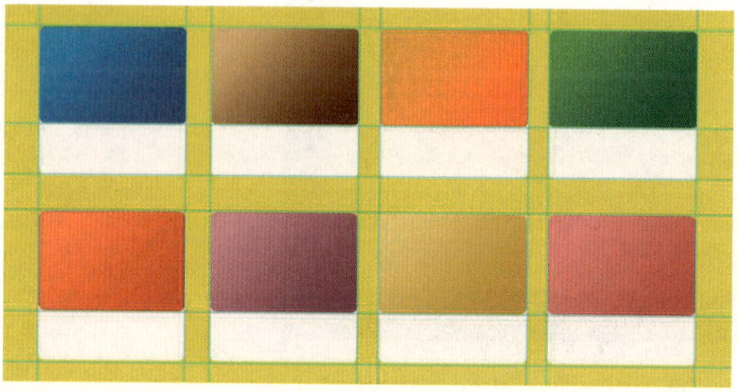

■ 图 4-64

（5）制作彩框上的数值。激活"文字工具"，输入"10"，设置如图 4-65 所示字体相关参数，调整位置，效果如图 4-66 所示。其余 7 个方框分别输入不同数值，其参数设置与"蓝框"相同，效果如图 4-67 所示。在"图层"面板新建"数值"文件夹，然后将 8 个文字图层置入文件夹中。此时的"图层"面板如图 4-68 所示。

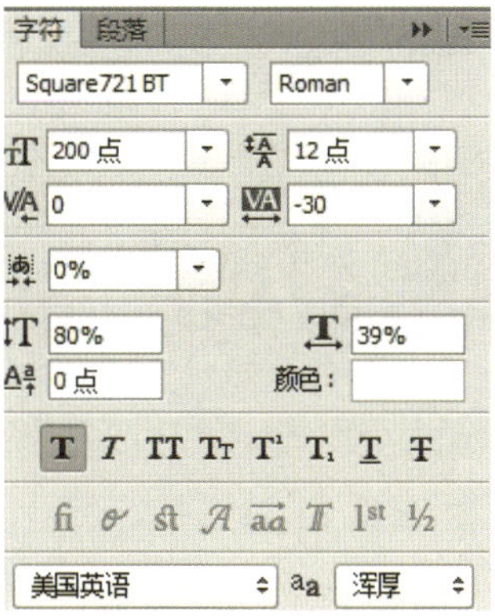

图 4-65

图 4-66

图 4-67

图 4-68

（6）制作彩框上的动画形象。分别绘制或下载自己喜欢的卡通形象，依次排列，效果如图 4-69 所示。

图 4-69

（7）激活工具箱中的"文字工具"，输入"%"，设置字体参数如图 4-70 所示。复制 7 个"%"，并将 8 个"%"所在图层置入新建文件夹"%"中。效果如图 4-71 所示。

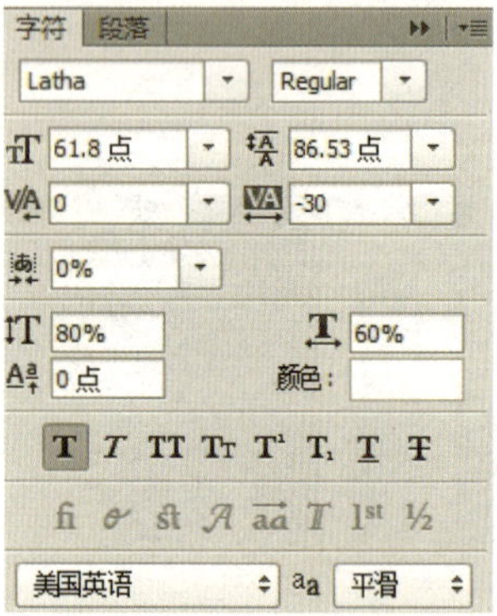

■ 图 4-70

■ 图 4-71

（8）激活"圆角矩形工具"，在其"属性"面板中，设置颜色为 R224、G224、B0，设置大小为 133 像素×133 像素，绘制如图 4-72 所示圆角矩形。在"图层"面板中，将八个圆角矩形置入新建"黄圆角"的文件夹中。

■ 图 4-72

（9）激活"文字工具"，设置字体为 Square721 BT，字号设置为 18 点，分别输入"lesson 1"至"lesson 8"，并置于"黄圆角"正中。将 8 个"lesson"层置入新建"lesson"的文件夹中，效果如图 4-73 所示。

■ 图 4-73

（10）制作海浪效果。激活工具箱中的"钢笔工具"，在其"属性"面板中设置填充及描边颜色为R50、G131、B183，在页面底部绘制出如图4-74所示的形状海浪形状。

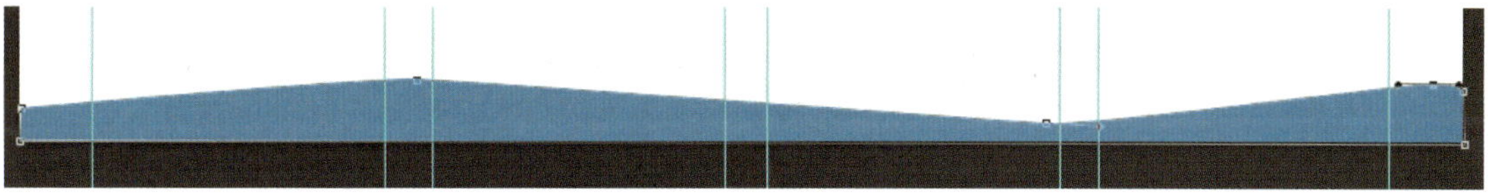

图 4-74

（11）用同样的方法，依次绘制其他形状，如图4-75所示进行排列并填充下列相应的颜色：1号颜色为R50、G131、B183；2号颜色为R101、G156、B187；3号颜色为R120、G191、B234；4号颜色为R1、G60、B110。效果如图4-76所示。

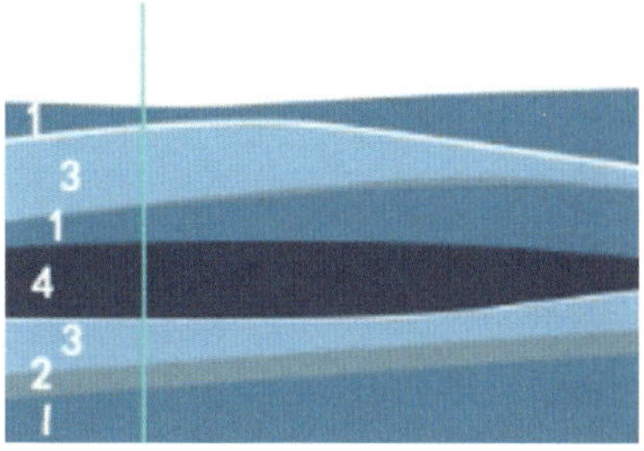

图 4-75

图 4-76

（12）如图4-77所示，打开音乐符号素材并复制至文件中，将其放置在"图层"面板中的"黄背景"图层之上、"框"图层之下的位置，调整图层"不透明度"为60%。复制多个音乐符号，调整大小及位置关系，效果如图4-78所示。

图 4-77

图 4-78

5. 网站页脚的制作

如图4-79所示，页脚内容分为三栏。

（1）"关于我们"栏距页面左侧55像素，"CONTACT"栏距页面右侧55像素。

（2）"关于我们""友情链接""CONTACT"字号设置为9.5点，颜色设置为R213、G215、B217。

（3）"CJ儿童""金鹰卡通……腾讯儿童""【0532】……88"字号设置为8.5点，颜色设置为R166、G166、B166。至此，首页页面设计完成。

■ 图 4-79

4.5.2 登录/注册界面制作

制作如图 4-80 所示登录/注册界面。

（1）新建等大文件，在 115mm 处拖曳出竖向辅助线，新建一个图层，并命名为"蓝底"。激活"矩形选框工具"，在辅助线内绘制选区并填充底色（R18、G28、B60），效果如图 4-81 所示。

■ 图 4-80

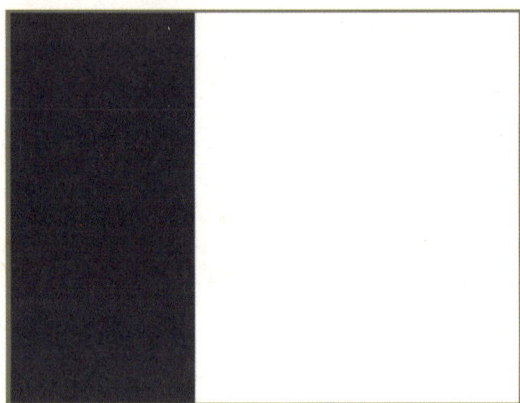

■ 图 4-81

（2）激活"椭圆工具"，如图 4-82 至图 4-84 所示，在蓝色背景底部绘制多个白色椭圆组成云朵形状，椭圆的大小及方向要有所变化。在"图层"面板中新建"云朵"文件夹，将多个"椭圆"图层置入其中。

■ 图 4-82

■ 图 4-83

■ 图 4-84

（3）激活"椭圆工具"，继续绘制 4 个椭圆，并使其底部对齐。激活"多边形套索工具"，如图 4-85 所示绘制选区并填充白色，完成的云朵形状，效果如图 4-86 所示，并命名该图层为"小云朵"。

（4）根据设计需要，复制多个"小云朵"图层。调整位置与变换方向，效果如图 4-87 所示。

（图上方两朵云图）

■ 图4-85 ■ 图4-86

（5）激活"椭圆工具"，如图4-88所示，绘制一个460像素×480像素的白色椭圆，在"图层"面板中命名为"热气球"图层。激活"钢笔工具"，绘制如图4-89所示热气球上的条纹。颜色设置为R246、G219、B101。

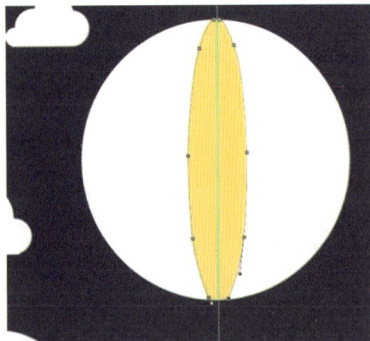

■ 图4-87 ■ 图4-88 ■ 图4-89

（6）激活"圆角矩形工具"，绘制189像素×32像素的圆角矩形。其中，圆角半径为25像素，颜色设置为R233、G123、B18，在"图层"面板中命名为"矩橙"图层，效果如图4-90所示。复制该图层，按住Shift键向下移动，效果如图4-91所示。

■ 图4-90 ■ 图4-91

（7）激活"直线工具"，绘制粗细为5像素、高为69像素的直线，颜色设置为R171、G170、B170。命名该图层为"线"，复制三次，调整位置，效果如图4-92所示。

（8）激活"圆角矩形工具"，绘制一个大小为148像素×120像素，半径为25像素，颜色为R245、G218、B100的圆角矩形。命名该图层为"筐"，并将其放置于"矩橙"图层下面，效果如图4-93所示。

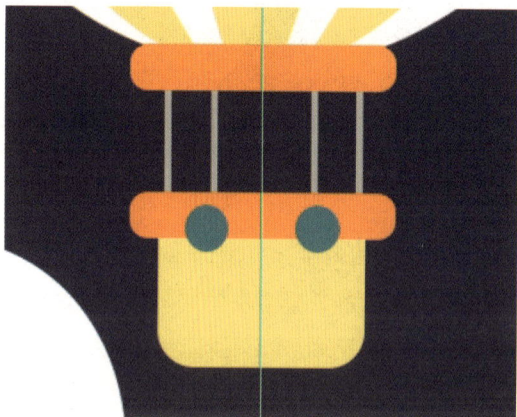

图 4-92

图 4-93

（9）激活"椭圆工具"，绘制一个大小为 32 像素×32 像素，颜色为 R49、G111、B133 的正圆。命名该图层为"蓝点"，复制该图层并调整位置，效果如图 4-94 所示。

（10）在"图层"面板中新建"热气球"文件夹，将关于热气球的相关图层置入其中。此时，画面效果如图 4-95 所示。

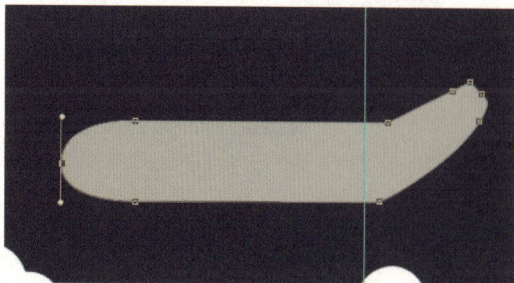

图 4-94

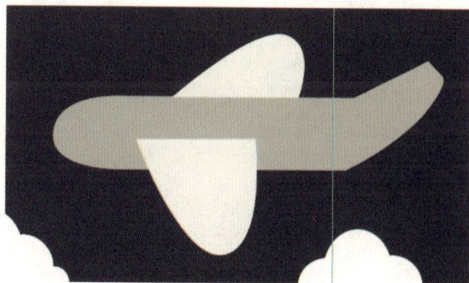

图 4-95

（11）激活"钢笔工具"，绘制如图 4-96 至图 4-98 所示的形状，颜色依次设置为 R179、G179、B179；R239、G239、B239；R255、G255、B255。在"图层"面板中新建"飞机"文件夹，将绘制的飞机相关图层置入该文件夹。

图 4-96

图 4-97

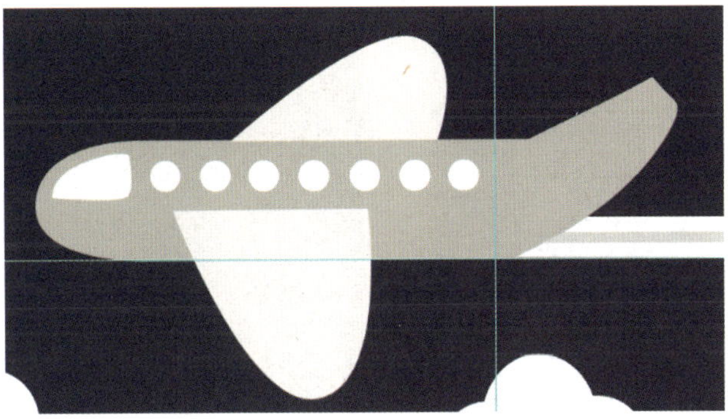

■ 图 4-98

（12）激活"多边形工具"，在其"属性"面板中设置如图 4-99 所示的具体参数，设置颜色为 R245、G218、B100，绘制多个大小不一的五角星，调整位置，其画面效果如图 4-100 所示。在"图层"面板中新建"星星"文件夹，将绘制的星星相关图层置入该文件夹中。

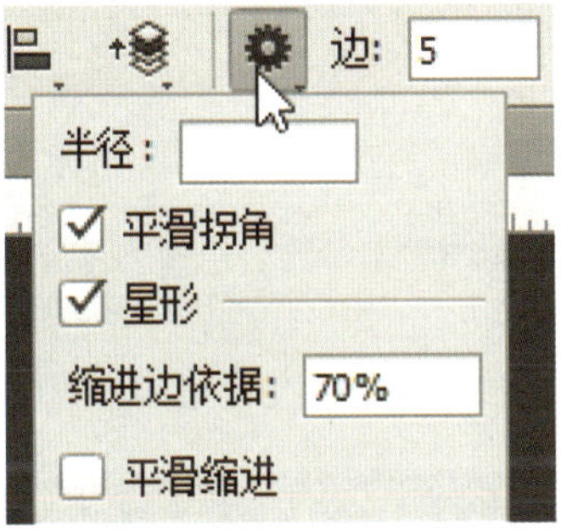

■ 图 4-99

■ 图 4-100

（13）激活"钢笔工具"，绘制火箭形状纹样，效果如图 4-101 所示。其中，火箭机身颜色为 R179、G179、B179，火箭头部颜色为 R245、G218、B100。在"图层"面板中新建"火箭"文件夹，将绘制的火箭相关图层置入该文件夹中，左侧的整体效果如图 4-102 所示。

■ 图 4-101

■ 图 4-102

（14）将该文件重新命名为"登录"并存为 jpg 格式。激活"剪裁工具"，剪切左侧图像部分。执行菜单栏"滤镜"→"模糊"→"高斯模糊"命令，设置半径为 8 像素，单击"确定"按钮，效果如图 4-103 所示。

（15）激活"矩形选框工具"，填充颜色为 R4、G3、B5，设置图层的"不透明度"为 35%，效果如图 4-103 所示。继续增加辅助线，如图 4-104 所示，为输入文字做准备。

■ 图 4-103   ■ 图 4-104   ■ 图 4-105

（16）激活"文字工具"，在其属性栏中设置字体为 Macula，字号为 55 点，颜色为白色，输入"CJ"文字。复制该文字图层为"CJ 阴影"图层，置于"CJ"图层下，颜色改为黑色，并向右向下移动。继续输入"儿童"字样，设置字体为华康海报体，颜色为白色，字号为 50 点。同样办法创建"儿童阴影"层。再次输入"CJ 儿童网—伴你快乐成长"字样，设置字体为"华康海报体"，效果如图 4-106 所示。

（17）继续输入如图 4-107 所示文字，设置字体为 Humanst521 BT，字号为 10 点，颜色为白色。

■ 图 4-106

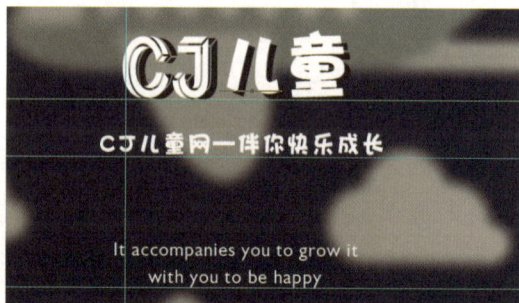

■ 图 4-107

（18）如图 4-108 所示设置辅助线。激活"文字工具"，分别输入"首页""注册""登录"文字。设置字体为"华康海报体"，字号设置为 18 点，颜色设置为黑色。其中，"登录"颜色为白色，底部为圆角矩形工具，大小为 180 像素×53 像素，半径 10 像素，颜色为 R56、G58、B58。

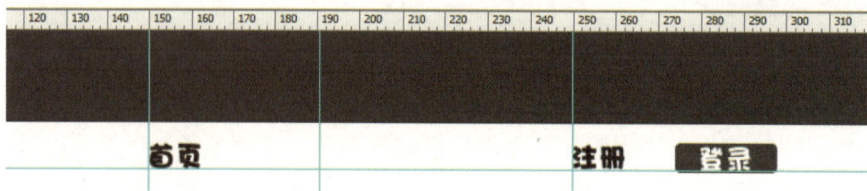

■ 图 4-108

（19）如图 4-109 所示设置辅助线。激活"文字工具"，输入"登录/sign in"。其中，"登录"字体为"华康海报体"，颜色为黑色，字号为 26 点。"/sign in"字体为 Humanst521 BT，字号为 26 点，颜色为 R109、G109、B109。

（20）如图 4-110 所示设置辅助线。激活"文字工具"，分别输入"用户名:""密码:""验证码:"，设置字体为"微软雅黑"，颜色为黑色，字号为 14 点。激活"圆角矩形工具"，创建 583 像素×52 像素大小的，半径为 50 像素的圆角矩形。其中，设置填充颜色为 R242、2G37、B237，描边颜色为 R159、G157、B157，描边宽度为 2 像素。复制该图层，按住 Shift 键垂直拖曳到其他位置。"验证码"右侧的圆角矩形大小为 292 像素×52 像素。

■ 图 4-109

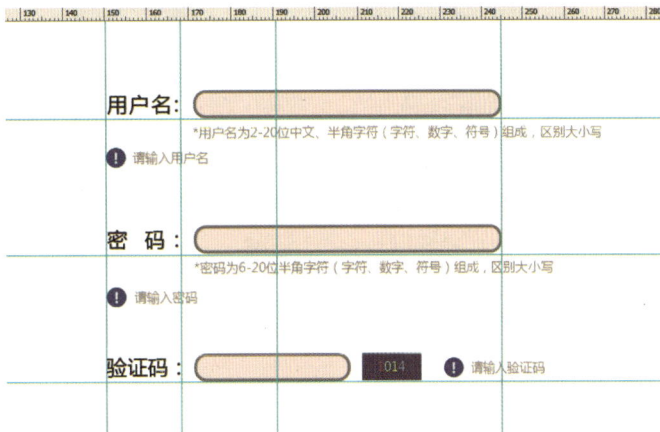

■ 图 4-110

（21）绘制警告符号。激活"椭圆工具"，按住 Shift 键绘制 36 像素×36 像素大小的正圆，设置填充颜色为 R0、G80、B163。激活"文字工具"，输入"！"号，在其属性栏中设置字体为"微软雅黑"，样式选择"Bold"选项，颜色为白色，加粗，放置于蓝色正圆的中间。效果如图 4-111 所示。

（22）激活"文字工具"，在如图 4-112 所示位置分别输入相关提醒的文字。设置字体为"微软雅黑"，字号为 9 点，颜色为 R183、G183、B183。激活"矩形工具"，绘制一个 114 像素×50 像素的矩形，设置填充颜色为 R39、G60、B113。激活"文字工具"，在矩形上输入"1014"作为验证数字，设置字体为"微软雅黑"，字号为 9 点。其中，"1"颜色设置为 R194、G121、B121；"01"颜色设置为 R229、G229、B142；"4"颜色设置为 R191、G183、B184。

■ 图 4-111

■ 图 4-112

（23）在如图 4-113 所示位置设置参考线，激活"圆角矩形工具"，创建一个大小为 430 像素×99 像素的，半径为 50 像素的圆角矩形，填充颜色设置为 R236、G199、B84。激活"文字工具"，在圆角矩形上输入"登录"，字体为"华康海报体"，字号为 26 点，颜色为白色。登录界面的最终效果如图 4-114 所示。

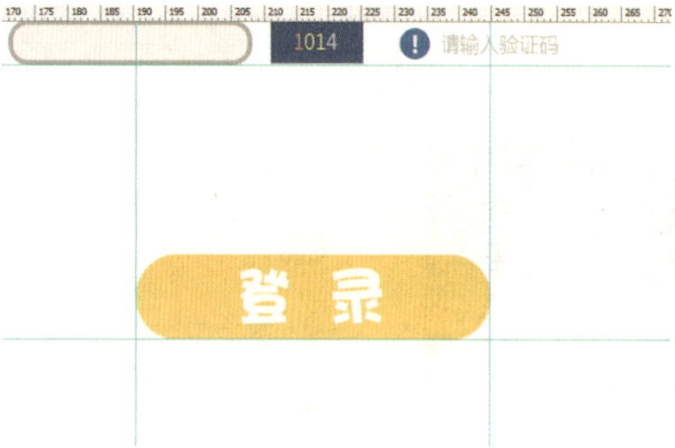

■ 图 4-113

■ 图 4-114

4.5.3　视频学习页面

设计制作如图 4-115 所示的视频学习页面。

■ 图 4-115

1. 布局部分

（1）新建等大文件，打开工作区中的"标尺"，将鼠标指向"标尺"并拖曳出辅助线，效果如图 4-116 所示。

（2）新建图层并命名为"背景"，填充颜色设置为 R246、G225、B0，效果如图 4-117 所示。

（3）激活"钢笔工具"，在黄色背景上绘制自由图形并填充颜色，形成条纹肌理形状，效果如图 4-118 所示。设置填充颜色分别为 R239、G196、B32；R234、G157、B27。

■ 图 4-116

■ 图 4-117

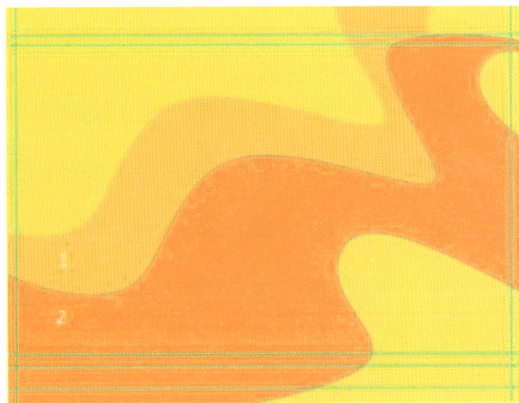

■ 图 4-118

2. 页首部分制作

（1）激活"文字工具"，输入"CJ"，设置字体为 Macula，字号为 30 点，颜色为 R232、G71、B85。输入"儿童"，设置字体为"华康海报体"，字号为 27 点，颜色为 R232、G71、B85。复制"儿童"图层为"儿童阴影"图层，颜色设置为黑色，将其移动到"儿童"的右下侧，形成阴影。输入"KID.CJ.COM"，设置字体为 Lucida Console，字号为 18 点，颜色为 R232、G71、B85。复制"KID.CJ.COM"图层为"KID.CJ.COM 阴影"图层，颜色设置为黑色，将其移动到"KID.CJ.COM"的右下侧，形成阴影，效果如图 4-119 所示。

■ 图 4-119

（2）激活"圆角矩形工具"，绘制一个 138 像素×90 像素，半径为 35 像素的圆角矩形。再绘制一个矩形，使其位于圆角矩形上，如图 4-120 所示。按住 Shift 键选中两个图层并按组合键 Ctrl+E 将其合并，勾选"属性"面板中如图 4-121 所示下拉菜单中的"减去顶层形状"，保留左边形状，设置填充颜色为 R215、G209、B201，不透明度为 40%。

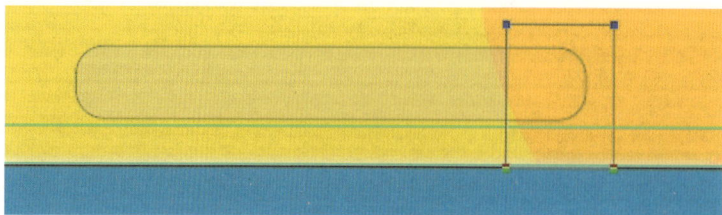

■ 图 4-120

■ 图 4-121

（3）用同样的方法获取右边形状。设置填充颜色为线性渐变（R114、G190、B110；R103、G165、B63；R30、G135、B59），角度为 0，不透明度为 80%，效果如图 4-122 所示。

■ 图 4-122

（4）激活"文字工具"，分别输入"全网搜""圣诞老人 全集"，设置字体为"微软雅黑"，字号 14 点，颜色为白色；输入"热搜榜"，设置字体为"微软雅黑"，字号为 14 点，颜色为 R216、G5、B30。激活"矩形工具"，创建 17 像素×25 像素与 2.8 像素×16.6 像素的矩形，颜色设置为 R216、G5、B30，效果如图 4-123 所示。

■ 图 4-123

（5）复制首页页面中"首页""登录/注册""个人中心"的图层，效果如图 4-124 所示。

■ 图 4-124

3. 页中部分的制作

（1）激活"圆角矩形工具"，创建一个 2404 像素×1461 像素，半径为 90 像素的圆角矩形。

设置填充颜色为 R20、G20、B15，图层的"不透明度"为 65%。在"图层样式"面版中选择"外发光"选项，具体参数如图 4-125 所示 ，单击"确定"按钮，效果如图 4-126 所示，并将该图层命名为"视屏背景"。

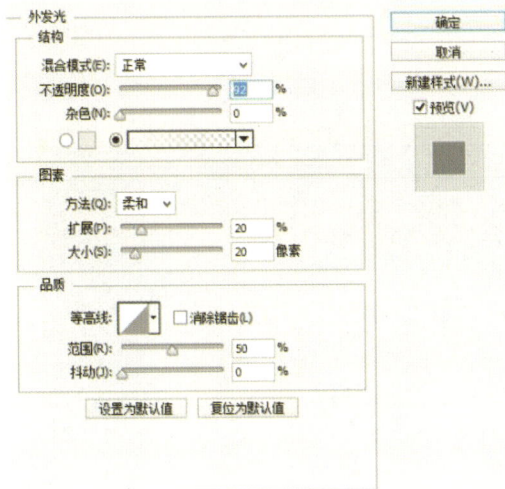

■ 图 4-125

■ 图 4-126

（2）激活"圆角矩形工具"，创建与之前一样大的圆角矩形（2404 像素×1461 像素，半径为 90 像素）。在"图层"面板中右键单击该图层，在弹出的下拉菜单中选择"栅格化图层"即可。打开素材卡通图片，如图 4-127 所示，等比例调整其大小与位置，注意保持该卡通图层在新建的圆角矩形图层之上。右键单击该卡通图层，在弹出的下拉菜单中选择"创建剪贴蒙版"命令。此时，图片置于圆角矩形之中，效果如图 4-128 所示。

■ 图 4-127

■ 图 4-128

（3）此时，"图层"面板如图 4-129 所示。激活"矩形选框工具"，选取"圆角矩形 1"中的矩形色块并删除，效果如图 4-130 所示。

（4）激活"矩形工具"，绘制一个 1947 像素×16 像素大小的矩形，填充颜色设置为 R193、G192、B187，在"图层"面板中，命名该图层为"进度条"。复制该图层，长度缩至"进度条"的 1/3 处，设置填充颜色为白色。再复制并缩小色条，设置填充颜色为 R229、G131、B23，效果如图 4-131 所示。

图 4-129 ■　　　　　　　　　　　　图 4-130 ■

（5）如图 4-132 所示，分别激活"椭圆工具"，按住 Shift 键绘制一个 40 像素×40 像素的正圆，设置填充颜色为 R234、G156、B26。激活"多边形工具"，绘制三角形，填充颜色设置为白色。激活"圆角矩形工具"，绘制一个 5 像素×50 像素，半径为 35 像素的圆角矩形，将其放置于三角形之前。激活"文字工具"，输入"00:32 / 06:56"，设置字体为"微软雅黑"，字号为 13 点。其中，"00:32/"颜色设置为白色，"06:56"颜色设置为 R192、G191、B187。

图 4-131 ■　　　　　　　　　　　　图 4-132 ■

（6）激活"圆角矩形工具"，创建一个 159 像素×78 像素大小，半径为 35 像素的圆角矩形，设置填充颜色为 R23、G24、B24，不透明度为 80%，在"图层"面板中命名为"高清"。激活"文字工具"，输入"高清"，设置字体为"微软雅黑"，字号为 13 点，填充颜色为白色。复制"高清"图层，将文字内容改为"倍速"。复制"倍速"图层，按住 Shift 键平行上移至恰当位置，激活"文字工具"，输入"小窗播放"字样，设置字体为"微软雅黑"，字号为 13 点，颜色为白色，效果如图 4-133 所示。

（7）如图 4-134 所示增加辅助线，激活"文字工具"，输入"《小猪佩奇》"，设置字体为"微软雅黑"，字号为 20 点，字体样式为 Bold，填充颜色为白色；输入"EP01"至"EP06"，其中，"EP02"填充颜色设置为 R220、G128、B30，其余填充为白色。

（8）激活"圆角矩形工具"，创建一个 2404 像素×103 像素，半径为 50 像素的圆角矩形，颜色设置为 R28、G29、B29，不透明度为 70%。激活"文字工具"，间隔相同的距离分别输入"10%"～"90%""WIN"的字样，其中，设置"30%"填充颜色为 R228、G114、B19，其余填充颜色设置为白色，效果如图 4-135 所示。至此视频页面制作完成。

图 4-133

图 4-134

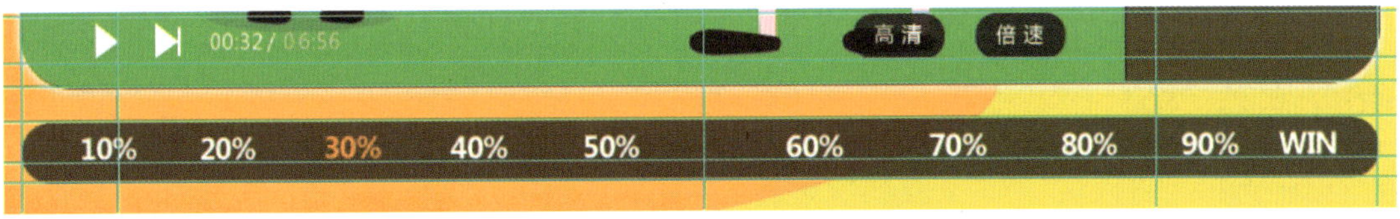

图 4-135

实践与提高

1. 搜集 5～6 个案例，并分析其在色彩搭配方面的优缺点。
2. 规划自己主页的主色、辅助色及点睛色。
3. 手绘 3～4 个表现不同风格的儿童主页的创意草案。

第5章

综合案例制作

5.1 "银时代"网页设计

　　"银时代"是一家颇有名气的淘宝店铺，可以认为它是一家有着丰富经营理念的网店。根据网络上搜集的"银时代"的品牌故事和品牌文化等资料，现在设计了一个以展示"银时代"为目的的网站效果。网页风格朴实怀旧，采用简洁的页面版式和多种内容分布方式，给浏览者带来轻松悠闲的浏览体验。如图 5-1 所示是目前"银时代"官网主页，图 5-2 为根据前期了解的相关信息，新规划的主页及链接页草图。

图 5-1

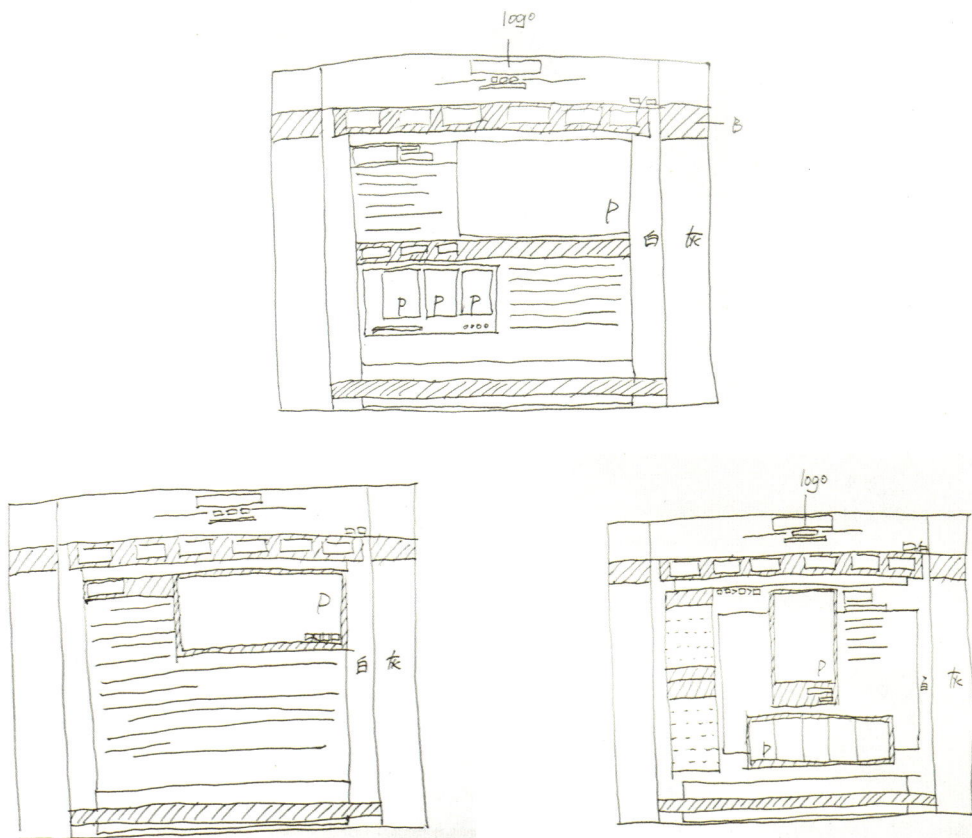

■ 图 5-2

5.1.1 "银时代" 首页界面设计

经过对"银时代"资料的分析，首先进行首页的版式设计。版式草图可以通过手绘或软件绘制。如图 5-3 所示是根据手绘草图（图 5-2）制作的主页软件草图。

■ 图 5-3

1. 广告条制作

（1）根据设计草图，设定画面宽度和高度分别为 1003 像素和 680 像素，分辨率为 72 像素/英寸，背景为透明色，设置前景色为#d8d8d8 并填充页面。在页面上根据版式草图拖曳出辅助线，效果如图 5-4 所示。

（2）新建图层，利用"矩形选框工具"创建一个白色矩形，页面效果如图 5-5 所示。

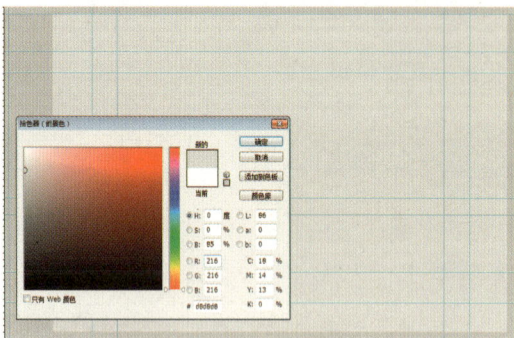

■ 图 5-4　　　　　　　　　　　　　■ 图 5-5

（3）在页头位置确定广告条的位置和大小，便于制作 Flash 广告条或图片广告，通常会在网页发布时插入。本案例通过使用图片衬托醒目 Logo 的方式制作"银时代"的广告条，虽然简单，但这是在网页设计中经常使用的一种方式，其醒目的 Logo 使网页的主题一目了然，所以传达信息的效果十分成功。打开如图 5-6 所示的图片并复制至页头位置，效果如图 5-7 所示。

■ 图 5-6

■ 图 5-7

（4）激活工具箱中的"矩形选框工具"，新建图层，如图 5-8 所示，绘制一个矩形选框。

（5）激活工具箱中的"画笔工具"，设置流量为 9%，颜色设置为黑色（#000000）。在选框中通过画笔局部绘制，得到如图 5-9 所示的由左到右的渐变加深效果。

■ 图 5-8   ■ 图 5-9

（6）用同样的方法将广告条的右边局部绘制黑色渐变色。将广告条的两侧颜色加重，形成中间与两端的对比效果，为突出 Logo 做准备，效果如图 5-10 所示。但在加深过程中，注意衔接处不要形成明显痕迹。

■ 图 5-10

（7）激活工具箱中的"横排文字工具"，设置字体为"方正细珊瑚繁体"，字号为 30 点，颜色为白色（#ffffff）。在广告条上输入 Logo 文字"银时代"。调整位置，效果如图 5-11 所示。

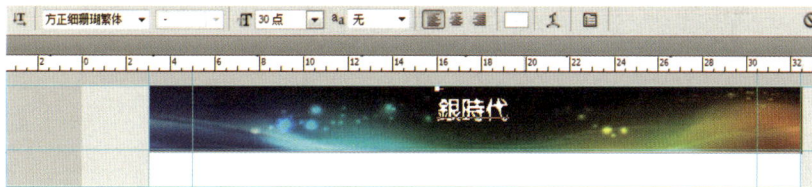

■ 图 5-11

（8）双击"银时代"图层，打开"图层样式"面板，勾选"内发光"选项，设置如图 5-12 所示的参数。为"银时代"添加一个蓝色的内发光。

■ 图 5-12

（9）激活工具箱中的"文字工具"，设置字体为 AR BONNIE，字号为 18 点，颜色为#007e89，在"银时代"下方，输入文本"silver era"，效果如图5-13所示。

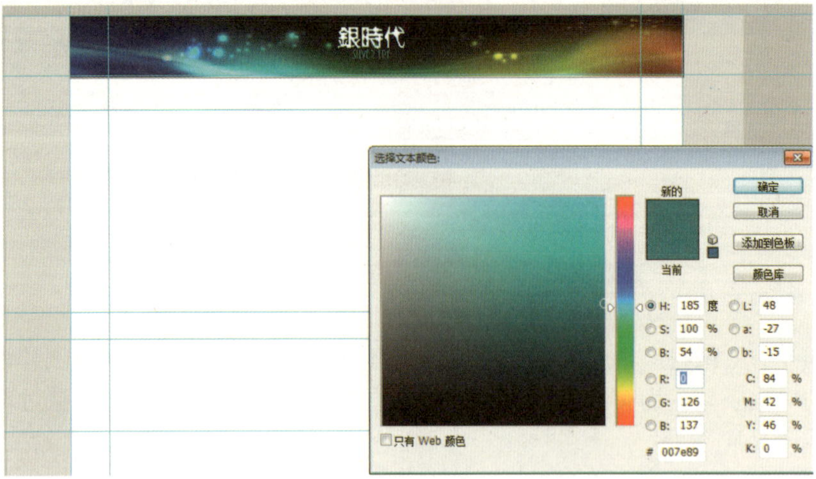

■ 图5-13

（10）激活工具箱中的"直线工具"，设置粗细为1像素，颜色为#9cf9fb，新建图层并绘制水平线。再次激活工具箱中的"文字工具"，设置字体为Aparajita，字号为18点，颜色为#9cf9fb，输入文本"www.silverera.com"，效果如图5-14所示。注意，三层文字采用中间对齐方式，在Photoshop中采用图层"对齐与分布"命令即可实现。

■ 图5-14

2. 导航条制作

（1）激活工具箱中的"矩形选框工具"，在新建图层上绘制一个矩形选框，颜色为黑色（#000000），效果如图5-15所示。

■ 图5-15

（2）在黑色矩形图层上方新建图层，绘制两个白色矩形选框，效果如图5-16所示，

■ 图5-16

（3）在绘制白色矩形框时经常会出现不能保证白色的色块与底部的黑色色条等高的情况，因此，通常采用"创建剪贴蒙版"的方法解决此类问题。

　　按住 Ctrl 键，利用鼠标左键单击图层面板中白色矩形所在图层，并将其选中，然后单击鼠标右键，在其下拉菜单中选择"创建剪贴蒙版"命令即可达到目的，效果如图 5-17 所示。

■ 图 5-17

　　（4）新建图层，激活工具箱中的"画笔工具"，选择"柔角 100 像素"笔形，流量设置为 9%，分别选择如图 5-18 所示的颜色，并在不同位置绘制不同颜色的圆点。选中该图层，单击鼠标右键，在其下拉菜单中选择"创建剪贴蒙版"命令即可，效果如图 5-19 所示。

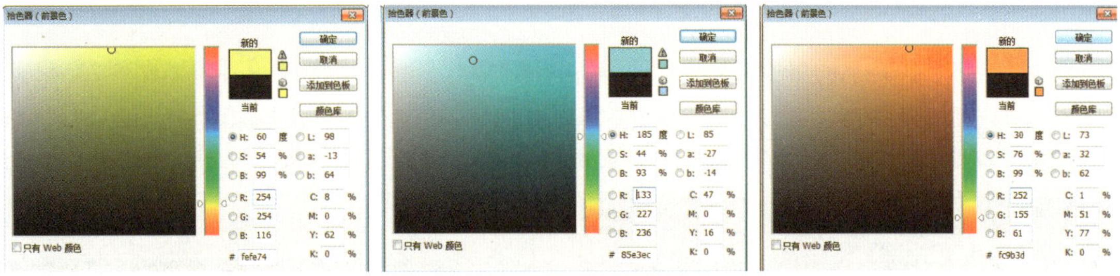

■ 图 5-18

■ 图 5-19

　　（5）新建图层，激活工具箱中的"画笔工具"，流量设置为 9%，设置颜色为白色，在导航栏白色矩形上绘制白色圆点，保留白色圆点在黑色上形成的高光效果，其他部分使用"选框工具"和"创建剪贴蒙版"命令删除即可，效果如图 5-20 所示。

■ 图 5-20

　　（6）激活工具箱中的"文字工具"，字体设置为"方正细倩简体"，字号设置为 14 点，颜色设置为白色，输入导航栏文本，效果如图 5-21 所示。

图 5-21

（7）激活工具箱中的"文字工具"，设置字体为 AR DECODE，字号为 14 点，颜色设置为白色。输入英文文本，效果如图 5-22 所示。

图 5-22

（8）激活工具箱中的"矩形选框工具"，在导航文本图层下方新建图层，如图 5-23 所示，在导航文本"关于我们"的位置上创建一个矩形并填充颜色为#226bb4。在"图层"面板上将蓝色矩形图层的不透明度调节为 25%，如图 5-24 所示，形成悬浮效果。

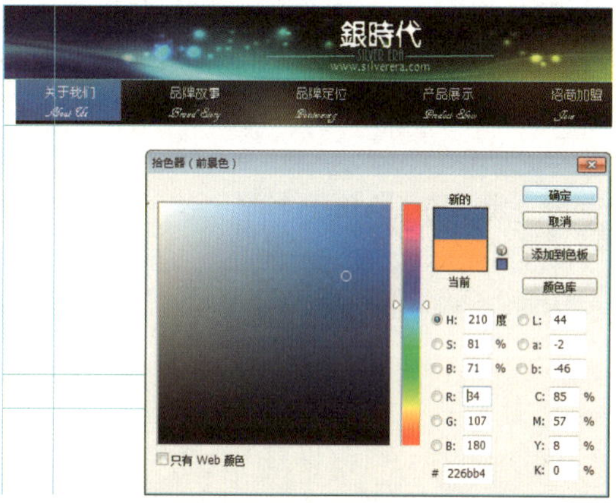

图 5-23

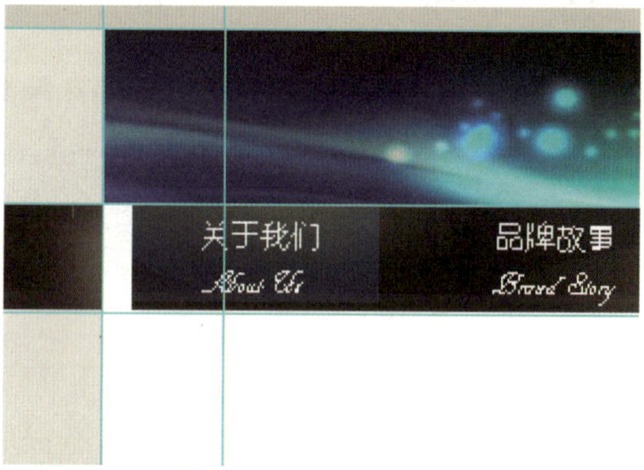

图 5-24

（9）新建图层，激活工具箱中的"矩形选框工具"，在黑色导航条的下方绘制一个矩形子导航栏，填充颜色设置为#e8e4e3，然后将该图层的不透明度设置为 45%，效果如图 5-25 所示。

（10）字体设置为"方正细倩简体"，字号设置为 14 点，颜色设置为#847f7e，在灰色子导航条上输入子导航文本，效果如图 5-26 所示。

（11）激活工具箱中的"文字工具"，设置字体为"方正细倩简体"，字号为 14 点，颜色为#a1f9f8，在广告条位置输入文本"登录/注册"，效果如图 5-27 所示。

（12）双击"登录/注册"图层，打开"图层样式"面板，勾选"投影"选项，颜色设置为黑色，不透明度设置为 45%，角度设置为 90 度，设置距离为 2 像素，设置大小为 1 像素，单击"确定"按钮，给"登录/注册"图层设置一个投影样式，效果如图 5-28 所示。

图 5-25

图 5-26

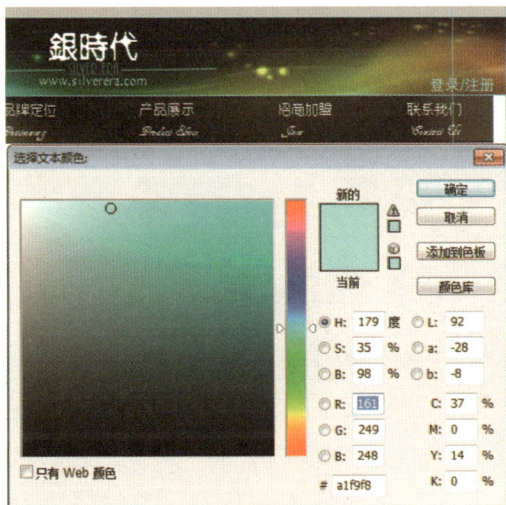

图 5-27

图 5-28

3. 页中部分制作

（1）激活工具箱中的"矩形选框工具"，在新建图层上绘制一个矩形框，设置填充颜色为#e8e4e3，效果如图 5-29 所示。

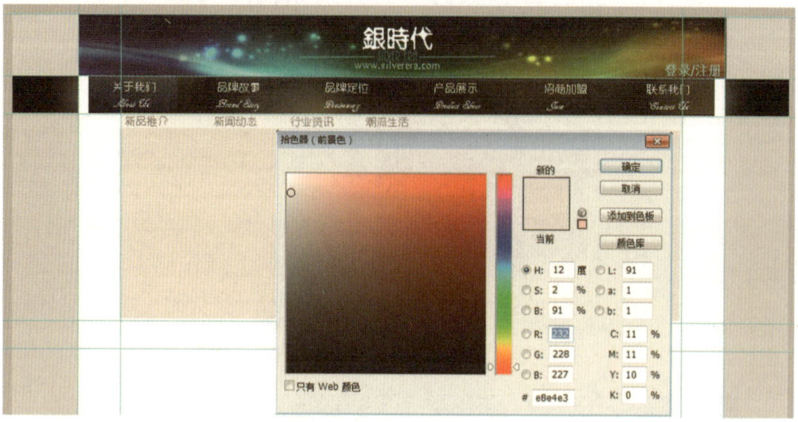

■ 图 5-29

（2）激活工具箱中的"矩形选框工具"，在新建图层上绘制一个矩形框，设置填充颜色为#473c40，效果如图 5-30 所示。

■ 图 5-30

（3）执行菜单"滤镜"→"杂色"→"添加杂色"命令，在其对话框中勾选"单色"选项，数量设置为 2.45%，选中"高斯分布"，效果如图 5-31 所示。

■ 图 5-31

（4）将素材（s-1）复制至文件中，在图层面板中，用鼠标右键单击该图层，在弹出的快捷菜单中选择"转换为智能对象"命令，调节位置、大小，效果如图5-32所示。

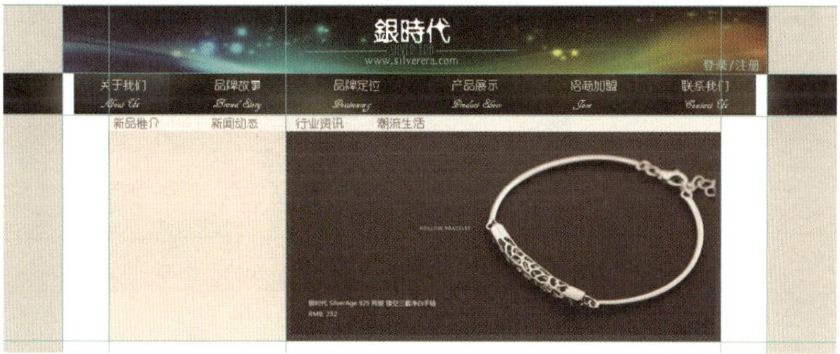

■ 图5-32

（5）依次采用同样的方法放置素材（s-2、s-3、s-4）图片，效果如图5-33至图5-35所示。

■ 图5-33

■ 图5-34

（6）激活工具箱中的"矩形选框工具"，在新建图层上绘制一个矩形，填充颜色设置为#8f8a86，将矩形图层的不透明度调整为48%。效果如图5-36所示。

（7）激活工具箱中的"直线工具"，在其属性栏中单击"填充像素"按钮。新建图层，在矩形色块下绘制一个1像素、颜色为#8f8a86的水平线，效果如图5-37所示。

■ 图 5-35

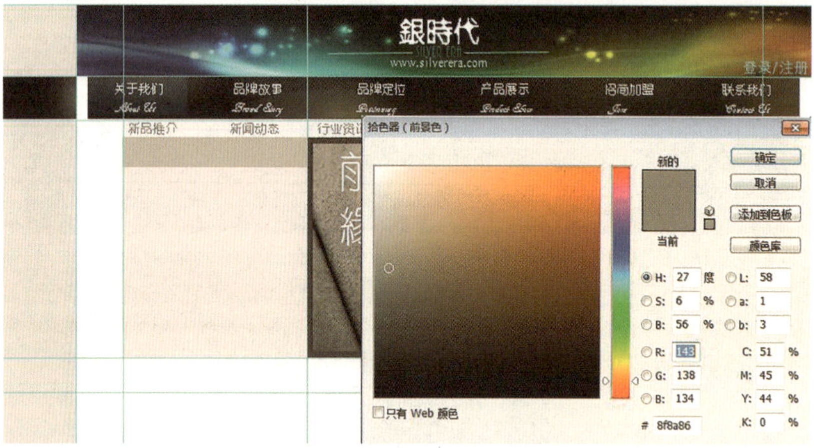

■ 图 5-36

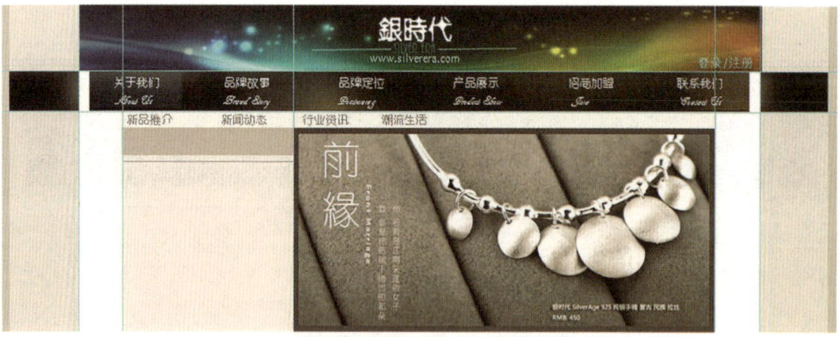

■ 图 5-37

（8）激活工具箱中的"橡皮工具"，设置橡皮直径为 200 像素，流量设置为 43%，单击水平线的右端三次，形成如图 5-38 所示的渐变效果。

（9）将水平线移至灰色矩形的下方，形成阴影效果，如图 5-39 所示。

（10）激活工具箱中的"文字工具"，设置字体为"方正细倩简体"，字号为 24 点，颜色为 #8f8a86，输入文本"新品推介"，效果如图 5-40 所示。

（11）激活工具箱中的"文字工具"，设置字体为"方正细倩简体"，字号为 11 点，颜色为 #6b6565，输入文本"前缘系列 Front Marriage"，效果如图 5-41 所示。

■ 图 5-38

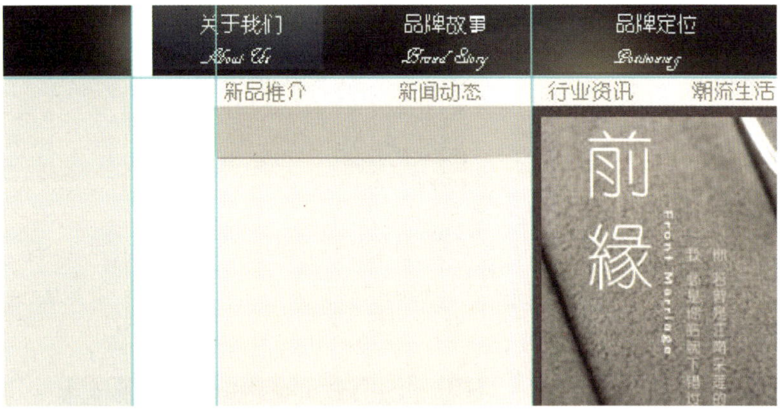

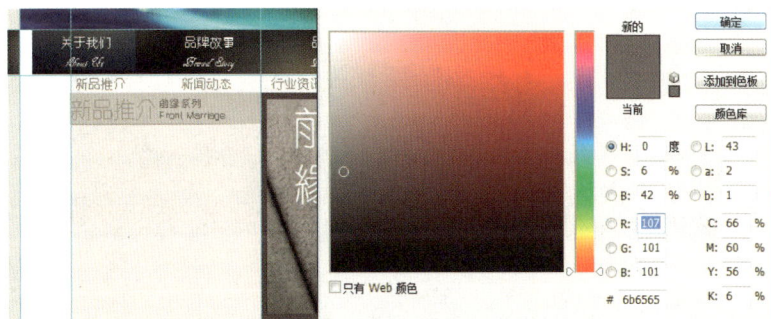

■ 图 5-39

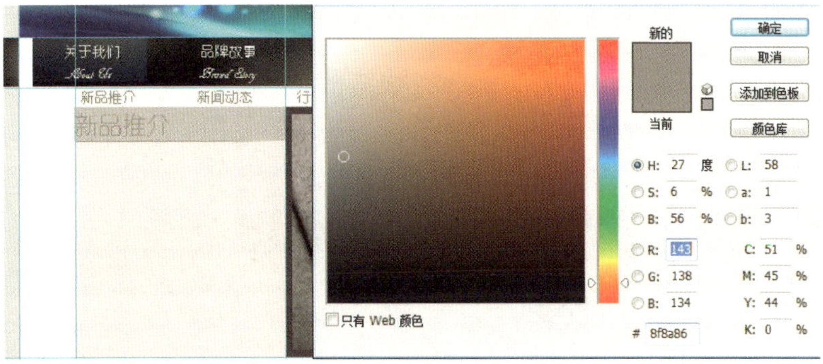

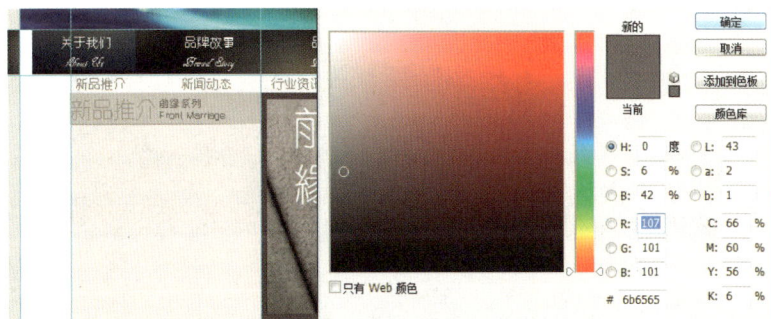

■ 图 5-40

■ 图 5-41

（12）激活工具箱中的"文字工具"，设置字体为"方正细倩简体"，字号为 12 点，颜色为 #6b6565，输入其他文本，效果如图 5-42 所示。

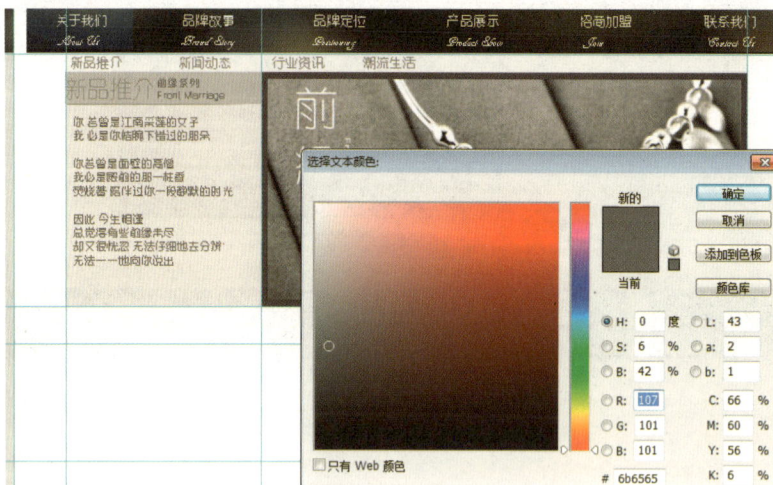

图 5-42

（13）激活工具箱中的"矩形选框工具"，在新建图层上绘制一个矩形，设置填充颜色为 #ececec，效果如图 5-43 所示。

图 5-43

（14）新建图层，将素材库中的图片（s-4）导入并裁剪后，调节其大小及位置参数，效果如图 5-44 所示。

图 5-44

（15）激活工具箱中的"画笔工具"，设置画笔直径为 100 像素，流量为 9%，颜色为#6a6a6a，创建新图层，在蓝色图片的右端绘制如图 5-45 所示的半透明灰色效果。

图 5–45

（16）选中半透明灰色条图层，单击鼠标右键，在弹出的快捷菜单中选择"创建剪贴蒙版"命令，效果如图 5-46 所示。

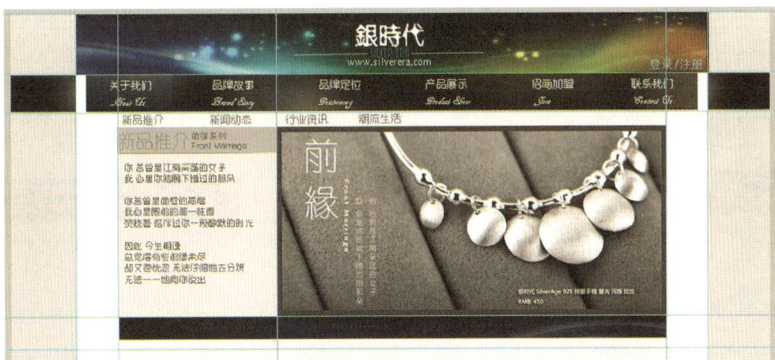

图 5–46

（17）激活工具箱中的"文字工具"，字体设置为"方正细倩简体"，字号设置为 12 点，颜色设置为#8f8a86，输入链接文本，效果如图 5-47 所示。

图 5–47

（18）选中输入的文本"新闻动态"，在"字符"面板上将字号设置为 14，颜色设置为白色（#ffffff），效果如图 5-48 所示。

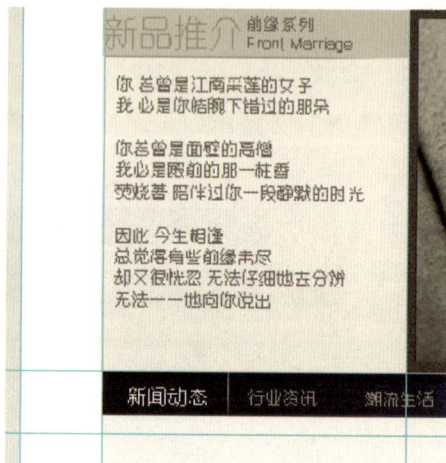

■ 图 5-48

（19）激活工具箱中的"直线工具"，在其属性栏中单击"填充像素"按钮，设置粗细为 1 像素，颜色为白色（#ffffff），在新建图层上绘制垂直线，效果如图 5-49 所示。

（20）激活工具箱中的"橡皮工具"，设置画笔样式为"柔角 65 像素"，不透明度为 100%，流量为 43%，将垂直线两端虚化，效果如图 5-50 所示。

■ 图 5-49   ■ 图 5-50

（21）复制该图层，将新图层上的垂直线移动到合适的位置，效果如图 5-51 所示。

■ 图 5-51

（22）激活工具箱中的"矩形选框工具"，绘制一个矩形，设置填充颜色为#0b0906，效果如图 5-52 所示。

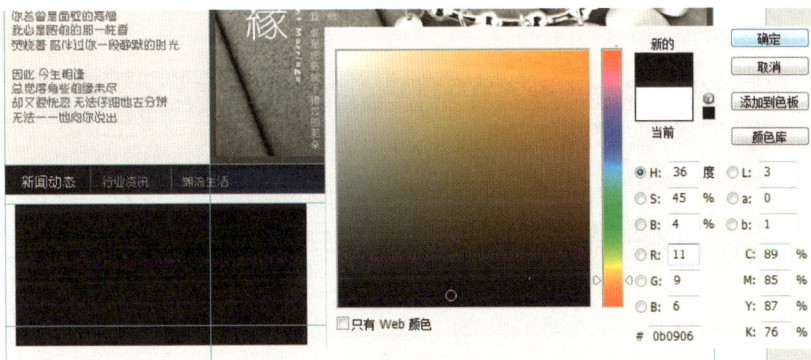

■ 图 5-52

（23）激活工具箱中的"画笔工具"，设置流量为 9%，颜色分别设置为#a1f9f8、#f1fb22，在新建图层上绘制出随意半透明笔触，效果如图 5-53 所示。

（24）在"图层"面板中选中半透明笔触图层，单击鼠标右键，在弹出的快捷菜单中选择"创建剪贴蒙版"选项。将素材（s-5、s-6、s-7）依次复制至文件中，并将其转换为智能对象，调节其大小及位置，效果如图 5-54 所示。

■ 图 5-53

■ 图 5-54

（25）激活工具箱中的"椭圆选框工具"，按住键盘上的 Shift 键，绘制一个圆点，设置填充颜色为#ffffff。复制白色圆点所在图层，并移动圆点到合适位置，效果如图 5-55 所示。

（26）依次选中第一、第三和第四个圆点图层，将图层不透明度设置为 70%，效果如图 5-56 所示。

■ 图 5-55

■ 图 5-56

（27）激活工具箱中"文字工具"，设置字体为"方正细倩简体"，字号为 12 点，设置颜色为#ffffff，输入图注文本；设置颜色为#8f8a86，输入正文文本；设置颜色为#fa9748，输入文本"MORE"，效果如图5-57所示。

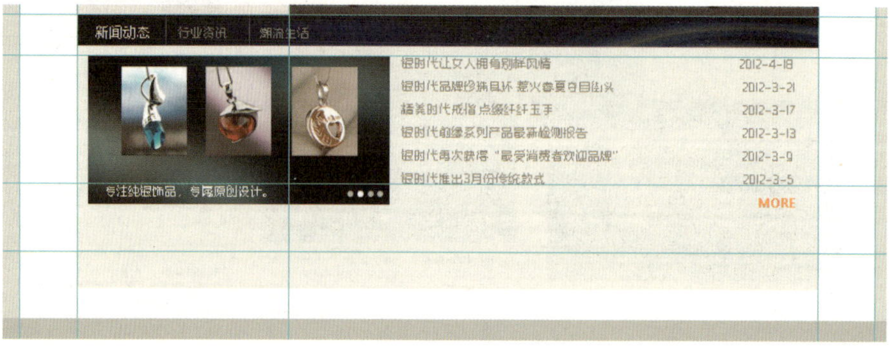

■ 图 5-57

4. 页尾部分的制作

（1）激活工具箱中的"矩形选框工具"，新建图层，绘制一个矩形，设置填充颜色为#103278，效果如图5-58所示。在"图层"面板中将不透明度设置为39%。

■ 图 5-58

（2）激活工具箱中的"矩形选框工具"，在新建图层中绘制矩形，设置填充颜色为#000000，效果如图5-59所示。

■ 图 5-59

（3）新建图层，打开页头中的素材，将其剪切并复制至页尾，并将右半部分做虚化处理，效果如图5-60所示。

■ 图 5-60

（4）激活工具箱中的"文字工具"，设置字体为"方正细倩简体"，字号为 14 点，颜色为 #000000，输入文本"全国加盟热线：400-0000-00"，设置字号为 12 点，颜色为白色#ffffff，输入广告语"银时代——一种生活态度"，效果如图 5-61 所示。

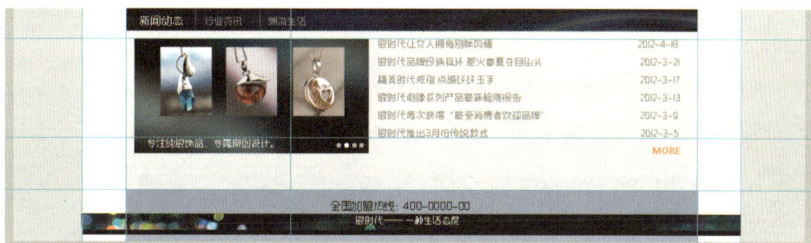

■ 图 5-61

5.1.2　"银时代"—"品牌故事"页面

（1）将"银时代"首页保留页头和页脚，去掉页中部分，保存为源文件备用。将导航栏上的鼠标悬浮效果移动到"品牌故事"下方，效果如图 5-62 所示。

■ 图 5-62

（2）激活工具箱中的"矩形选框工具"，在新建图层上绘制矩形并设置填充颜色为#f5f3f3，效果如图 5-63 所示。

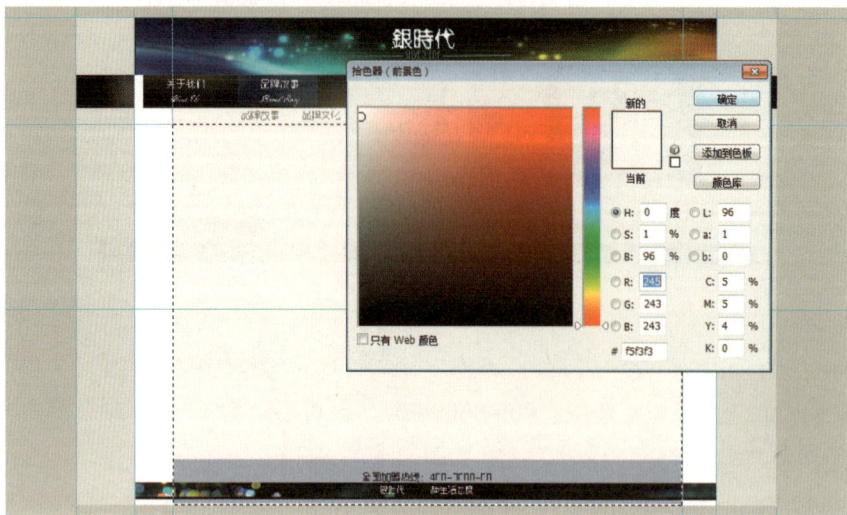

（3）根据设计要求，按住鼠标左键从标尺中拖曳出辅助线，效果如图 5-64 所示。

（4）激活工具箱中的"矩形选框工具"，新建图层并绘制矩形，设置填充颜色为#372c30，效果如图 5-65 所示。

（5）执行菜单"滤镜"→"杂色"→"添加杂色"命令，在弹出的对话框中勾选"单色""高斯模糊"选项，设置数量为2%，单击"确定"按钮，效果如图 5-66 所示。

（6）激活工具箱中的"矩形选框工具"，新建图层并绘制一个矩形，设置填充颜色为#c4c1bf。

（7）激活工具箱中的"直线"工具，设置前景色为#938b8b，效果如图 5-67 所示。绘制一条水平线作为矩形的阴影，效果如图 5-68 所示（在绘制矩形和线条时一定要根据版面的实际效果决定宽度）。

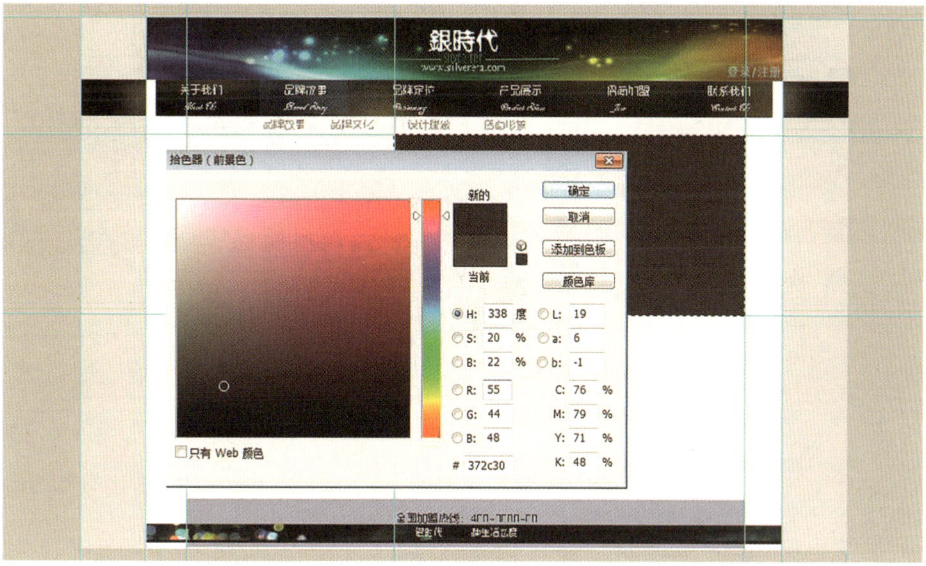

■ 图 5-65

■ 图 5-66

■ 图 5-67

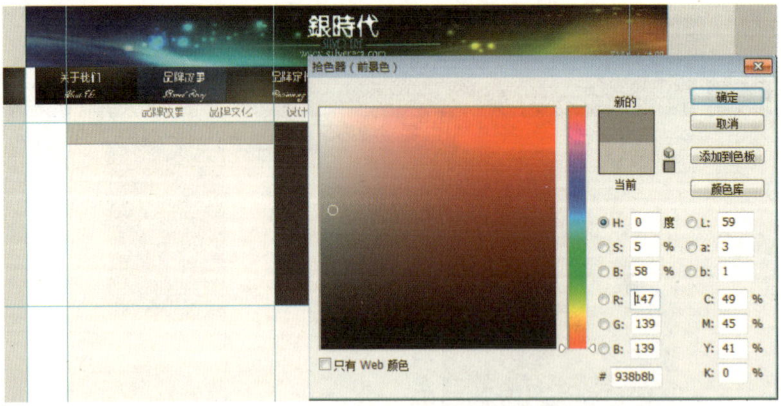

■ 图 5-68

（8）激活工具箱中的"橡皮工具"，选择"柔角 200 像素"笔形，设置流量为 43%，在水平线的两端单击三次，将水平线两端虚化，如图 5-69 所示。

（9）激活工具箱中的"文字工具"，设置字体为"方正细倩简体"，字号为 24 点，颜色为 #8f8a86，输入文字"品牌故事"；设置正文字体为"宋体"，字号为 14 点，颜色为#6b6565，输入段落文字，效果如图 5-70 所示。

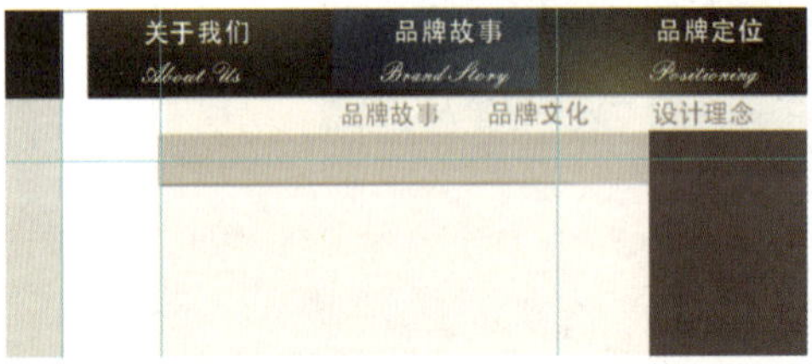

■ 图 5-69　　　　　　　　　　　　　　　■ 图 5-70

（10）依次将不同素材（s-1 至 s-4）复制至具体位置，并将图层转换为智能对象，调整大小及位置，效果如图 5-71 至 5-74 所示。

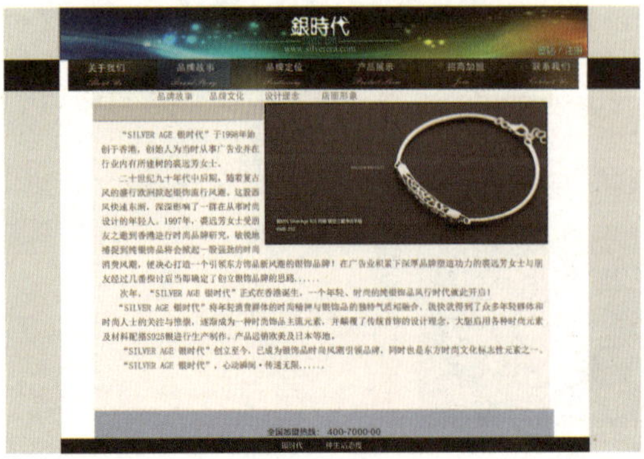

■ 图 5-71 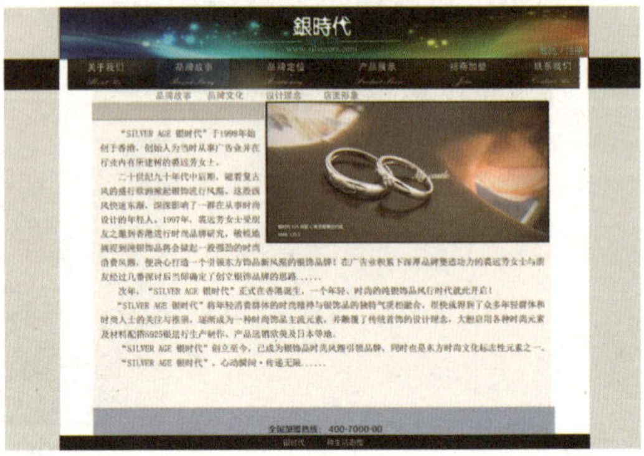　　　　　　　　　　　　　　　■ 图 5-72

图 5-73

图 5-74

（11）激活工具箱中的"矩形选框工具"，在新建图层上按住 Shift 键绘制一个正方形选区，然后填充白色（#ffffff）。双击白色正方形图层，打开"图层样式"对话框，勾选"投影"选项，混合模式设置为"正片叠底"，填充颜色设置为黑色（#000000），不透明度设置为 75%，角度设置为 130 度，距离设置为 3 像素，扩展设置为 0%，大小设置为 3 像素。单击"确定"按钮，效果如图 5-75 所示，给白色正方形添加一个阴影。

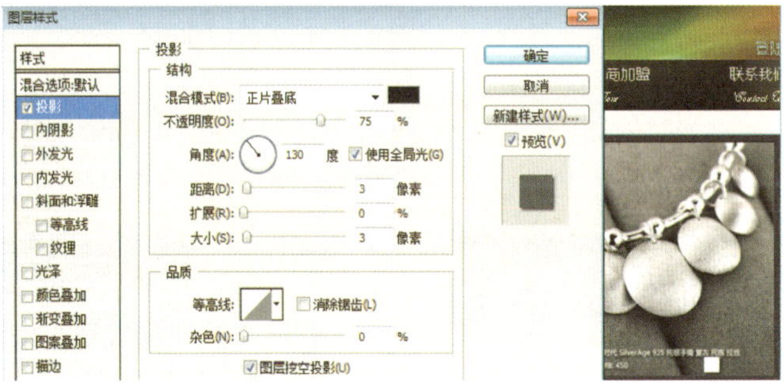

图 5-75

（12）复制白色正方形色块四次，将四个白色正方形水平排列。激活工具箱中的"文字工具"，设置字体为"宋体"，字号为 14 点，颜色为#6b6565，输入文本"1""2""3""4"，效果如图 5-76 所示。

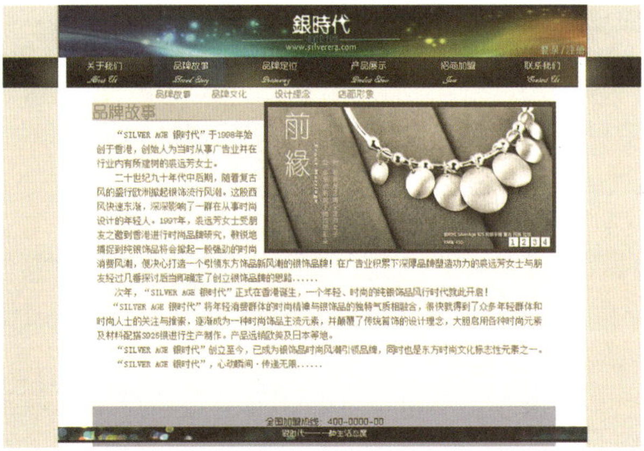

图 5-76

5.1.3 "银时代" — "产品展示"页面

（1）根据树形目录的结构安排每个链接页面，如图 5-77 所示。在此，不再对每个链接页面进行详尽说明，只对"产品展示"页面的制作进行简单说明。

■ 图 5-77

（2）打开"银时代"源文件，将鼠标悬浮效果移动到"产品展示"上。激活工具箱中的"矩形选框工具"，在页中左侧绘制一个矩形。设置前景色为#e1dad8 并填充颜色，效果如图 5-78 所示。

（3）激活工具箱中的"文字工具"，设置颜色为#2d2626，连续输入连接短线，制作一条分隔线，效果如图 5-79 所示。

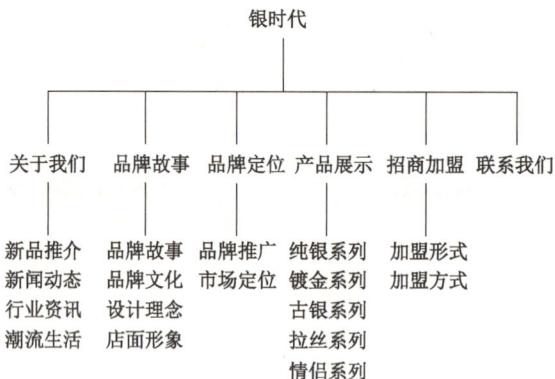

■ 图 5-78

■ 图 5-79

（4）复制分隔线图层，根据导航设计方案，使用分隔线将竖导航栏均匀分割，效果如图 5-80 所示。

（5）激活工具箱中的"文字工具"，设置字体为"方正细倩简体"，字号为 14 点。如图 5-81 所示，在分隔好的竖导航栏上，根据产品展示导航设计输入文字，并按照等级安排导航文字的位置和颜色。其中，竖导航条中的一级导航文字和二级导航文字使用的字体颜色是#2d2626，三级导航文字使用的字体颜色是#5c4d52。

（6）如图 5-82 所示，在文字图层和分割线图层之间新建图层，激活工具箱中的"矩形选框工具"，绘制一个矩形，设置填充颜色为#907a73。

（7）复制矩形色块所在图层，将色块移动到一级导航文字的位置上，使一级导航更加醒目，效果如图 5-83 所示。

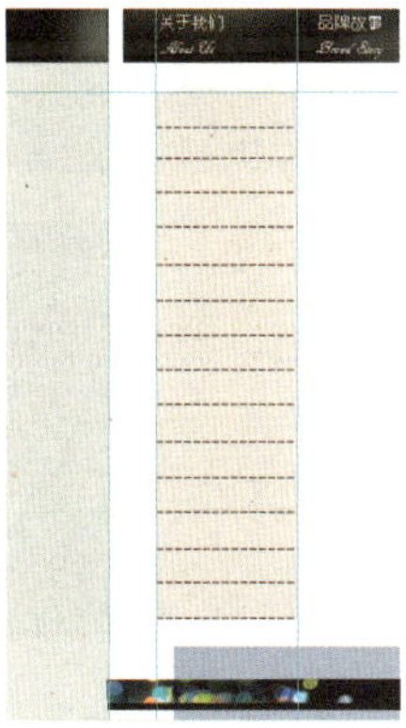

■ 图 5-80 ■ 图 5-81

■ 图 5-82 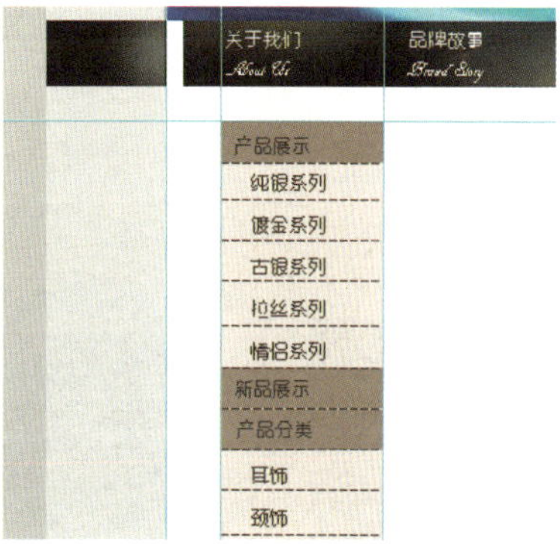 ■ 图 5-83

（8）在版面中继续添加辅助线，激活工具箱中的"矩形选框工具"，绘制一个矩形，填充颜色设置为#e1dad8，效果如图 5-84 所示。

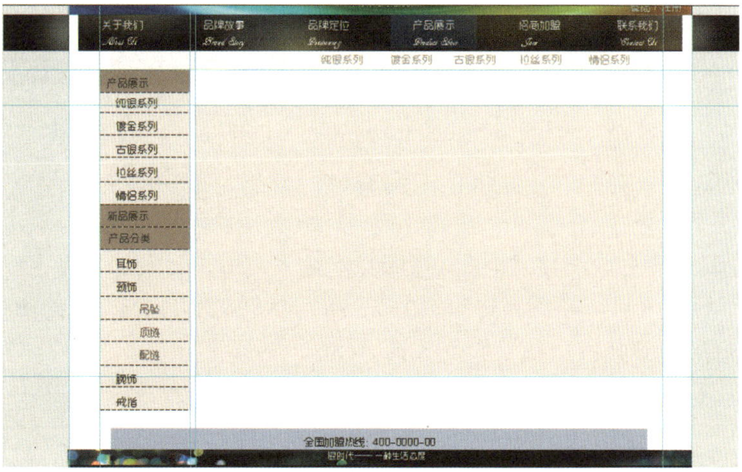

■ 图 5-84

（9）激活工具箱中的"文字工具"，设置字体为"方正细倩简体"，字号为 11 点，颜色为#cbc7c8，输入导航文本，效果如图 5-85 所示。

（10）激活工具箱中的"矩形选框工具"，绘制一个矩形并填充黑色（#000000），效果如图 5-86 所示。

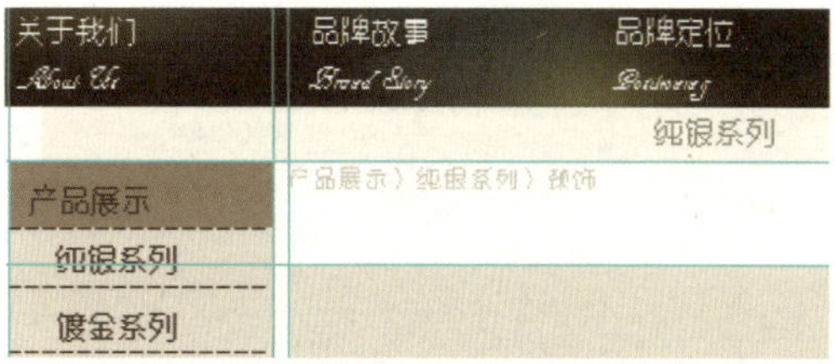

■ 图 5-85 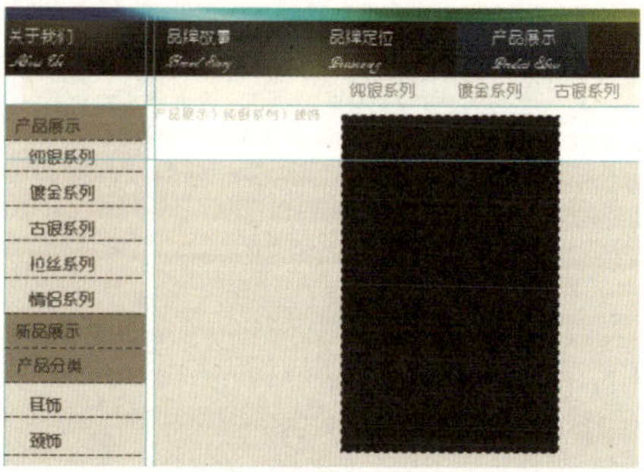   ■ 图 5-86

（11）执行菜单"滤镜"→"杂色"→"添加杂色"命令，在打开的对话框中勾选"单色"选项，选择"高斯分布"，数量设置为1%，单击"确定"按钮，效果如图 5-87 所示。

（12）保持框选状态，新建图层，激活工具箱中的"画笔工具"，选择"柔角 45 像素"笔形，流量设置为 9%，颜色分别设置为#2ac2ca、#ffa665，随意绘制一点笔触，效果如图 5-88 所示。

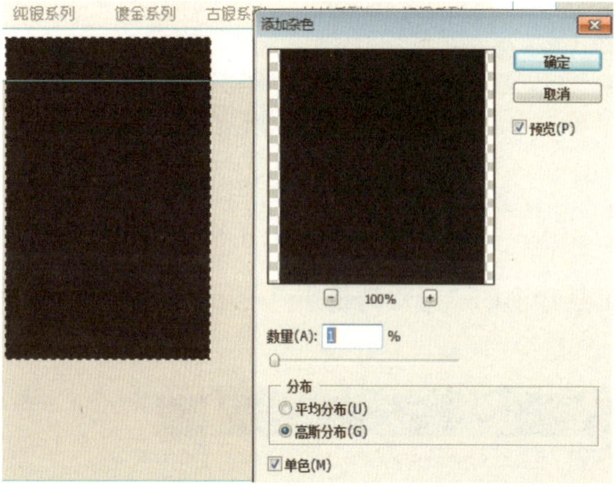

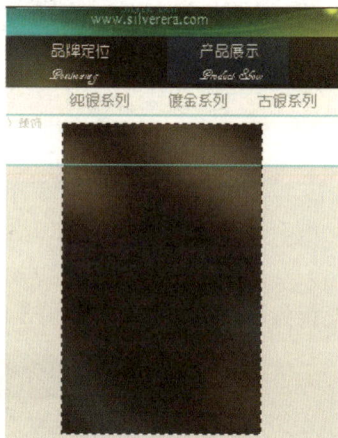

■ 图 5-87   ■ 图 5-88

（13）将素材复制至文件中，并将该图层转换为智能对象，调整图片的大小及位置，效果如图 5-89 所示。

（14）激活工具箱中的"文字工具"，在图片上输入文本，设置"天使之恋。"字体为"方正细倩简体"，字号为 18 点，颜色为#534647；设置"ANGEL'S LOVE SONG"字体为 Arial，字号为 10 点，颜色为#534647，效果如图 5-90 所示。

（15）双击文字图层，打开"图层样式"对话框，勾选"投影"选项，设置"投影"选项参数，如图 5-91 所示。

（16）激活工具箱中的"文字工具"，设置字体为"方正细倩简体"，字号为 11 点，颜色为白色（#ffffff），在图片下方输入文字，如图 5-92 所示。

图 5-89

图 5-90

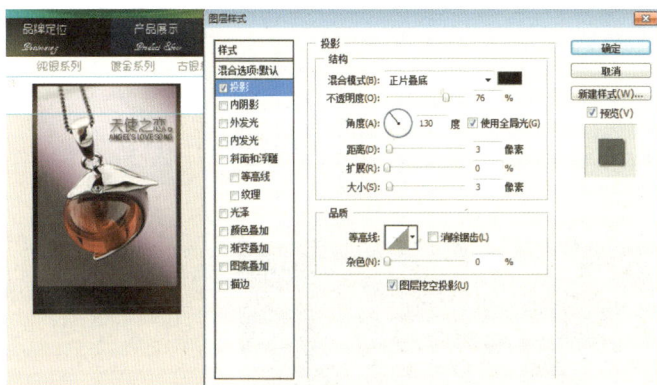
图 5-91

图 5-92

（17）激活工具箱中的"文字工具"，输入如图 5-93 所示文字。其中，设置第一行"天使之恋"字体为"方正细倩简体"，字号为 24 点，颜色为#514545。设置第二行"ANGEL'S LOVE SONG"字体为"方正细倩简体"，字号为 11 点，颜色为#ffffff。将余下部分文字的字体设置为"方正细倩简体"，字号为 12 点，颜色为#514545。

（18）在"图层"面板上新建图层，并拖曳到"天使之恋"图层的下方。激活工具箱中的"矩形选框工具"，在白色文本上绘制矩形，填充颜色为#514545，效果如图 5-94 所示。

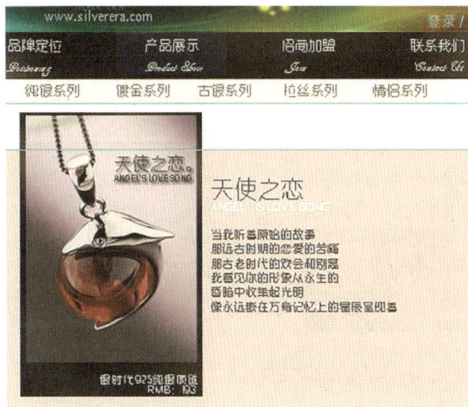
图 5-93

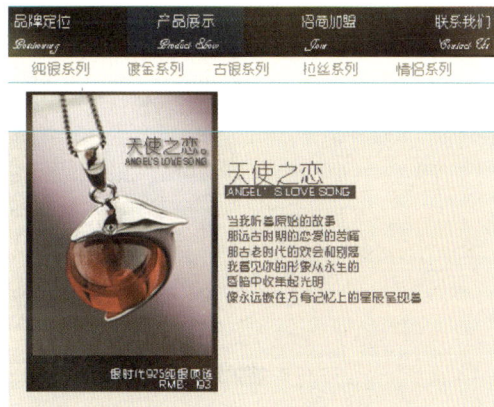
图 5-94

（19）在"图层"面板上选中矩形图层和"天使之恋"图层，如图 5-95 所示，上移调整位置。

（20）激活工具箱中的"矩形选框工具"，绘制矩形并填充黑色，效果如图 5-96 所示。

■ 图 5-95

■ 图 5-96

（21）新建图层，激活工具箱中的"画笔工具"，选择"柔角 100 像素"笔形，流量设置为 9%，分别设置前景色为#2ac2ca、#ffa665、#ffffff，随意绘制一点笔触，对图层执行"创建剪贴蒙版"命令，效果如图 5-97 所示。

■ 图 5-97

（22）将展示的产品素材（s-5 至 s-9）依次复制并转换为智能对象，调整大小及位置，效果如图 5-98 所示。

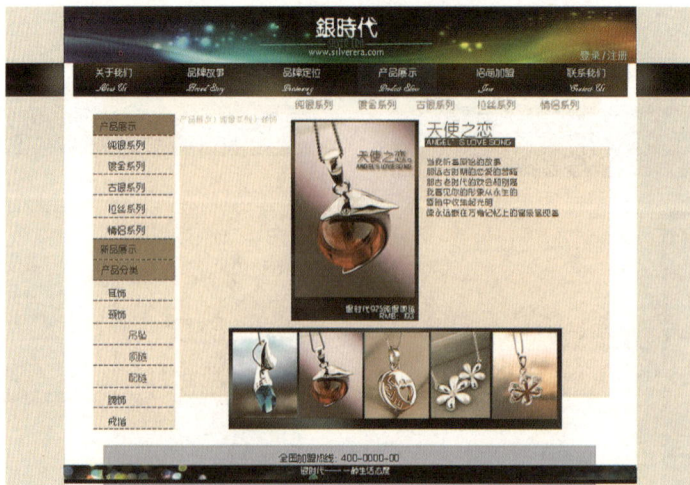

■ 图 5-98

5.1.4 页面分割——"切片"

为了以后能够更好地编辑页面，建议"切片"越精细越好。对于"切片"的手法，可以根据自己的习惯来分析并分割画面。

（1）在 Photoshop 软件中打开保存好的"银时代"首页文件。激活工具箱中的"切片工具"，在页头灰色位置绘制选区，如图 5-99 所示，命名为"切片01"，编号标签呈蓝色，并自动生成"切片02""切片03"，标签呈灰色。"切片01"是一个灰色填充区域，以后可以在 Dreamweaver 中删除，并将背景色填充成同一颜色。

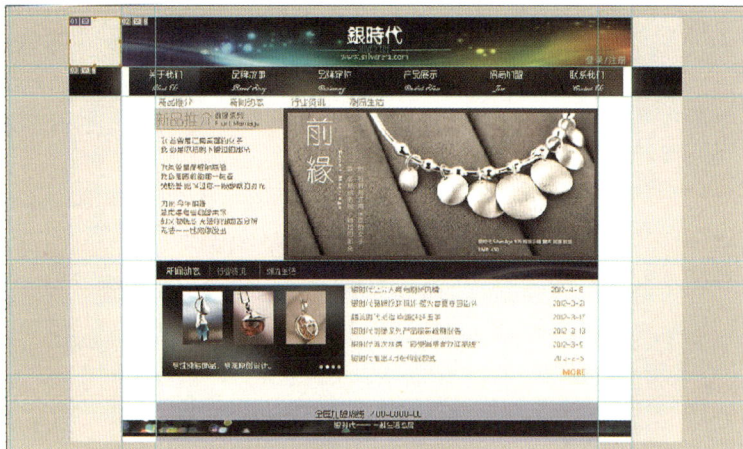

■ 图 5-99

（2）使用"切片工具"在页头的 Banner 位置绘制选区，命名为"切片02"，标签呈蓝色，并自动生成"切片03""切片04"，标签呈灰色，如图 5-100 所示。如果命名的编号没有按顺序排列，则是因为在切片时和上一个切片有出入，中间留有图片，Photoshop 自动将这一部分按顺序排列。

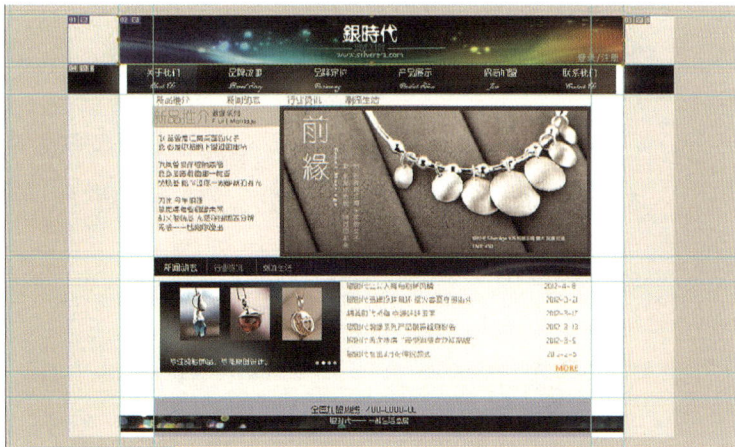

■ 图 5-100

（3）使用"切片工具"在页头的右侧灰色块绘制选区，命名为"切片03"，标签呈蓝色，并自动生成"切片04"，标签呈灰色，如图 5-101 所示。

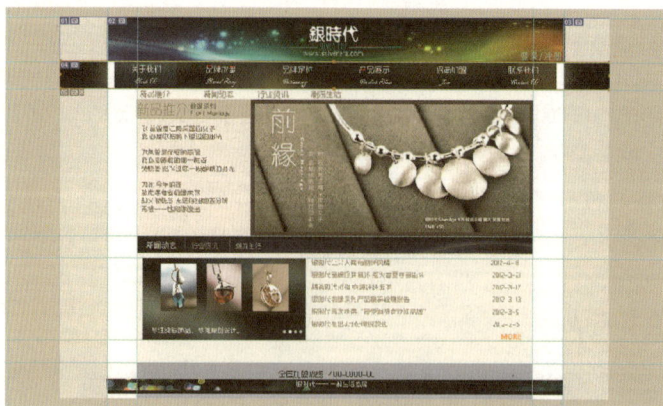

网页美工
——网页设计与制作（第2版）

图 5-101

（4）使用"切片工具"在 havigation 区域绘制选区，命名为"切片 04"，标签呈蓝色，并自动生成"切片 05"，标签呈灰色，如图 5-102 所示。

■ 图 5-102

（5）在页中部分根据一个人习惯分成上下两部分。使用"切片工具"在页中的上部分左侧的灰色块绘制选区，如图 5-103 所示，命名为"切片 05"，标签呈蓝色，并自动生成"切片 06""切片 07"，标签呈灰色。

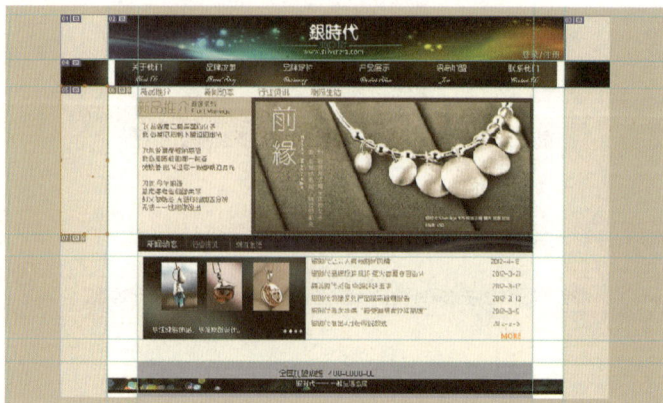

■ 图 5-103

（6）使用"切片工具"在页中的上部分左侧的白色块绘制选区，如图 5-104 所示，命名为"切片 06"，标签呈蓝色，并自动生成"切片 07""切片 08"，标签呈灰色。

■ 图 5-104

（7）用同样的方法，将页面依次切片完毕，效果如图 5-105 所示。

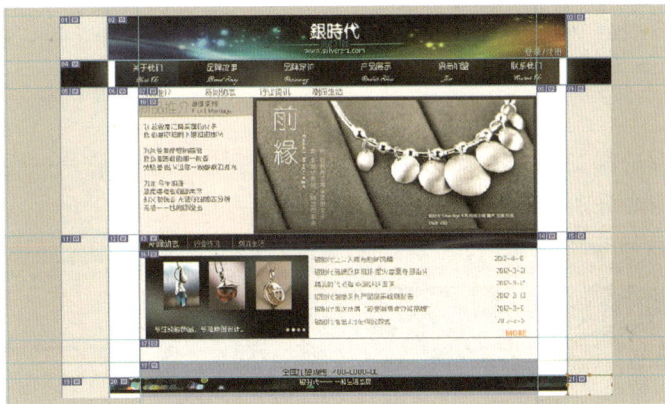

■ 图 5-105

（8）激活工具箱中的"切片选择工具"，双击"切片 01"，如图 5-106 所示，在"切片选项"对话框中可以更改名称，在这里更改名称为"gywm_01"，单击"确定"按钮。可以依次更改切片名称。如果没有更改切片默认数字名称，则可以在"存储为 Web 和设备所用格式"时更改名称。

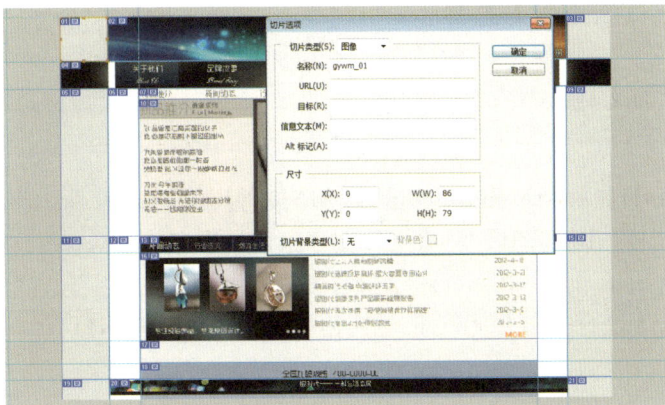

■ 图 5-106

（9）执行菜单"文件"→"存储为 Web 和设备所用格式"命令，如图 5-107 所示，在其工作区中，可以对切好的图片进行优化设置。激活"切片选择"工具，单击"切片 01"，显示其已被红色线框选中，在"预设"面板中选择格式为"JPEG 低"。如果切片颜色少于 256 色，则可以使用 GIF 格式；如果切片颜色变化很多，则只能采用 JPEG 格式。

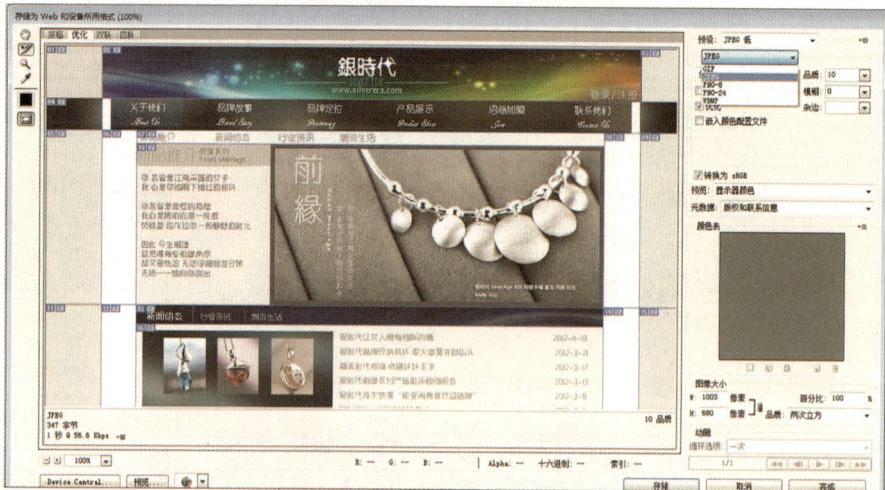

图 5-107

（10）使用"切片选择工具"选中"切片 02"，如图 5-108 所示，将格式设置为"JPEG 高"。在这里，可以根据需要分别设定各图片的优化格式。

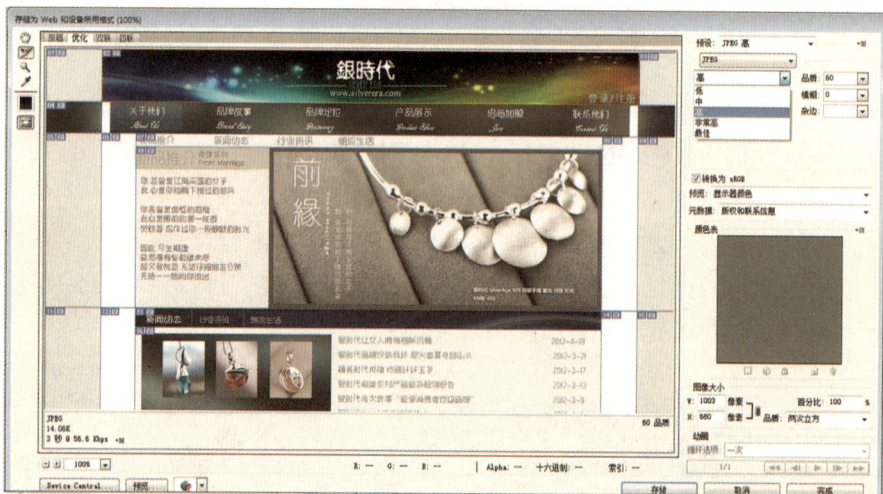

图 5-108

（11）将切片分别设定好预设模式，单击"存储"按钮，如图 5-109 所示将文件命名为 gywm，并选择保存类型为"HTML 和图像"，将文件保存到预先设定的 silverera 文件夹中。

（12）如图 5-110 所示，打开 silverera 文件夹，可以看到该文件夹中有一个文件和一个 images 文件夹。其中，images 文件夹里存储的是制作完成的切片，如图 5-111 所示；文件是网页文件，如图 5-112 所示。

■ 图 5-109

■ 图 5-110

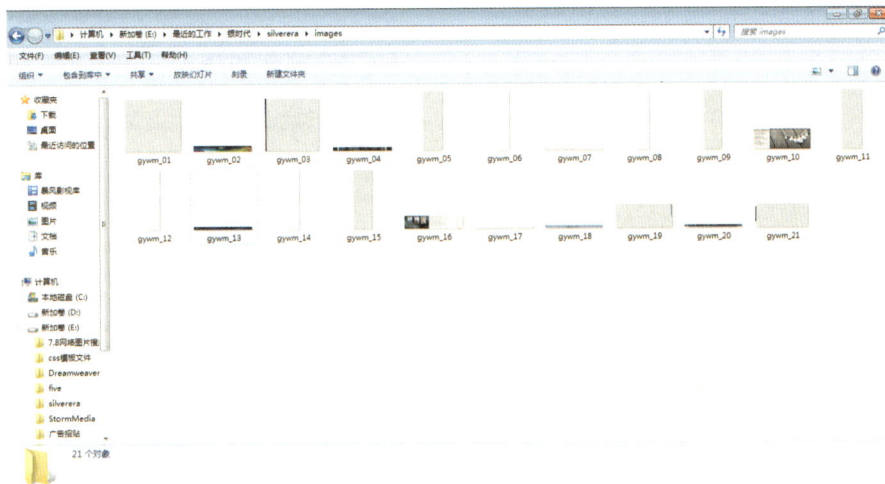

■ 图 5-111

■ 图 5-112

5.1.5 页面制作

首先在根目录下，建立一个站点文件夹，命名为 silverera，复制存储切片的文件夹 images，粘贴到站点文件夹 silverera 下。

（1）打开 Dreamweaver 软件，如图 5-113 所示，在文件面板上单击"管理站点"按钮。在弹出的"管理站点"对话框中单击"新建"按钮。

（2）如图 5-114 所示，在"站点定义"对话框中切换到"基本"选项卡，将站点命名为 silverera，单击"下一步"按钮，保持默认选项设置，将文件存储在 F:\silverera\。这个文件夹是准备好的站点文件夹。保持默认选项设置，如图 5-115 所示，单击"完成"按钮。

（3）在图 5-116 所示的对话框中，单击"完成"按钮，效果如图 5-117 所示，选择创建新项目——HTML，建立一个新文档。

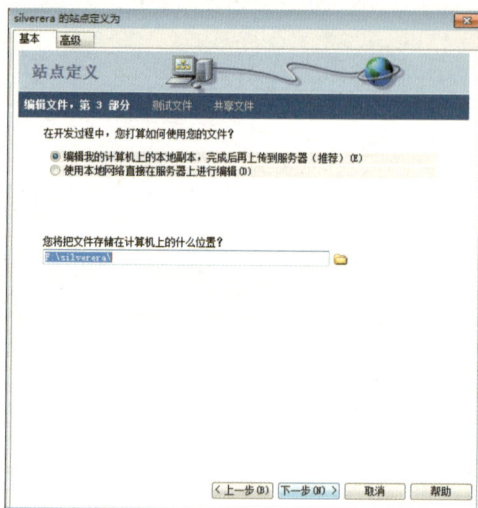

图 5-113　　　　　　　　　　　　　　　　图 5-114

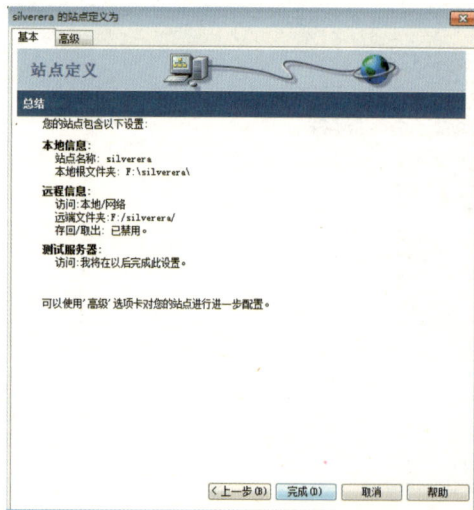

图 5-115　　　　　　　　　　　　　　　　图 5-116

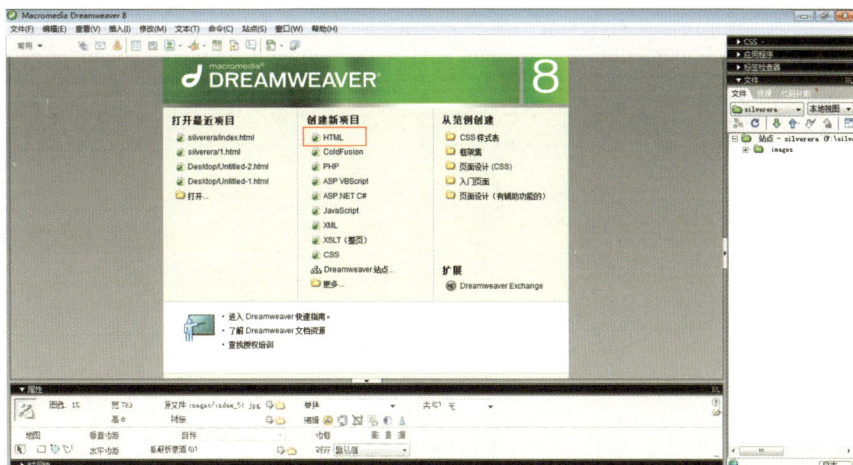

■ 图 5-117

（4）执行菜单"文件"→"保存"命令，效果如图 5-118 所示，在"另存为"对话框中，将文件命名为 gywm 并保存在站点文件夹下。在 Dreamweaver 中，站点下的文件命名时不要用中文字符。

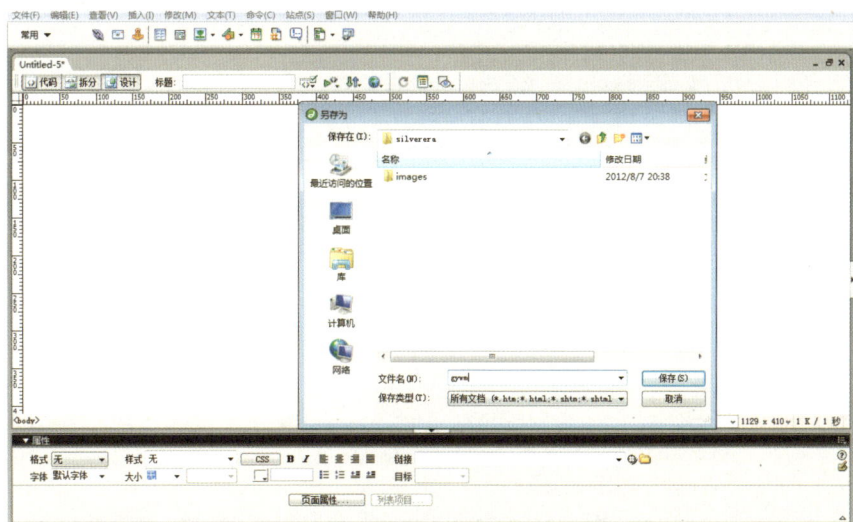

■ 图 5-118

（5）执行菜单"修改"→"页面属性"命令，打开"页面属性"对话框，在"分类"列表框中选中"标题/编码"，将标题设置为"关于我们"，效果如图 5-119 所示。

（6）单击"常用"栏的"表格"快捷按钮，打开"表格"对话框，行数设置为 5，列数设置为 1，表格宽度设置为 1003 像素，边框粗细设置为 0，单元格边距设置为 0，单元格间距设置为 0。选择"无页眉"，单击"确定"按钮，效果如图 5-120 所示。

（7）选中整个表格，在"属性"面板设置表格名称为 table-1，对齐方式设置为"居中对齐"，如图 5-121 所示。

（8）将鼠标的光标点在 table-1 的第一行单元格内，在属性栏的单元格部分单击"拆分单元格为行或列"按钮，在弹出的对话框中，如图 5-122 所示，选择"列"，列数设置为 3，单击

“确定”按钮。

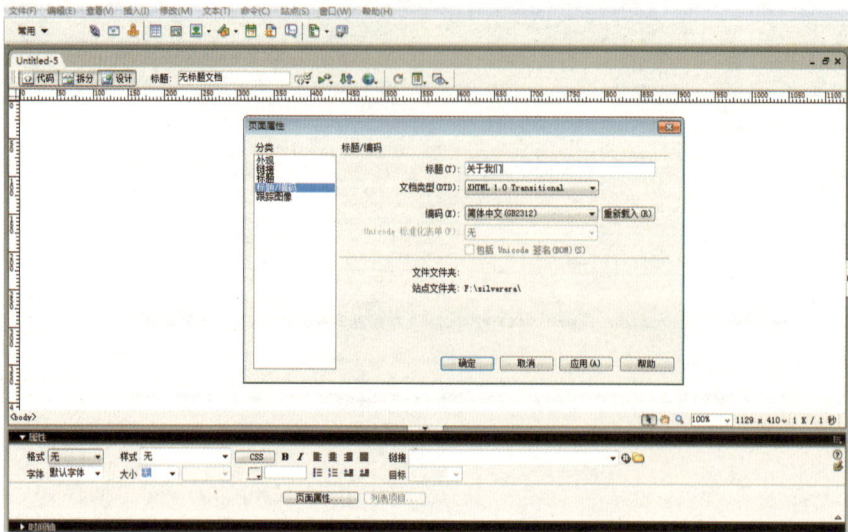

图 5-119

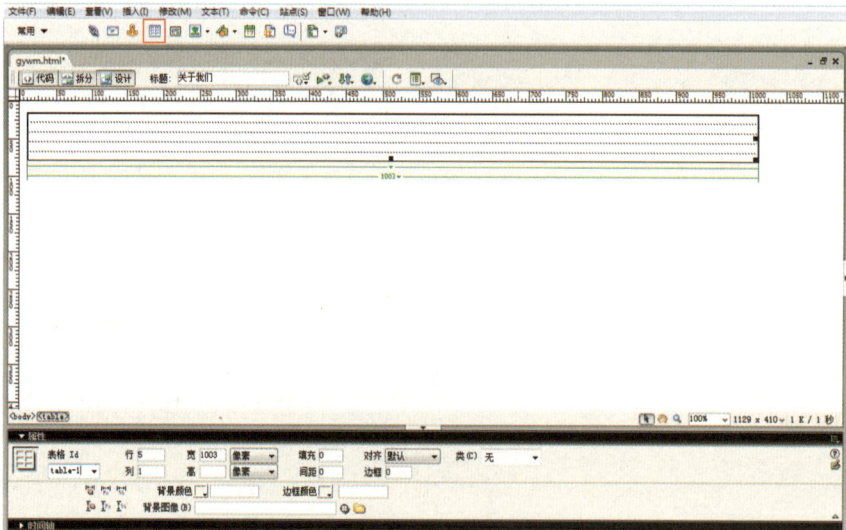

图 5-120

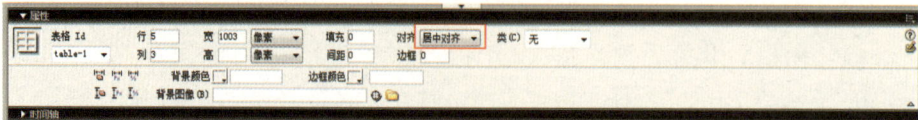

图 5-121

（9）在右侧的文件面板上打开站点文件夹下的 images 文件夹，选中"切片 gywm_1"，拖入 table-1 第一行的第一个单元格，如图 5-123 所示。选中图像，可以看到"属性"面板上显示图像宽是 86 像素，高是 79 像素。在"属性"面板的单元格部分设置宽和高为插入图像的大小。单元格和切片 gywm_1 尺寸吻合，效果如图 5-124 所示。

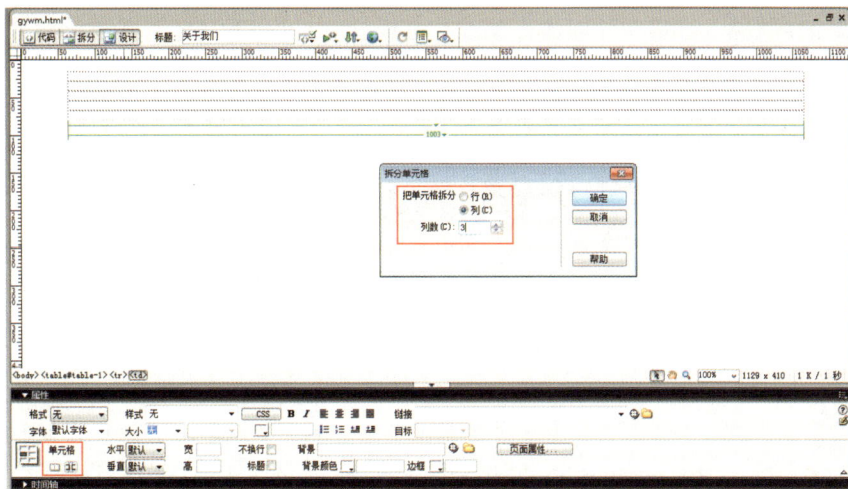

图 5-122

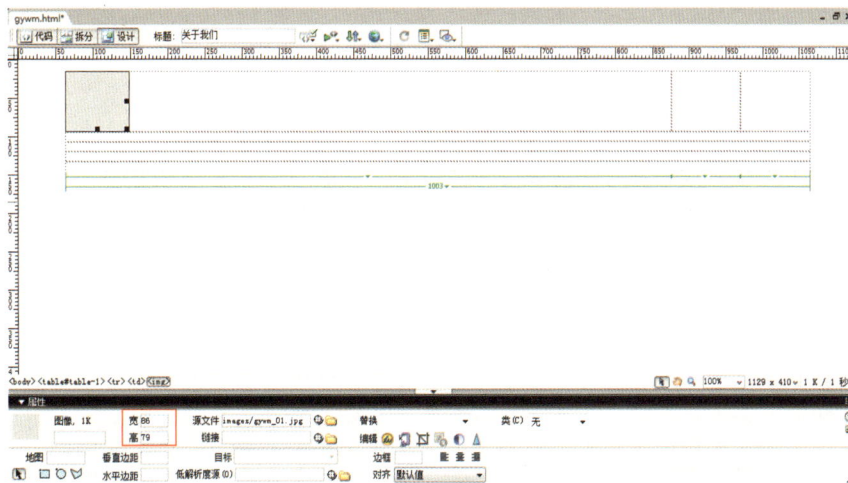

图 5-123

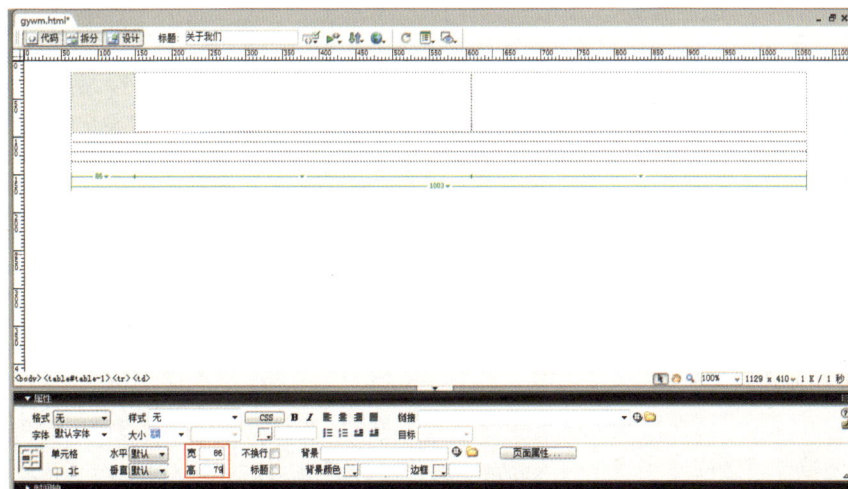

图 5-124

（10）用同样的方法，将文件面板上的图像 gywm_2 拖曳到 table-1 第一行的第二个单元格内，效果如图 5-125 所示。

图 5-125

（11）依此方法，拖曳其他对象，效果如图 5-126 所示。

图 5-126

（12）将鼠标光标移动到表格 table-1 的第三行单元格内，单击"常用快捷表格"按钮，在第三行单元格中嵌入一个表格。在弹出的"表格"对话框中设置行数为 1，列数为 5，表格宽度为 1003 像素，边框粗细、单元格边距和间距都设置为 0，单击"确定"按钮。在"属性"面板上设置表格名称为 table-2，效果如图 5-127 所示。

（13）将"文件"面板上的图像 gywm_5 拖曳到 table-2 的第一个单元格内，并设置单元格的宽和高为插入图像的大小，效果如图 5-128 所示。

（14）依次将"文件"面板上的图像 gywm_6 至 gywm_9 拖曳到 table-2 的单元格内，效果如图 5-129 所示。

（15）将鼠标光标移动到 table-2 第三个单元格内，在"属性"面板上单击"拆分单元格为行或列"按钮，在弹出的"拆分单元格"对话框中选择"行"，设置行数为 2，单击"确定"按钮，将原单元格拆分成上、下两个单元格。以同样方法将"文件"面板上的图像 gywm_10 拖曳到新单元格内，效果如图 5-130 所示。

图 5-127

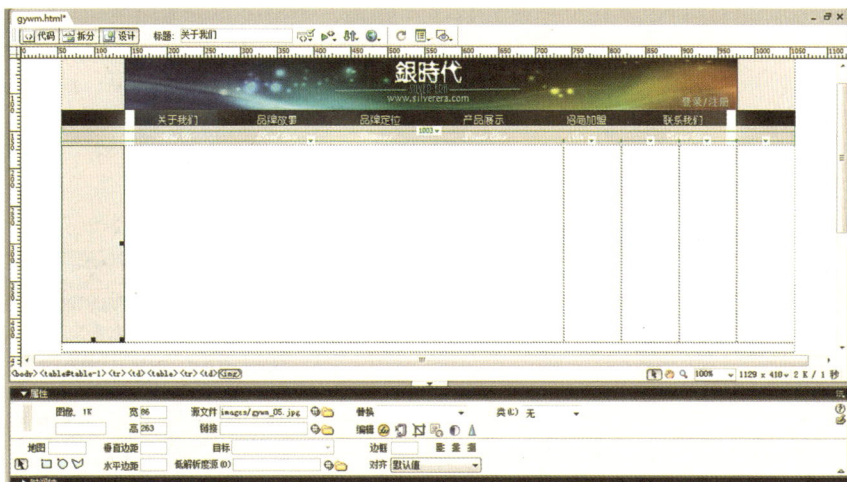

图 5-128

图 5-129

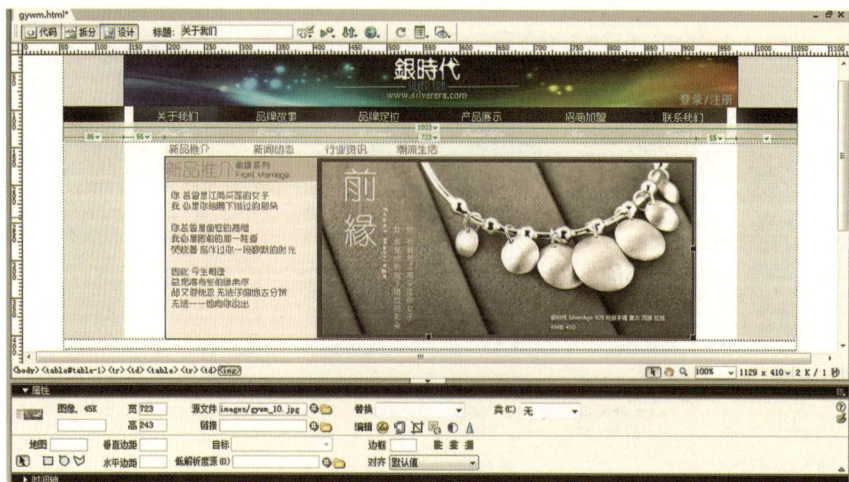

■ 图 5-130

（16）将鼠标光标移动到 table-1 的第四行单元格内，单击常用快捷菜单上的"表格"按钮，在弹出的"表格"对话框中设置表格行数为 1，列数为 5，如图 5-131 所示。单击"确定"按钮，在"属性"面板上设置名称为 table-3，效果如图 5-132 所示。

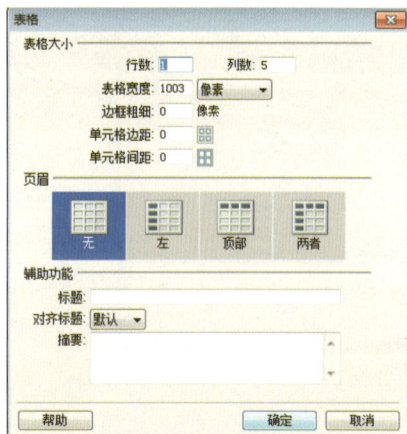

■ 图 5-131

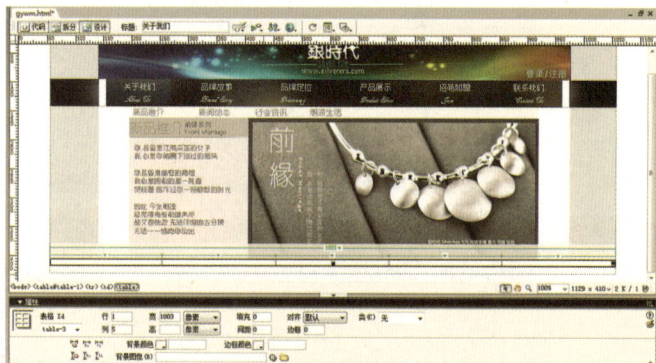

■ 图 5-132

（17）将"文件"面板上的图像 gywm_11 至 gywm_15 拖曳到 table-3 的第一个至第五个单元格内，在"属性"面板上依次观察图像宽和高的数值，将鼠标光标依次移至相应的单元格内，设置单元格数值，效果如图 5-133 所示。

（18）将鼠标光标移至 table-3 的第三个单元格内，单击"属性"面板上的"拆分单元格为行或列"按钮，如图 5-134 所示，在弹出的"拆分单元格"对话框中选择"行"，行数设置为 4，单击"确定"按钮，拆分单元格。

（19）将"文件"面板上的图像 gywm_16 拖曳到拆分的第二个单元格内，在"属性"面板上可以看到图像宽为 723 像素，高为 157 像素。将鼠标光标移至单元格内，在"属性"面板上设置单元格的高度和宽度为图像大小，效果如图 5-135 所示。

（20）用同样方法依次将文件面板上的图像 gywm_17、gywm_18 拖曳到拆分的第三个、第四个单元格内，效果如图 5-136 所示。

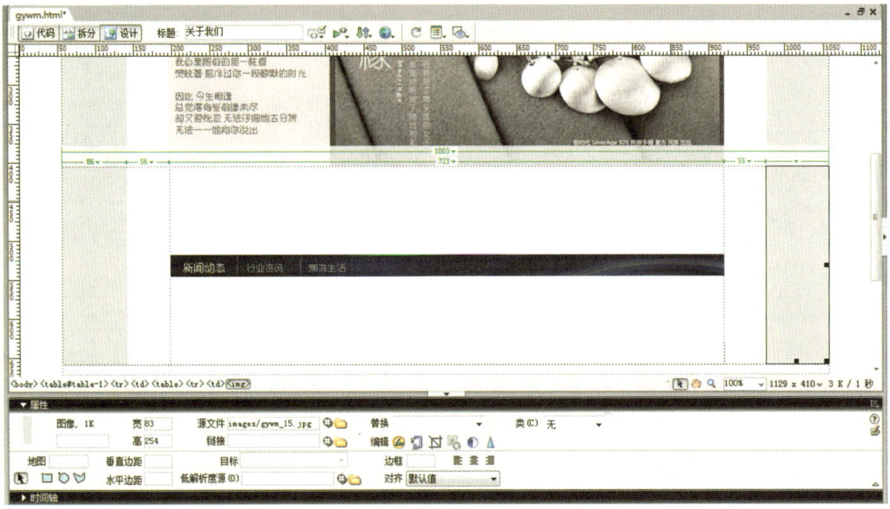

图 5-133

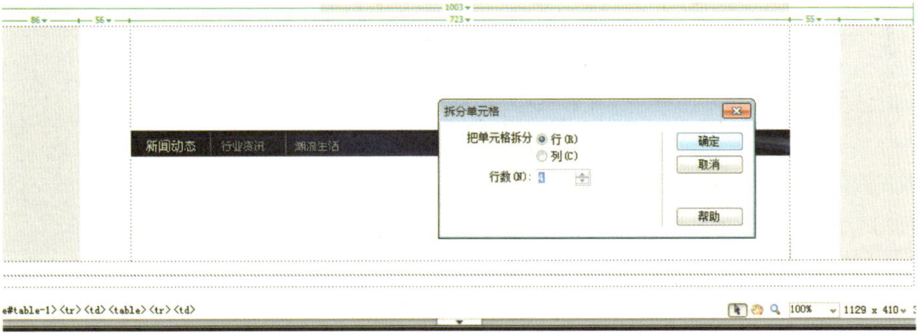

图 5-134

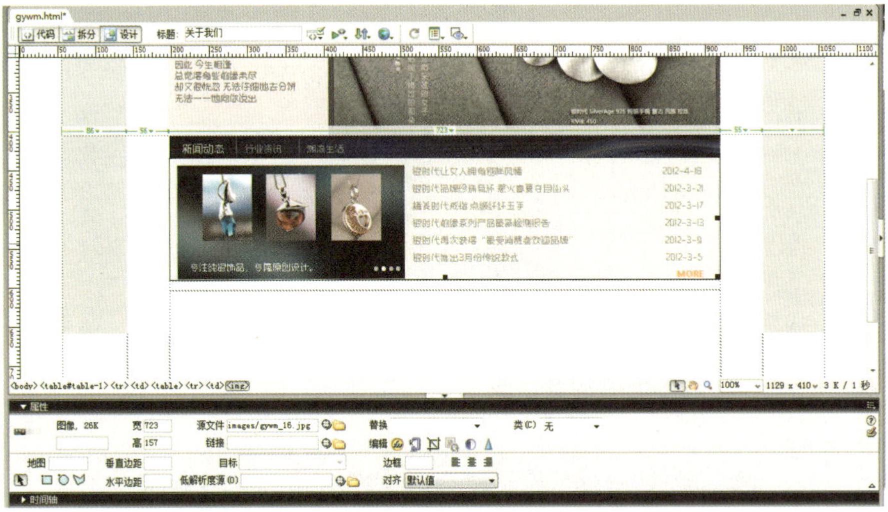

图 5-135

（21）将鼠标光标移至 table-1 最后一行的单元格内，单击"属性"面板上的"拆分单元格为行或列"按钮，在弹出的"拆分单元格"对话框中选择"列"，设置列数为 3，单击"确定"按钮，将最后一行单元格分割成三列，效果如图 5-137 所示。

图 5-136

图 5-137

（22）用同样的方法，依次将"文件"面板上的图像 gywm_19 至 gywm_21 拖曳到拆分的三个单元格内，效果如图 5-138 所示。

图 5-138

（23）单击"预览"按钮，主页效果如图 5-139 所示。

（24）使用同样的方法给"银时代—品牌故事""银时代—产品展示"切片，效果如图 5-140、

图 5-141 所示。将文件保存为 Web 和设备所用格式。

图 5-139

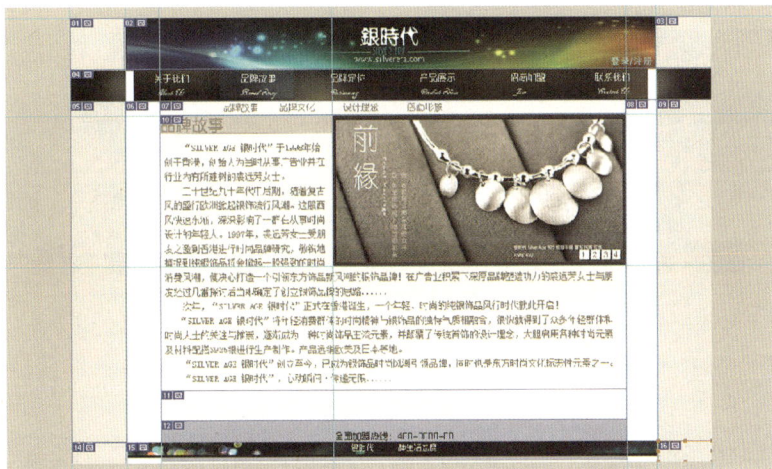

图 5-140

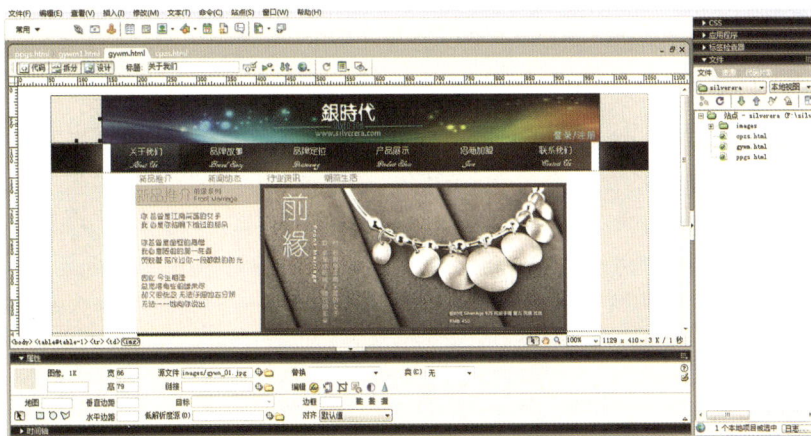

图 5-141

5.1.6　优化和链接

（1）在 Dreamweaver 中打开"银时代"的 gywm 网页，如图 5-142 所示，选中图像 gywm_01，按键盘上的 Delete 键，删除单元格内的图像，效果如图 5-143 所示。

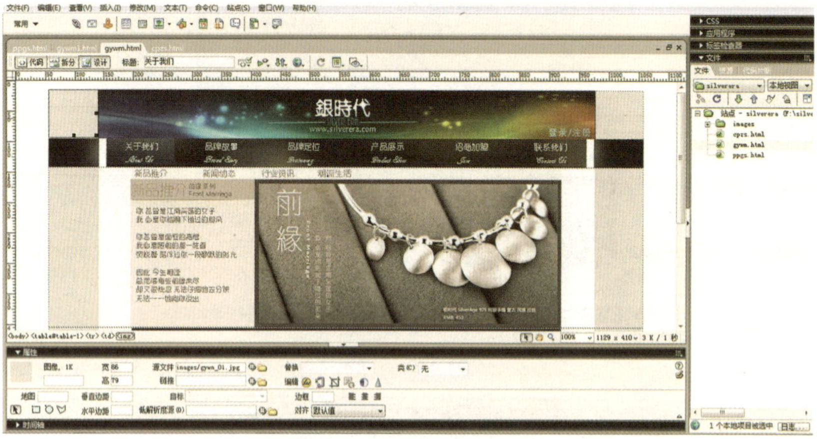

■ 图 5-142

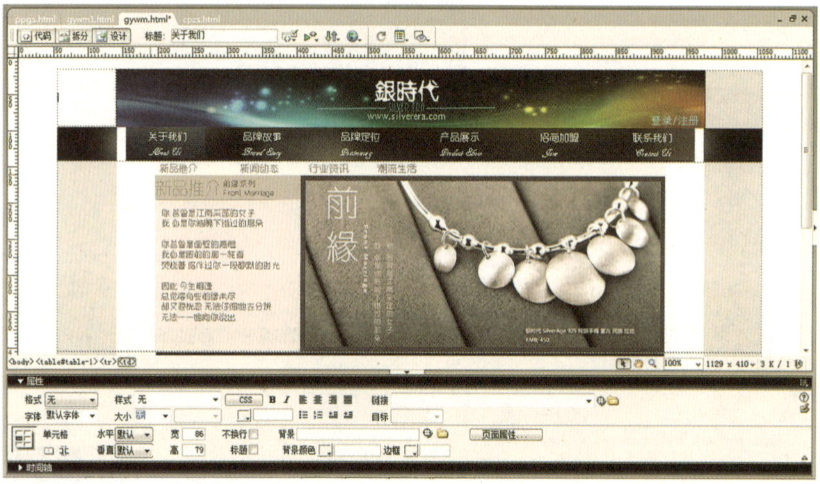

■ 图 5-143

（2）将鼠标光标移至单元格内，如图 5-144 所示，在"属性"面板上选择背景颜色，用"吸管工具"选择图像 gywm_05 的颜色，单元格的背景色改变为原图像颜色。在网页中，单色块的图像都可以用这样的方法来处理，能够使页面更好地优化。

（3）选中图像 gywm_02，按键盘上的 Delete 键，将已准备好的放置在站点文件夹下的 Flash 文件 SE-banner.swf 拖入单元格，如图 5-145 所示，并在"属性"面板上勾选"循环"和"自动播放"，即可在浏览器中预览如图 5-146 所示 Banner 的动画效果。

（4）使用与步骤（1）同样的方法处理图像 gywm_03 等单色图片。页脚部分图像 gywm_18 也可以删除，并直接输入文字。

（5）在"属性"面板上单击"矩形热点工具"按钮，在导航栏的"关于我们"位置上绘制矩形选区，如图 5-147 所示。在"属性"面板上按住指向文件的图标，将其拖曳到"文件"

面板上的网页文件 gywm.html，效果如图 5-148 所示。

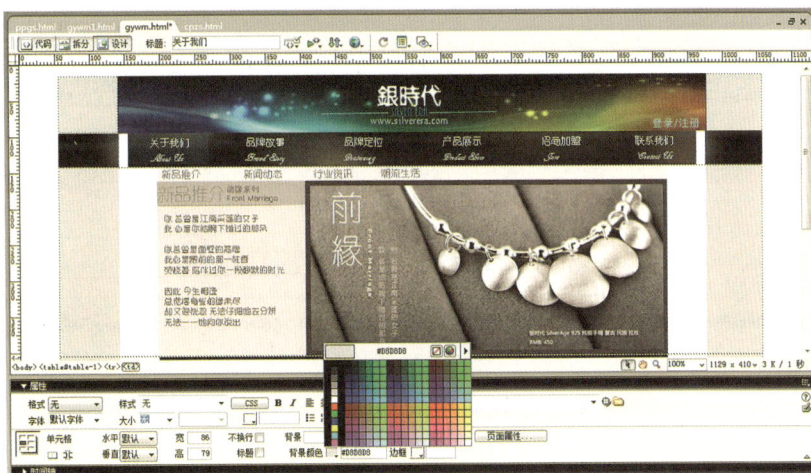

图 5-144

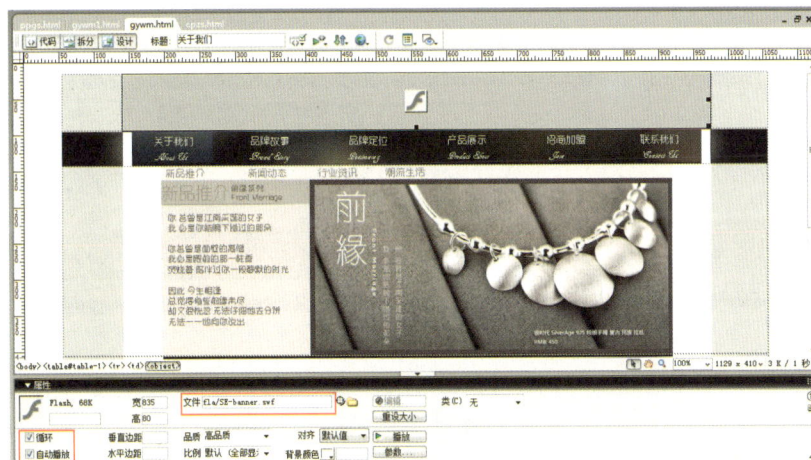

图 5-145

图 5-146

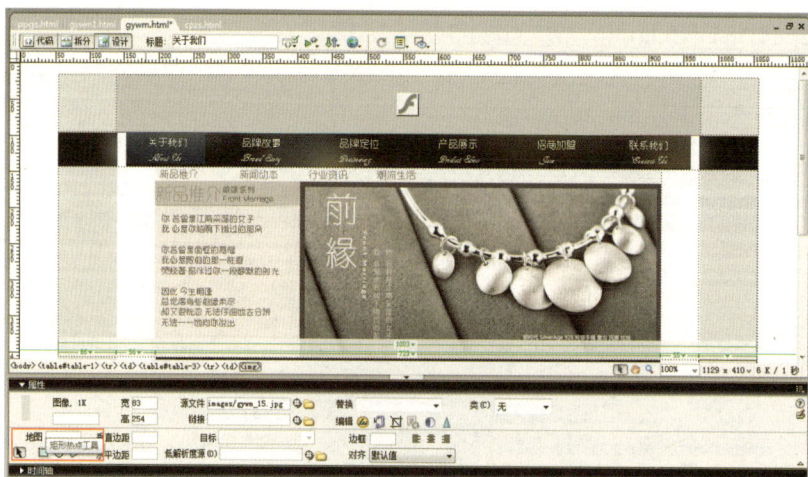

■ 图 5-147

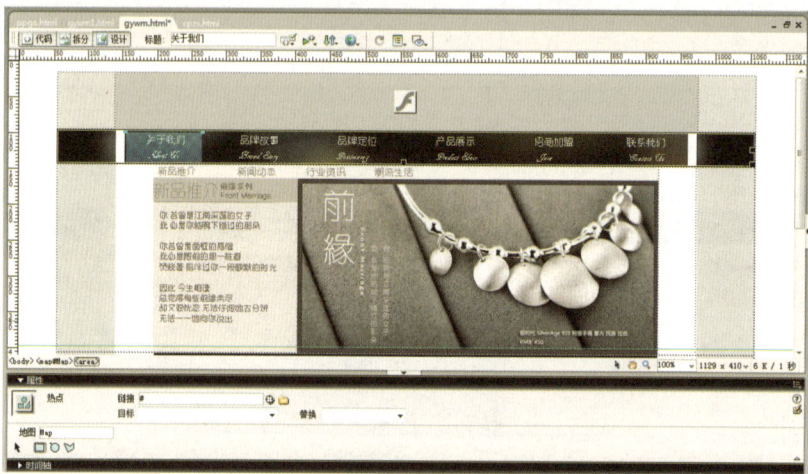

■ 图 5-148

（6）如图 5-149 所示，在"目标"下拉框中选择"_self"。如图 5-150 所示，给"关于我们"添加一个网页链接。

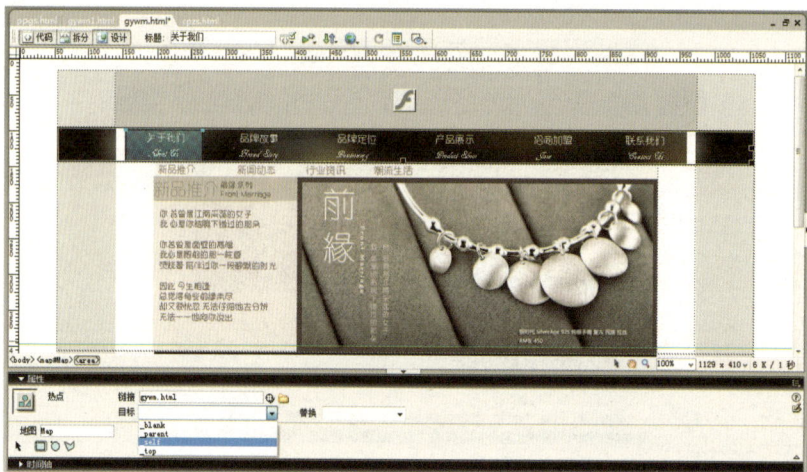

■ 图 5-149

（7）分别打开网页"ppgs.html""cpzs.html"，用同样的方法给网页优化和添加链接，效果如图 5-151、图 5-152 所示。更多的网页效果可以通过 css 样式实现。

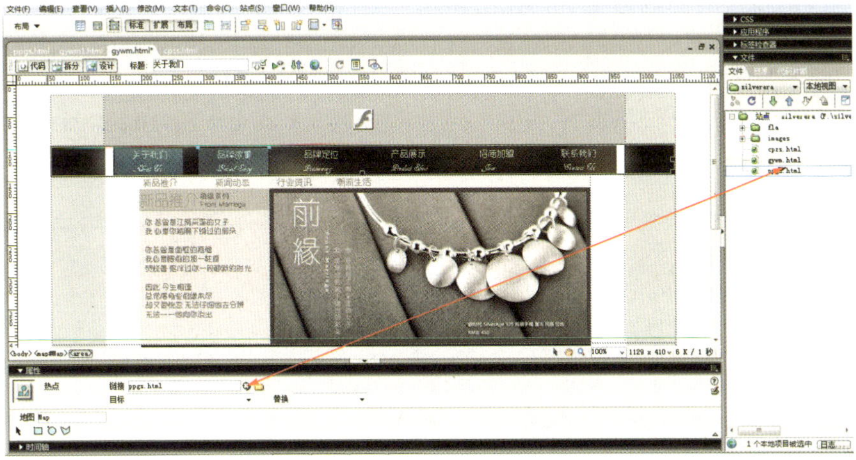

图 5-150

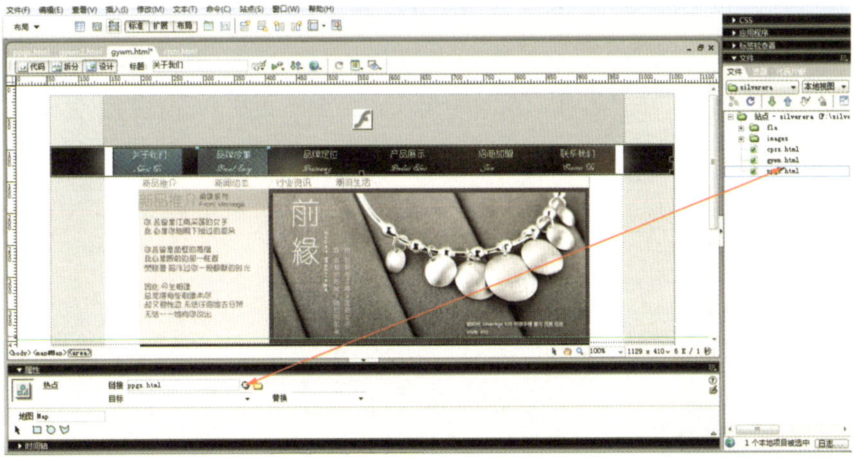

图 5-151

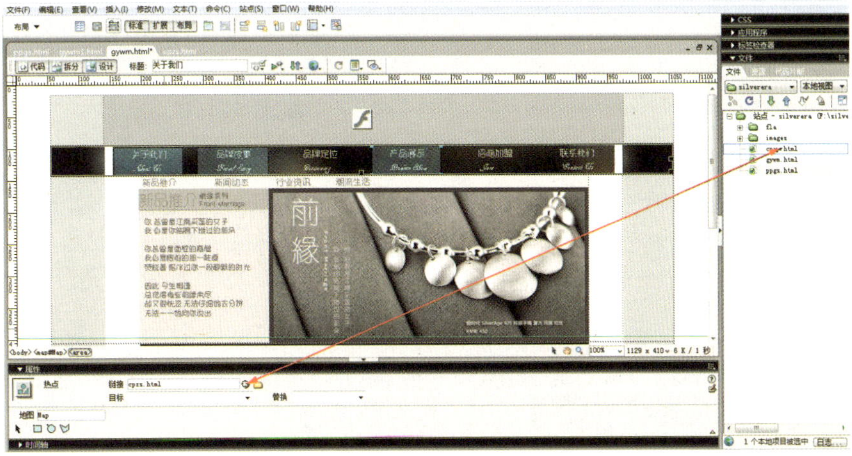

图 5-152

5.1.7 "银时代" Flash 动画制作

（1）打开 Flash 软件，新建文件，在"属性"面板中单击"编辑"按钮，在弹出的"文档设置"对话框中设置文档尺寸为 835 像素×80 像素，如图 5-153 所示。这个尺寸是"银时代"网页上的 Banner 尺寸。商业网站一般会遵循国际上通用的标准尺寸。

（2）执行菜单"文件"→"导入到库"命令，在"导入到库"对话框中选择已准备好的图片文件 1.jpg，如图 5-154 所示，单击"打开"按钮，将图片导入库中。

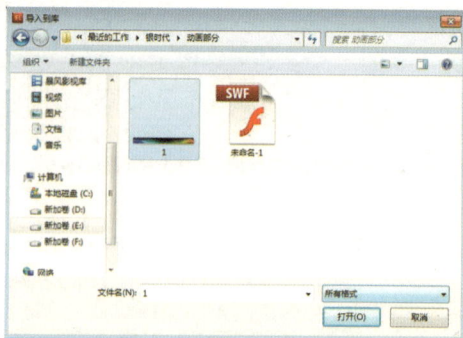

■ 图 5-153　　　　　　　　　　　　　■ 图 5-154

（3）如图 5-155 所示，在"属性"面板中单击"舞台"色块，设置为黑色（#000000）。在时间轴的右下方调整舞台的显示比例，选择符合窗口大小的选项，效果如图 5-156 所示。

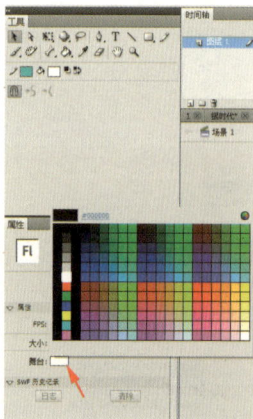
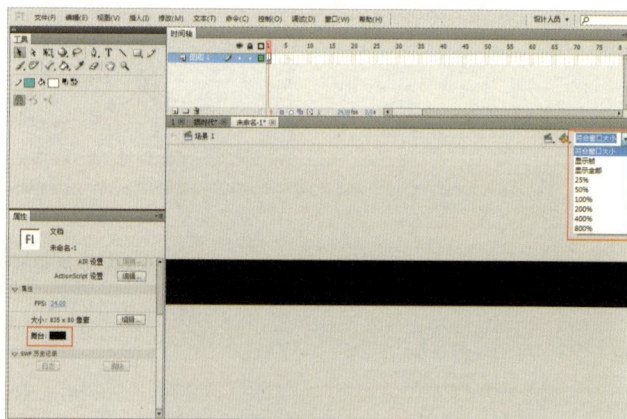

■ 图 5-155　　　　　　　　　　　　　■ 图 5-156

（4）双击"时间轴"面板上的"图层 1"，更改名称为 1.jpg，在"库"面板中选中图片"1.jpg"，将该图片拖曳到舞台上。执行菜单"窗口"→"对齐"命令，将"对齐"面板打开，勾选"与舞台对齐"选项，单击"水平中齐"和"垂直中齐"按钮，将 1.jpg 与舞台对齐，效果如图 5-157 所示。

（5）执行菜单"插入"→"新建元件"命令，在弹出的"创建新元件"对话框中设置名称为 "银时代"，选择类型为"图形"，如图 5-158 所示，单击"确定"按钮。在打开的"银时代"元件工作区中激活工具箱中的"文字工具"，输入文字"银时代"，设置字体系列为"方正细珊瑚繁体"，字体大小为 30 点，颜色为白色（#ffffff），效果如图 5-159 所示。

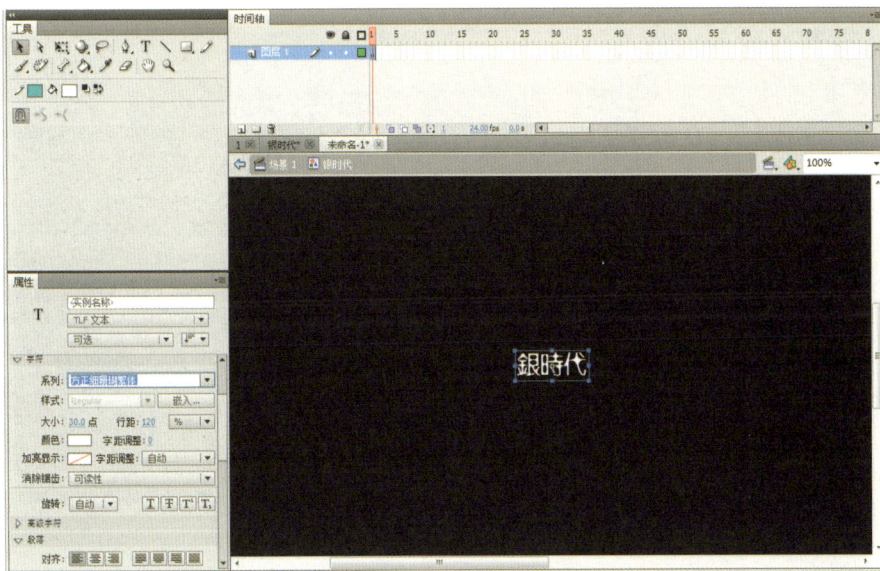

图 5-157

图 5-158

图 5-159

（6）用同样的方法创建新元件，名称设置为"silver era"，选择类型为"图形"。在打开的元件"silver era"工作区中，激活工具箱中的"文字工具"，输入文字"silver era"，设置字体系列为 AR BONNIE，字体大小为 18 点，颜色为#007E89，效果如图 5-160 所示。

■ 图 5-160

（7）新建元件，设置名称为"1 像素线"，选择类型为"图形"，单击"确定"按钮。在打开的元件"1 像素线"工作区中，激活工具箱中的"线条工具"，设置线条颜色为#4CBEC8，笔触为 1 像素，绘制如图 5-161 所示的线条。

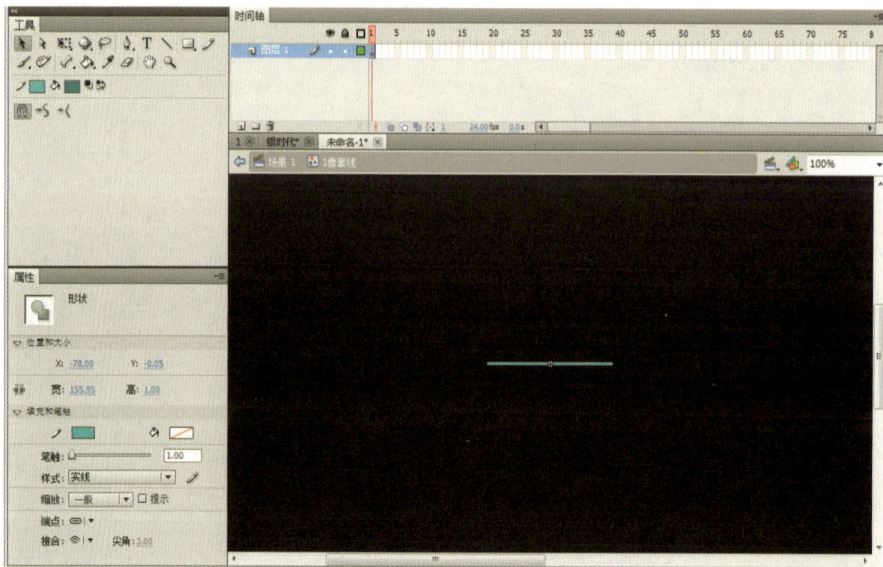

■ 图 5-161

（8）创建新元件，设置名称为"www.silverera.com"，选择类型为"图形"，单击"确定"按钮。在其工作区中，激活工具箱中的"文字工具"，设置字体系列为 Aparajita，字体大小为18 点，颜色为#9CF9FB，输入如图 5-162 所示的文字。

（9）鼠标单击"1.jpg"图层的第一个关键帧，执行菜单"修改"→"转换为元件"命令，在弹出的"转换为元件"对话框上设置名称为 tu1，选择类型为"图形"，将图片转换为元件，效果如图 5-163 所示，单击"确定"按钮。

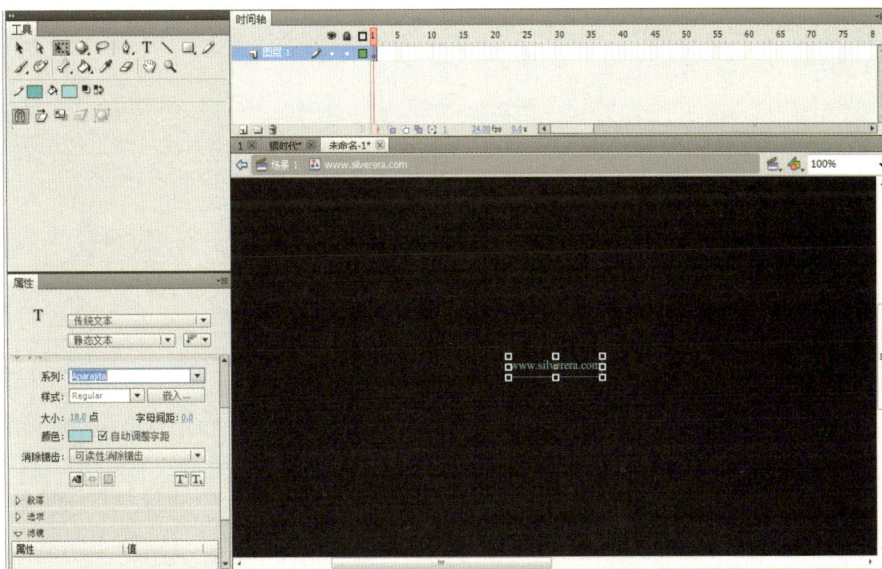

图 5-162

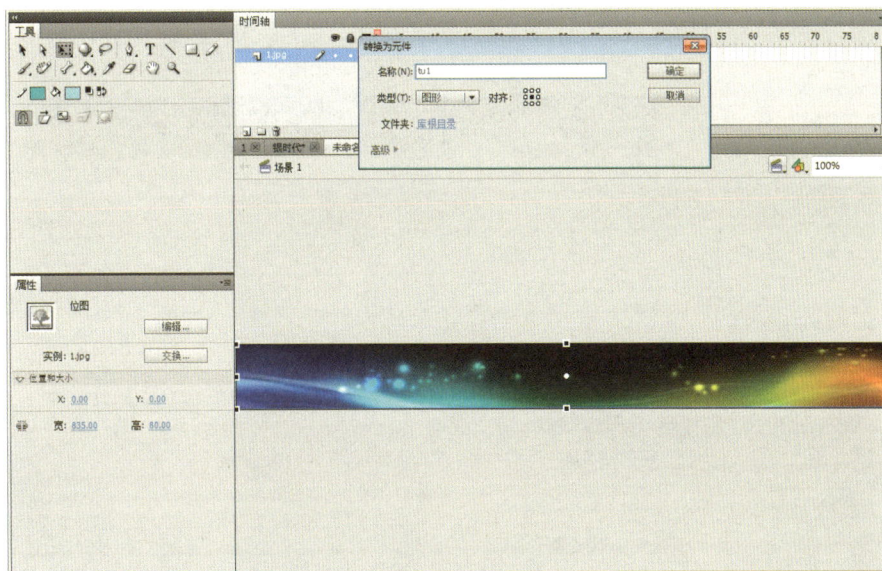

图 5-163

（10）在"1.jpg"图层的第 50 帧位置单击鼠标右键，在其弹出的快捷菜单中选择"插入关键帧"命令。两个关键帧之间呈灰色条，如图 5-164 所示。在灰色条上单击鼠标右键，选择"创建传统补间"。第 1 帧到第 50 帧之间变为蓝色条，效果如图 5-165 所示。

图 5-164

图 5-165

（11）鼠标选择第 1 个关键帧，再单击舞台上的图片，在"属性"面板上选择色彩效果中的"样式"为 Alpha，如图 5-166 所示。设置图片的 Alpha 数量为 0%，将图片调整为透明效果，如图 5-167 所示，如此将给图片一个补间动画，生成渐渐显现的效果。

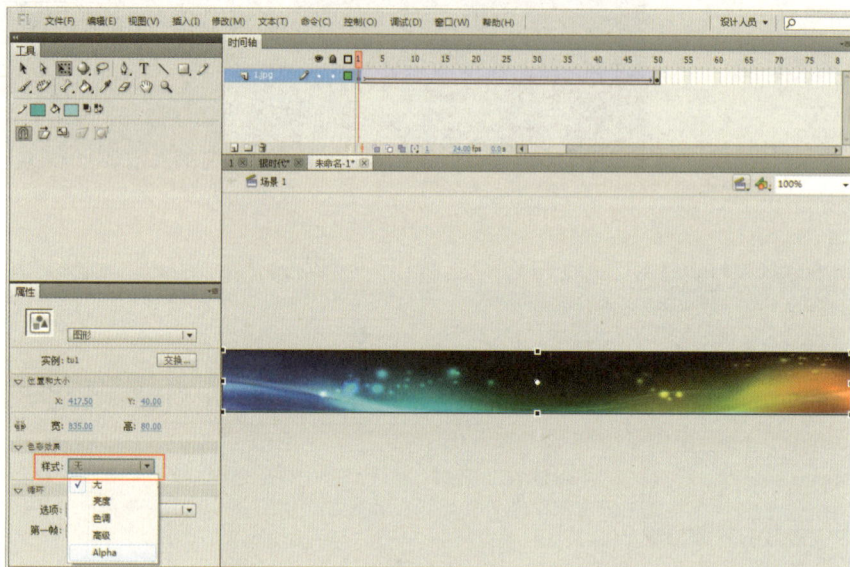

图 5-166

图 5-167

（12）"1.jpg"图层的第 1 个关键帧和第 2 个关键帧的效果应是从透明效果到显示"图像 1"效果，如图 5-168 所示。

■ 图 5-168

（13）在第 180 帧位置单击鼠标右键，在其弹出的快捷菜单中选择"插入帧"命令，如图 5-169 所示。

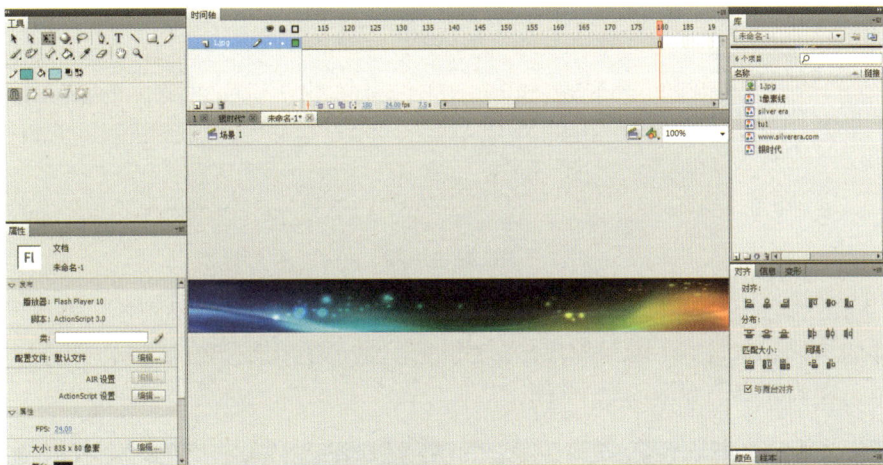

■ 图 5-169

（14）单击"时间轴"面板上的"新建图层"按钮，新建图层，双击图层名称，将其更改为"银时代"，如图 5-170 所示。

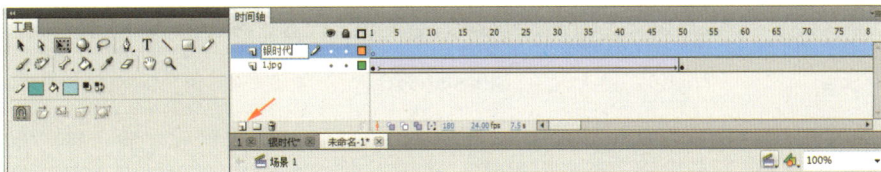

■ 图 5-170

（15）在"银时代"图层的第 20 帧位置上单击鼠标右键，在其弹出的快捷菜单中选择"插入关键帧"命令，将"库"面板中的元件"银时代"拖曳到舞台中。在"对齐"面板上勾选"与舞台对齐"，单击"水平中齐"按钮，使元件"银时代"显示在舞台的中间位置，效果如图 5-171 所示。

（16）继续在"银时代"图层的第 60 帧位置插入关键帧。在"银时代"图层的第 1 个和第 2 个关键帧位置单击鼠标右键，选择"创建传统补间"，则第 1 个关键帧和第 2 个关键帧之间位置变为蓝色条，如图 5-172 所示。

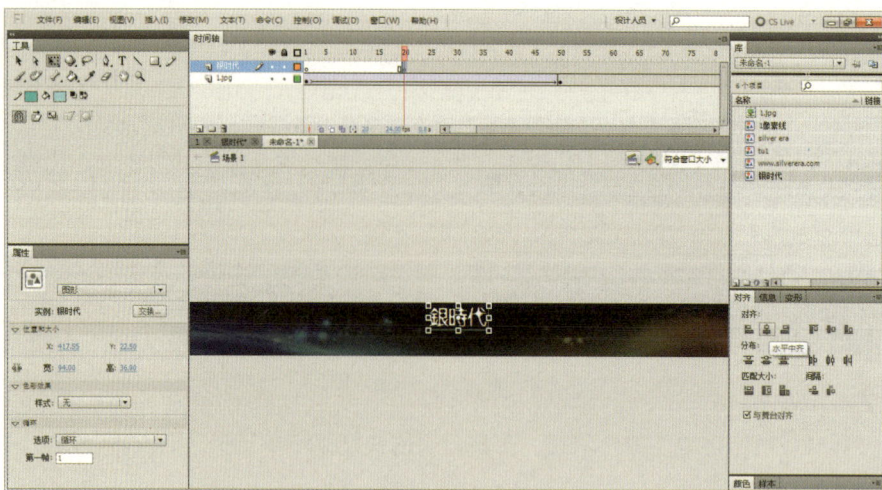

■ 图 5-171

■ 图 5-172

（17）选择"银时代"图层第 1 个关键帧，单击舞台上的元件"银时代"，在"属性"面板上调整元件的 Alpha 数量为 0%，将第 1 个关键帧上的元件图形设置为透明。设置元件"银时代"为逐渐显现的效果，如图 5-173 所示。

■ 图 5-173

（18）新建图层，命名为"silver era"，在第 40 帧位置插入关键帧，将"库"面板中的元件"silver era"拖曳到舞台中的合适位置上，单击"对齐"面板上的"水平中齐"按钮，效果如图 5-174 所示。

（19）在第 80 帧位置插入关键帧，在两个关键帧之间创建传统补间。用同样的方法设置第 1 个关键帧上的元件"silver era"的不透明度为 0%，设置元件 silver era 为逐渐显现的效果，如图 5-175 所示。

（20）新建图层，设置名称为 line，在第 40 帧位置插入关键帧，如图 5-176 所示，将元件"1 像素线"拖曳到舞台，放在元件"silver era"左边合适的位置上。

（21）选中舞台中的"1 像素线"，单击鼠标右键，在其弹出的快捷菜单中选择"分离"，将元件分离成点状选中的图形，效果如图 5-177 所示。

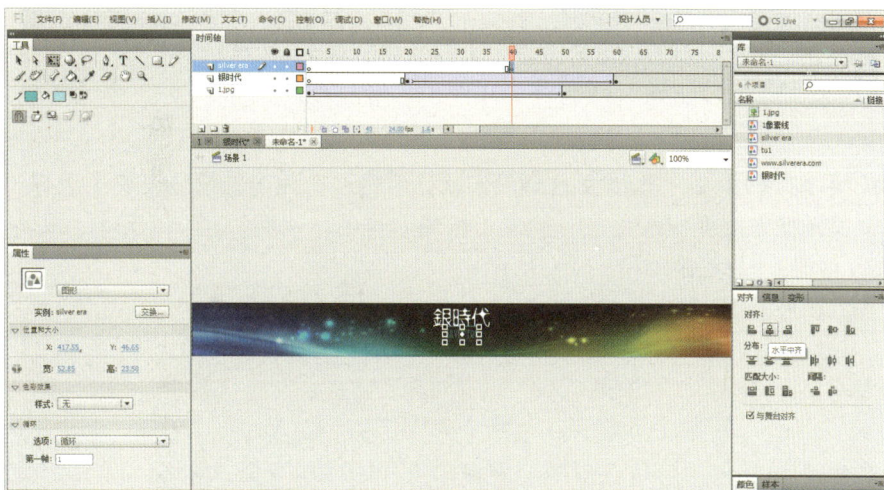

图 5-174

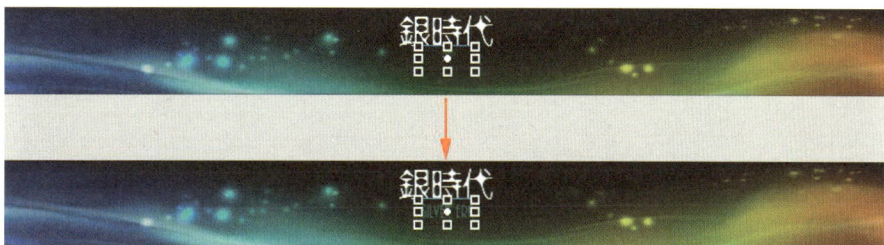

图 5-175

图 5-176

图 5-177

（22）在第 80 帧的位置插入一个关键帧。选中 line 图层的第 1 个关键帧，激活工具箱中的"任意变形工具"，缩短水平线，效果如图 5-178 所示。

■ 图 5-178

（23）在第 1 个和第 2 个关键帧之间单击鼠标右键，在弹出的快捷菜单中选择"创建补间形状"，两个关键帧之间变成绿色条。如此可给舞台上的水平线添加一个形状由短渐长的形状渐变的效果。此时，时间轴如图 5-179 所示。

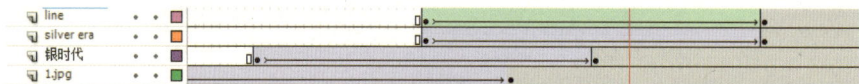

■ 图 5-179

（24）新建图层 line2，用与 line 图层同样的方法制作舞台上"silver era"右侧的水平线，并添加动画效果。在制作过程中可以执行菜单栏上的"视图"→"标尺"和"视图"→"辅助线"→"显示辅助线"命令，拖曳出辅助线，以帮助舞台上的水平线的定位。line2 图层上的第 1 个和第 2 个关键帧效果如图 5-180、图 5-181 所示。

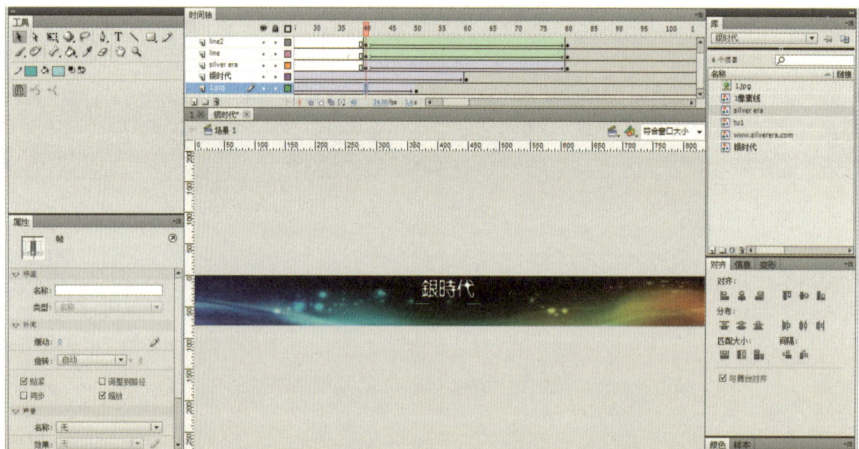

■ 图 5-180

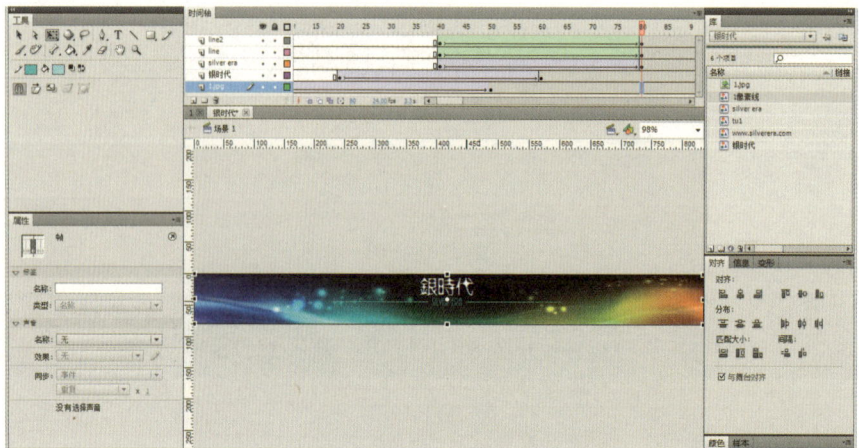

■ 图 5-181

（25）新建图层，命名为"www.silverera.com"，在第 70 帧位置插入关键帧。将"库"面板中的元件"www.silverera.com"拖曳到舞台中，并放在如图 5-182 所示位置上。在"对齐"面板中勾选"与舞台对齐"，并单击"水平中齐"按钮。

图 5-182

（26）继续在第 100 帧位置插入一个关键帧，如图 5-183 所示，在第 1 个和第 2 个关键帧之间创建传统补间。

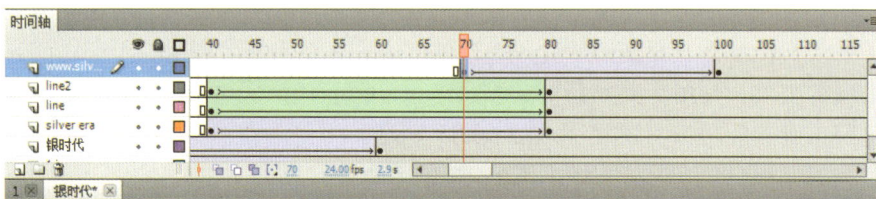

图 5-183

（27）选中"www.silverera.com"图层的第 1 个关键帧，再单击元件"www.silverera.com"，在"属性"面板上设置 Alpha，将元件 www.silverera.com 的 Alpha 数量设置为 0%。"www.silverera.com"图层的第 1 个和第 2 个关键帧，效果如图 5-184 所示。

图 5-184

（28）按住 Ctrl+Enter 键，可以测试影片。测试没有问题之后，执行菜单"文件"→"导出"→"导出影片"命令，在"导出影片"面板上，将文件命名为 SE-banner 并保存在站点文件夹下的"fla"文件夹中即可。

5.2 "小5班"网页设计

本节按照网站建设的要求完成"小5班"网站的建立，使读者可以通过对该网站建设前期、中期及后期各阶段工作的实践，将已经掌握的知识真正地运用到网页设计中去。

1. 前期策划书

"小5班"网站是为艺术设计专业的班集体设计的。"小5班"网站存在的目的是伴随这个班集体一起成长、成熟，一起走向社会，从容面对工作，熟练解决各种专业问题。

"小5班"的班集体具有典型大学生群体的个性特征。他们重视自我、勇于展现自己，迫切希望个人和社会并重，追求个人能力和社会大环境的共同进步，存在自我实现的强烈愿望。

"小5班"的成员在大三、大四阶段，虽然并没有真正踏入社会，但已经对自己的能力和发展方向有了初步的认识。"小5班"的成员都在透过自己的专业来接触社会，来思索他们的定位和未来。

"小5班"是一个积极向上的班集体，每个成员都有自我成才的迫切需要。他们希望了解自己、把握自己和发展自己，具有程度不一的"自我角色认同"心理。他们在大学阶段一直思索的中心问题就是如何使自己成才，将来能否在社会上找到自己的一块立足之地。他们已经能够进行较稳定的独立思考，并对自己未来的社会角色进行设想。网站的设想和制作就是在这样一个状态下完成的。

"小5班"网站建立的初衷就是为班集体创造一个展现自我价值、开展相互交流的平台。强烈的求学愿望，以及将要面临的就业压力，使"小5班"的成员们需要一个能够满足他们需求、加强沟通的工具。网络无疑是最好的平台之一，因此，为了更好地应用网络，"小5班"的成员们运用自身专业所长，建立了"小5班"网站。

鉴于以上对"小5班"网站的认识，初步拟定需要做好以下工作。

网站开发需要实现哪些功能；网站开发使用什么软件，在什么样的硬件环境中运行；网站开发需要多少人，多少时间；网站开发需要遵循的规则和标准有哪些。同时，网站开发需要写一份总体规划说明书，该说明书的内容包括：①网站的栏目和版块；②网站的功能和相应的程序；③网站的链接结构；④如果有数据库，则需进行数据库的概念设计；⑤网站的交互性和用户友好性设计。

2. 网站建设目标及功能定位

1）建设网站的目标

针对"小5班"网站的情况，将现阶段需求与未来需求相结合，将"小5班"网站建设成为最适合班集体展示和交流的平台。

2）功能定位

① 班级成员展示自我价值的平台。

② 班级集体相互交流沟通的平台。

3. 网站整体风格

"小5班"网站面对的是艺术设计群体，应该体现艺术设计类大学生的个性、朝气、青春、时尚、张扬的一面。结合该网站的用途，定位"小5班"网站的整体布局可不必拘泥于传统网站的布局形式。网站整体色彩应该丰富多变，色调冷暖搭配应该合理，公共性的内容应该多使用冷色，而私密性的内容应该多使用暖色。

4. 网站的结构和内容

根据网站的功能定位及整体风格，网站结构按照内容涵盖范围的大小划分为首页、团队成员、作品展示、设计沙龙、案例随笔、在线留言几个部分，其树形结构如图 5-185 所示。

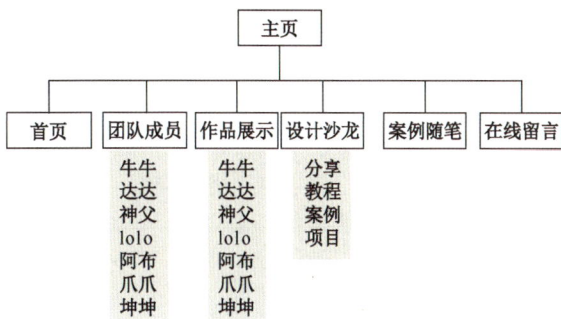

■ 图 5-185

1）颜色设定

色彩是艺术表现的要素之一。在网页设计中，根据和谐、均衡和重点突出的原则，将不同的色彩进行组合、搭配来构成美丽的页面。根据色彩对人们心理的影响，合理地加以运用。"小5班"网站主页采用黑色和橙色的搭配为主色调，灰色、蓝色和玫瑰红为配色。黑色和橙色对比性强，使画面跳跃，突出了年轻、热爱生命的主调。

2）布局设定

作为一种视觉语言，网页设计特别讲究编排和布局。"小5班"网站的主页采用了T字型和三字型构图的结合，在表现年轻人遵循集体的规章制度的同时也富有自己的个性。两种风格的草图设计方案如图 5-186 和图 5-187 所示。

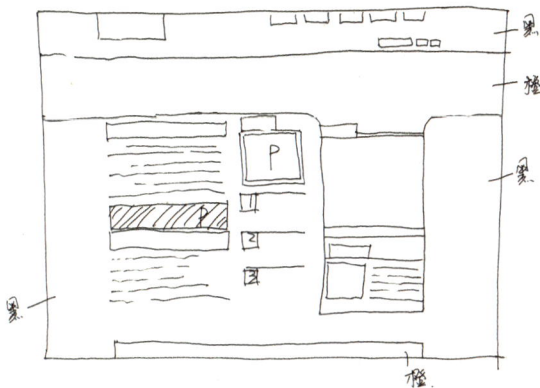

■ 图 5-186

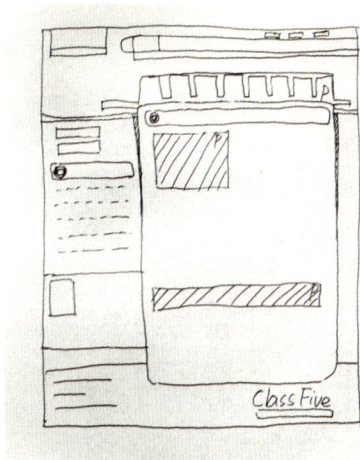

■ 图 5-187

尽管叠压排列能够产生强节奏的空间层次，且视觉效果强烈，但根据现有浏览器的特点，网页设计适合比较规范、简明的布局。网页上常见的是页面上、下、左、右、中位置所产生的空间关系，以及疏密的位置关系所产生的空间层次，这两种位置关系产生的空间层次富有弹性，同时也使人产生轻松或紧迫的心理感受。

网站运用对比与调和，对称与平衡，节奏与韵律，以及留白等方法，通过空间、文字、图形等元素之间的相互关系建立整体的均衡状态，产生和谐的美感。在网页设计过程中，均衡有时会使页面显得呆板，但如果加入一些富有动感的文字、图案，或者采用夸张的手法来表现内容，则往往会达到比较好的效果。

点、线、面作为视觉语言中的基本元素，在"小5班"网页中互相穿插、互相衬托、互相补充，构成最佳的网页效果，充分表达年轻、有活力的设计意境。网页元素多采用直线和直角，意在呈现干净利落的对比感。

3）栏目规划

栏目规划及每个栏目的表现形式和功能是网页设计的核心。一个好的网页是弱化的，它突出的是功能，着重体现的是网站能够给浏览者提供方便快捷的应用。这就涉及浏览顺序、功能分区等方面。在"小5班"网站的主页中，导航和子导航布置简洁明了，尊重大众的浏览习惯。

4）文字设定

导航文本和标题文本的字体都采用"方正细倩简体"，简单时尚。正文部分的字体采用"幼圆"，与"方正细倩简体"在风格上类似。

5.2.1　软件布局

本案例的网页主页面布局采用三字型和T字型的结合，突出展现的是年轻人简洁明朗且充满激情的一面。

（1）根据网站的内容和定位，启动Photoshop软件，新建文件，设置页面尺寸为1152像素×864像素。激活工具箱中的"矩形选框工具"，绘制一个黑色矩形。按住鼠标左键从标尺中拖曳辅助线，根据草图分割页面，呈现初步布局。本案例在布局过程中对色彩各方面没有要求，只是利用色块作为不同功能的区分，效果如图5-188所示。

（2）激活工具箱中的"矩形选框工具"，如图5-189所示，在页面上绘制T型区域，用T型区域分割页面，留出Banner区域。

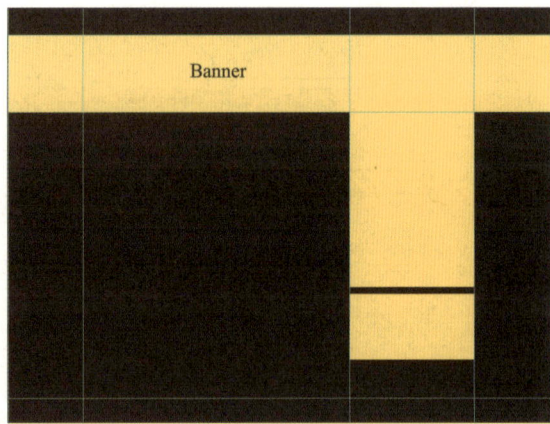

■ 图5-188　　　　　　　　　　■ 图5-189

（3）激活工具箱中的"矩形选框工具"，如图5-190所示，在页头部分用辅助线确定Logo和导航栏的位置，并用色块区域表示。

（4）激活工具箱中的"矩形选框工具"，在页面底部添加页脚部分，放置版权信息等辅助信息，如图5-191所示。

（5）用辅助线划分页中部分，用色块区分各个模块栏目，并注明区域，效果如图5-192所示。

（6）细化并标注图片区域。最终规划效果如图5-193所示。

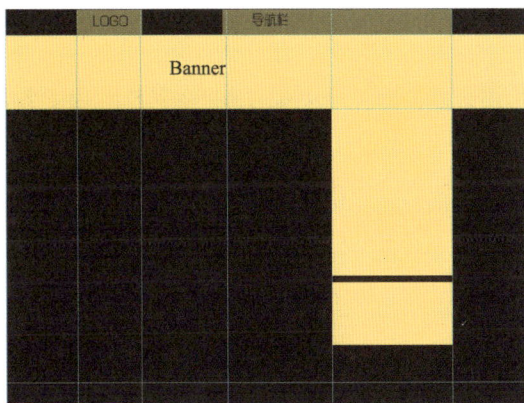

图 5-190

图 5-191

图 5-193

图 5-192

5.2.2　制作首页

1. 背景部分和 Banner 制作

（1）新建文件，建立一个尺寸为 1152 像素×864 像素的文件，其他参数设置如图 5-194 所示。

（2）根据设计草图从标尺中拖曳出辅助线，效果如图 5-195 所示。

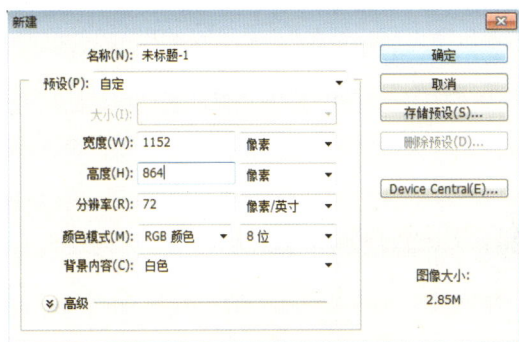

图 5-194

图 5-195

（3）激活工具箱中的"矩形选框工具"，在新建图层上绘制和页面等大的矩形，并设置填充颜色为#ffdb4e，效果如图 5-196 所示。

（4）激活工具箱中的"矩形选框工具"，在新建图层上绘制矩形，并设置填充颜色为黑色 #000000，效果如图 5-197 所示。

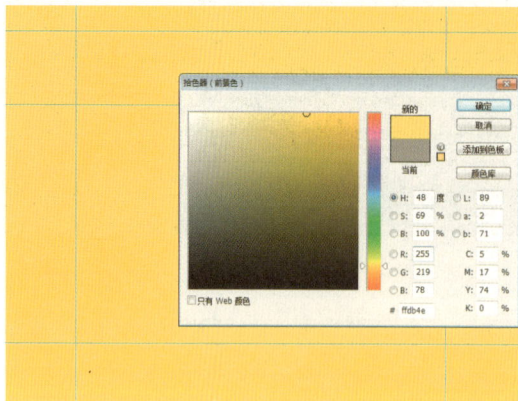

■ 图 5-196

■ 图 5-197

（5）根据设计需求继续增加辅助线。前景色设置为黑色，激活工具箱中的"矩形工具"和"圆角矩形工具"（半径设置为 20 像素），在其属性栏中单击"填充像素"按钮，在新建图层上绘制如图 5-198 所示的"T"字效果。

（6）打开素材（s-10、s-11）并复制至文件中，调整大小及位置，效果如图 5-199 所示。

■ 图 5-198

■ 图 5-199

（7）激活工具箱中的"画笔工具"，选择画笔为"柔角 100 像素"笔形，设置流量为 9%，前景色设置为白色#ffffff，在新建图层上绘制笔触，对于超出的部分，可以通过使用"选框工具"删除多余笔触颜色，效果如图 5-200 所示。

■ 图 5-200

（8）激活工具箱中的"多边形套索工具"，在新建图层上绘制一个颜色为#fc9b0e 的图形，效果如图 5-201 所示。

（9）在"图层"面板上选中"橙色"图层，将不透明度调整到 14%，复制图层五次，调整各图层位置，微调宽度和不透明度，效果如图 5-202 所示。至此，Banner 部分制作完成。

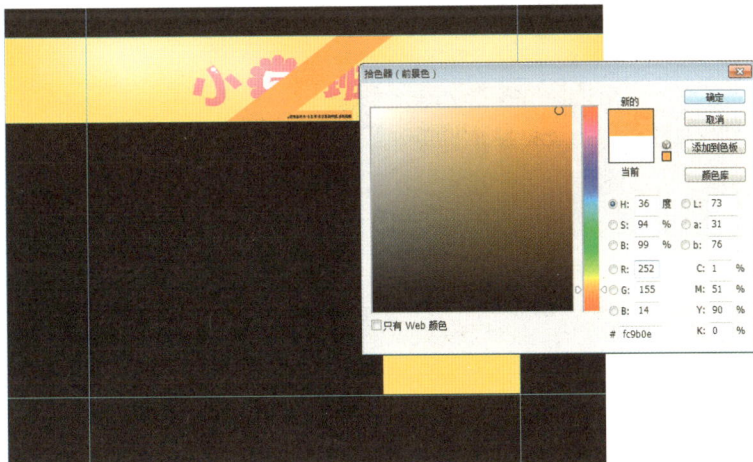

图 5-201

图 5-202

2. 导航条制作

（1）激活工具箱中的"文字工具"，设置字体为"方正细倩简体"，字号为 16 点，颜色为 #ffffff，输入导航文本，效果如图 5-203 所示。

（2）在导航文本图层的下方新建图层，激活工具箱中的"矩形选框工具"，绘制矩形并设置填充颜色为#fc9b01，效果如图 5-204 所示。

（3）在橙色矩形和导航文本之间新建图层，激活工具箱中的"矩形选框工具"，绘制矩形选区并设置填充颜色为白色（#ffffff）。在"图层"面板上调整不透明度为 40%，效果如图 5-205 所示。

■ 图 5-203

■ 图 5-204

■ 图 5-205

（4）激活工具箱中的"直线工具"，在其属性栏中单击"填充像素"按钮，粗细设置为 1 像素，前景色设置为#ffd05c。新建图层，按住 Shift 键，在导航文本的上方绘制一条水平线，效果如图 5-206 所示。

（5）激活工具箱中的"橡皮工具"，模式选择"画笔"模式，设置画笔为"柔角 200 像素"笔形，设置流量为 43%，在水平线的两头分别单击两次，将水平线两头虚化，效果如图 5-207 所示。

（6）激活工具箱中的"文字工具"，设置字体为"方正细倩简体"，字号为 12 号，颜色为#fdb957，在导航文本下方输入如图 5-208 所示文本。

（7）激活工具箱中的"矩形选框工具"，在新建图层中绘制矩形，设置填充颜色为#fff1b8，效果如图 5-209 所示。

■ 图 5-206

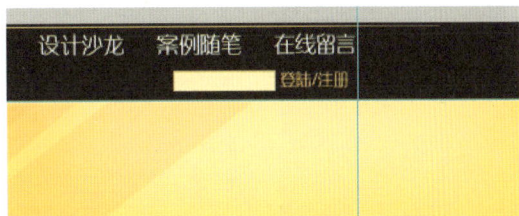

■ 图 5-207

■ 图 5-209

（8）双击矩形图层，打开"图层样式"面板，如图 5-210 所示，勾选"内阴影"选项，在"内阴影"面板上设置混合模式为"正常"，不透明度为 75%，角度为 146 度，距离为 2 像素，阻塞为 0%，大小为 2 像素，颜色为#7e6b20，单击"确定"按钮，效果如图 5-211 所示。

■ 图 5-210

■ 图 5-211

3. 页中部分制作

（1）根据设计草图，利用辅助线将页中部分竖分为三个部分。

（2）激活工具箱中的"矩形选框工具"，在新建图层上绘制矩形，并设置填充颜色为#919191，效果如图 5-212 所示。

（3）双击矩形图层，打开"图层样式"面板，勾选"描边"选项，设置大小为 1 像素，位置设置为"外部"，不透明度设置为 100%，颜色设置为#a3a3a3，单击"确定"按钮，复制该矩形图层，按住 Shift 键，垂直移动到如图 5-213 所示位置。

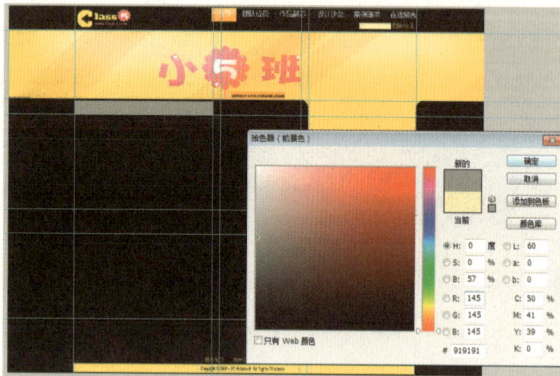
■ 图 5-212

■ 图 5-213

（4）激活工具箱中的"文字工具"，设置字体为"方正细倩简体"，字号为 24，颜色为#fc4465，输入文本"作品展示"。设置字体为"宋体"，字号为 12 点，颜色为#fffefe，输入段落文本，效果如图 5-214 所示。

（5）激活工具箱中的"矩形选框工具"，在新建图层上按住 Shift 键绘制一个正方形，设置填充颜色为#fc9c0f，复制两个正方形并调整位置，效果如图 5-215 所示。

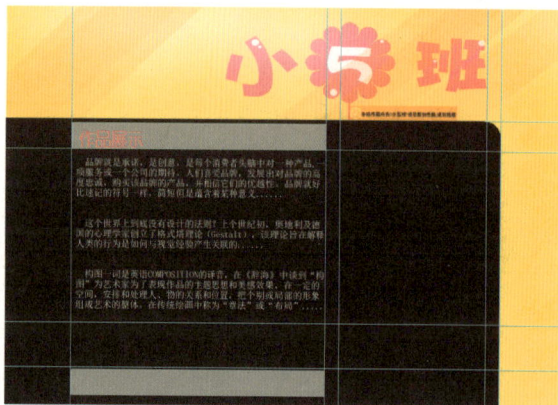
■ 图 5-214

■ 图 5-215

（7）将已准备好的七张素材图片（s-12 至 s-18）依次复制至文件中，调整大小及位置后，根据需要依次调整不透明度为 35%，如图 5-216 所示，制造鼠标悬停效果。

（8）激活工具箱中的"文字工具"，设置字体为"方正细倩简体"，字号为 24 点，颜色为#fff1b8，输入文本"设计沙龙"。设置字体为"宋体"，字号为 12 点，颜色为##fffefe，输入文本，效果如图 5-217 所示。

（9）激活工具箱中的"矩形选框工具"，在文本图层下方新建图层，绘制两个矩形，设置填充颜色为橙色#fc9b0e。选中橙色条上的文字，在"字符"面板中设置颜色为黑色#000000，效果如图 5-218 所示。页中的左边部分制作完毕。

（10）激活工具箱中的"文字工具"，在页中部分输入文本"案例随笔"，选中文本"案例"，设置文本字体为"方正细倩简体"，字号为30点，水平缩放为90%，设置所选字符的比例间距为50%，颜色设置为#fc9b0e。选中文本"随笔"，设置字体为"方正细倩简体"，字号为18点，水平缩放为90%，设置所选字符的比例间距为50%，颜色设置为#fefefe，效果如图5-219所示。

（11）激活工具箱中的"矩形选框工具"，在新建图层上绘制矩形，设置填充颜色为白色#ffffff，效果如图5-220所示。

（12）将素材（s-20）处理后复制至文件中，在其"图层"面板上选中图片图层，单击鼠标右键，将图片转换为智能对象，调整大小及位置，效果如图5-221所示。

■ 图 5-216

■ 图 5-217

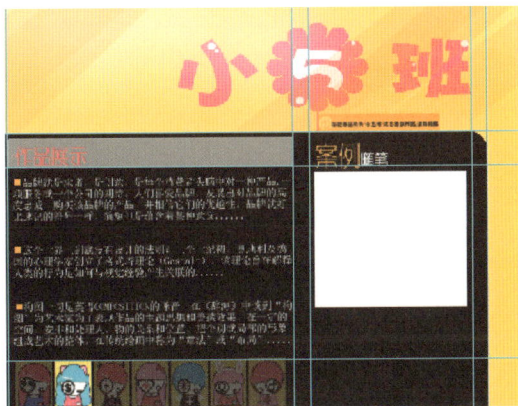

■ 图 5-218

■ 图 5-219

■ 图 5-220

■ 图 5-221

（13）激活工具箱中的"矩形选框工具"，在新建图层上按住 Shift 键绘制一个正方形，设置填充颜色为#ffc93c，效果如图 5-222 所示。

（14）双击正方形图层，勾选"内阴影""内发光""描边"选项。在"内阴影"面板上，设置颜色为#fdae21；在"内发光"面板上，设置颜色为#fff1b8；在"描边"面板上，设置颜色为#fff1b8，其他参数设置如图 5-223 至图 5-225 所示。单击"确定"按钮，效果如图 5-226 所示。

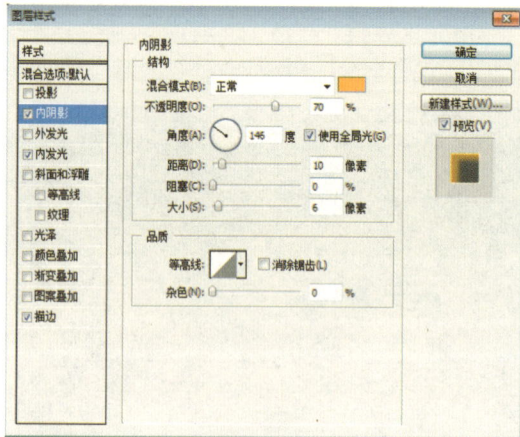

图 5-222　　　　　　　　　　　　　　　　图 5-223

图 5-224　　　　　　　　　　　　　　　　图 5-225

（15）在黄色正方形图层上方新建图层，激活工具箱中的"画笔工具"，选择"柔角 65 像素"笔形，设置不透明度为100%，流量为9%，前景色为白色#ffffff，单击五次，效果如图 5-227 所示。

（16）在"图层"面板上选中"白色圆点"图层，单击鼠标右键，在其弹出的快捷菜单中选择"创建剪贴蒙版"命令（删除多余白色部分），然后将"黄色正方形"和"剪贴蒙版"图层合并，复制两次合并后的图层，并将其移动到合适的位置，效果如图 5-228 所示。

（17）激活工具箱中的"文字工具"，在"字符"面板上设置字体为 Arial，字体样式为 Regular，阿拉伯数字字号为 36 点，拉丁字母字号为 12 点，颜色为黑色（#000000），中文字体选择"仿粗体"，输入文字，效果如图 5-229 所示。

■ 图 5-226　　　　　　　　　　　　■ 图 5-227

■ 图 5-228　　　　　　　　　　　　■ 图 5-229

　　（18）激活工具箱中的"文字工具"，输入文字，选中"1"和"3"的标题文字，设置字体为 Arial，字体样式为 Regular，字号为 16 点，颜色为#00ffff；选中"2"的标题文字，设置字体为 Arial，字体样式为 Regular，字号为 16 点，颜色为#ffdc54；分别选中剩余文字，设置字体为 Arial，字体样式为 Regular，字号为 12 点，颜色为#919191，效果如图 5-230 所示。

　　（19）激活工具箱中的"直线工具"，在其"属性"面板中单击"填充像素"按钮，粗细设置为 1 像素，颜色设置为#fff1b8，在新建图层上绘制水平线。复制图层两次，按住 Shift 键，将水平线垂直移动到合适的位置，效果如图 5-231 所示。

　　（20）激活工具箱中的"矩形选框工具"，在新建图层上绘制矩形并设置填充颜色为#fff1b8，效果如图 5-232 所示。

　　（21）激活工具箱中的"矩形选框工具"，在新建图层上绘制矩形，并设置填充颜色为黑色#000000，效果如图 5-233 所示。

　　（22）激活工具箱中的"矩形选框工具"，在新建图层上绘制矩形，并设置填充颜色为#35dfff；

激活工具箱中的"直线工具"，设置前景色为#35dfff，粗细为 2 像素，在新建图层上绘制水平线，效果如图 5-234 所示。

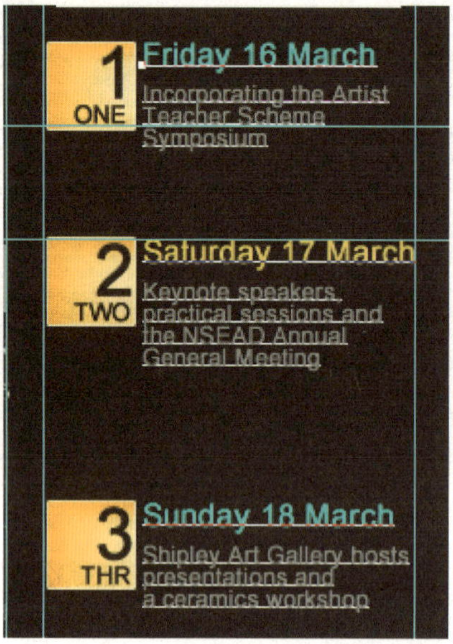

■ 图 5-230

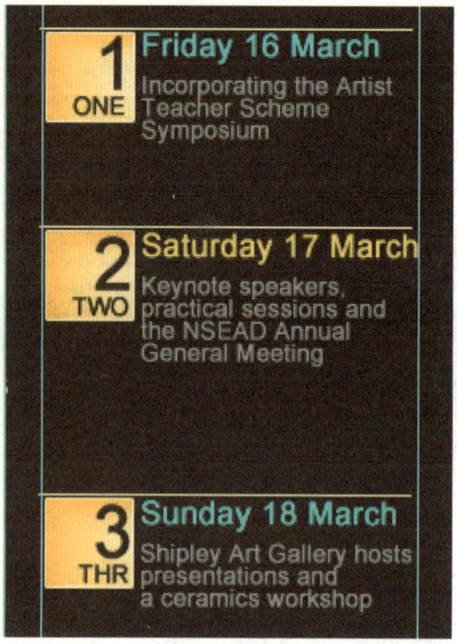

■ 图 5-231

■ 图 5-232

图 5-233

图 5-234

（23）将准备好的素材（s-12 至 s-19）复制至文件中，在"图层"面板上选中该图层，单击鼠标右键，在弹出的快捷菜单中选择"转换为智能对象"命令，调整图层的大小及位置，效果如图 5-235 所示。

（24）激活工具箱中的"文字工具"，设置字体为"方正细倩简体"，字号为 27 点，字符比例间距为 20%，颜色为黑色#000000，输入文本，效果如图 5-236 所示。

图 5-235

图 5-236

（25）将准备好的素材（s-10）复制至文件中，在"图层"面板上选中该图层，单击鼠标右键，在其下拉菜单中选择"转换为智能对象"命令，调整图层的大小及位置，效果如图 5-237 所示。

（26）激活工具箱中的"文字工具"，设置字体为 Kalinga，字体样式为 Regular，字号为 14 点，水平缩放为 90%，字符比例间距为 20%，颜色为黑色#000000，选择粗体，效果如图 5-238 所示。

（27）激活工具箱中的"文字工具"，设置字体为宋体，字号为 12 点，行距设置为 13 点，颜色为#000000，输入文本，效果如图 5-239 所示。

■ 图 5-237 　　　　　　■ 图 5-238 　　　　　　■ 图 5-239

（28）激活工具箱中的"矩形选框工具"，在新建图层上按住 Shift 键绘制一个正方形，设置填充颜色为#fc9c0f。选中"正方形"图层，单击鼠标右键，选择复制图层六次，将各个图层移动到合适的位置，效果如图 5-240 所示。

（29）激活工具箱中的"矩形选框工具"，在新建图层上绘制矩形，设置填充颜色为# fc9b0e，效果如图 5-241 所示。

（30）在新建图层上，激活工具箱中的"直线工具"，在其属性栏中单击"填充像素"按钮，粗细设置为 1 像素，颜色设置为#fff1b8，在橙色矩形下方绘制一条水平线，效果如图 5-242 所示。

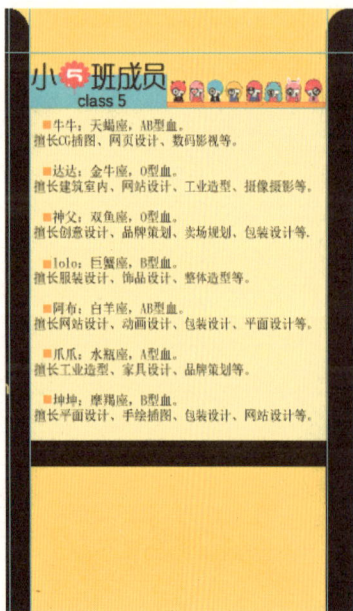
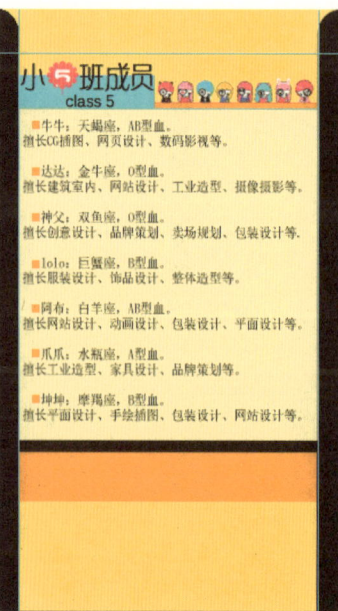
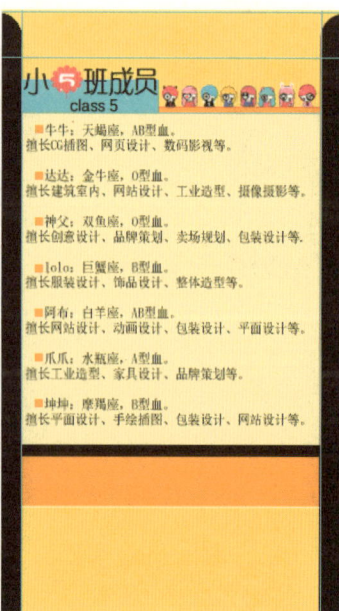

■ 图 5-240 　　　　　　■ 图 5-241 　　　　　　■ 图 5-242

（31）双击图层面板上的水平线图层，打开"图层样式"面板，勾选"投影"选项，在"投影"面板上设置模式为"正常"，颜色为#000000，不透明度为75%，角度为146度，距离为1像素，扩展为0%，大小为1像素，效果如图5-243所示。

（32）激活工具箱中的"文字"工具，设置字体为"方正细倩简体"，字号为24点，字符比例间距为50%，单击"粗体"按钮。颜色分别设置为黑色（#000000）和白色（#ffffff），效果如图5-244所示。

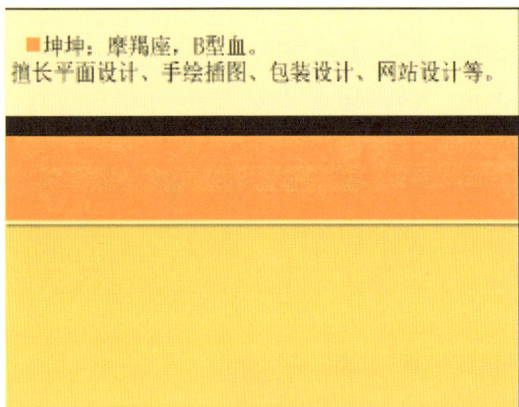

■ 图5-243

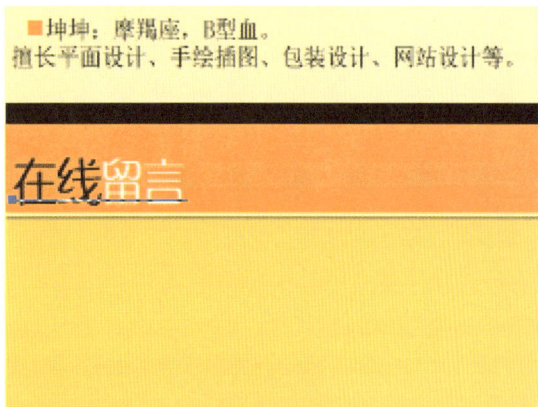

■ 图5-244

（33）激活工具箱中的"矩形选框工具"，在新建图层上按住 Shift 键，绘制正方形，设置填充颜色为白色（#ffffff），效果如图5-245所示。

（34）双击图层面板上的白色正方形图层，打开"图层样式"面板，勾选"描边"选项，在"描边"面板上设置大小为1像素，位置设置为"外部"，颜色设置为#919191，单击"确定"按钮，效果如图5-246所示。

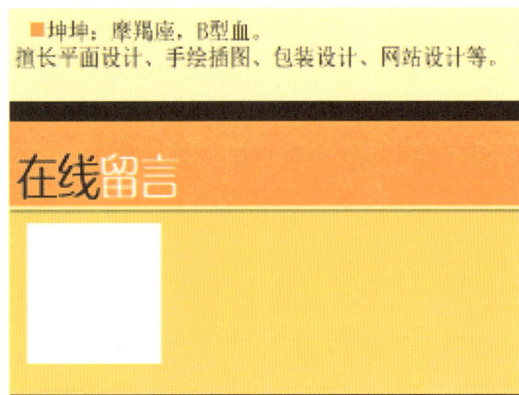

■ 图5-245

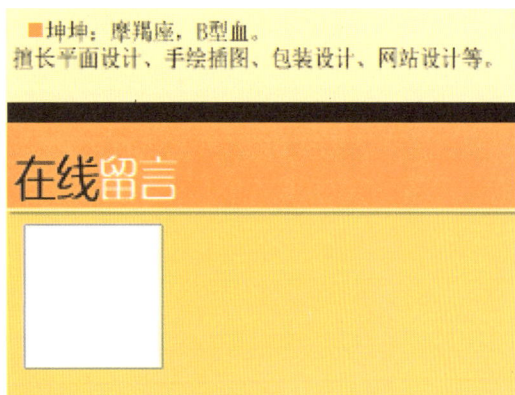

■ 图5-246

（35）激活工具箱中的"矩形选框工具"，在新建图层上绘制矩形，设置填充颜色为#35dfff，效果如图5-247所示。

（36）激活工具箱中的"文字工具"，设置字体为 Comic Sans MS，字体样式为 Regular，比例间距为90%，字间距调整为-75，颜色为#f00666，字号分别设置为42点和14点，输入文字，效果如图5-248所示。

（37）激活工具箱中的"文字工具"，设置字体为 Arial，字体样式为 Regulara，字号为 11 点，颜色为#696969，输入文本，效果如图 5-249 所示。

■ 图 5-247   ■ 图 5-248   ■ 图 5-249

（38）激活工具箱中的"矩形选框工具"，按住 Shift 键在新建图层上绘制正方形，设置填充颜色为# fc9b0e，复制该图层五次，并将复制的图形移动到合适的位置，效果如图 5-250 所示。

■ 图 5-250

4. 页尾部分制作

（1）激活工具箱中的"矩形选框工具"，新建图层，在页脚位置上绘制矩形，设置填充颜色为#ffdc54，效果如图 5-251 所示。

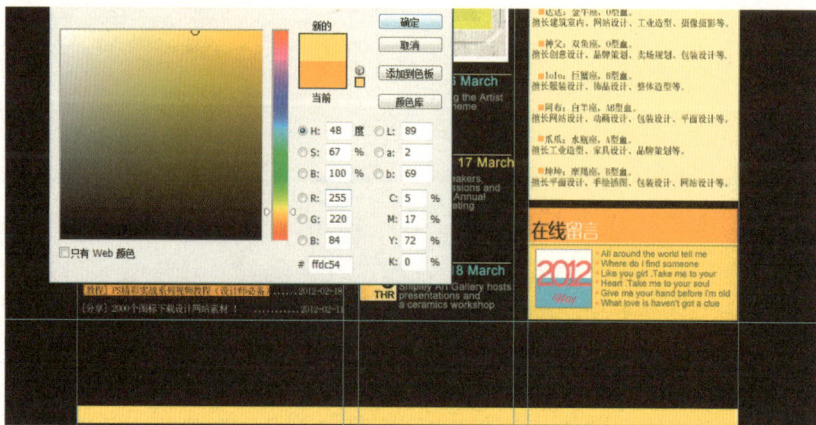

■ 图 5-251

（2）激活工具箱中的"直线工具"，粗细设置为 1 像素，颜色设置为#fc9b0e，新建图层，在页脚的黄色矩形条上方绘制水平线，效果如图 5-252 所示。

■ 图 5-252

（3）激活工具箱中的"文字工具"，设置字体为宋体，字号为 12 点，字符比例间距为 40%，字符调整为 10，颜色为#ffdc54，输入文字，效果如图 5-253 所示。

（4）新建图层，激活工具箱中的"直线工具"，在其"属性"面板中单击"填充像素"按钮，粗细设置为 1 像素，颜色设置为#fc9b0e，在页脚的字符文本之间绘制垂直线段。复制"图层"面板上的垂直线段并调整至合适的位置。激活工具箱中的"文字工具"，设置字体为 Arial，字体样式为 Narrow，字号为 11 点，字符比例间距为 40%，字间距调整为 10，颜色为#ffdc54，输入版权信息文本，效果如图 5-254 所示。首页效果如图 5-255 所示。

■ 图 5-253

■ 图 5-254

■ 图 5-255

5.2.3 "团队成员"页面制作

　　将制作完成的首页保留背景布局、导航栏、Logo、Banner、页脚等部分，保存成模板备用。在二级页面的设计制作中，可以在模板的基础上进行设计制作。因为每个页面的组成内容不同，所以模板可以根据每个页面的需要进行微调。在"小5班"的"团队成员"页面中，没有进行微调。

　　（1）打开准备好的模板文件，如图 5-256 所示。

　　（2）制作"小5班"的"团队成员"页面。如图 5-257 所示，首先将鼠标悬浮效果由"首页"变换为"团队成员"。再打开"图层"面板上的导航栏文件夹，找到导航栏文字图层下的"橙色按钮"图层，选中这两个图层，激活工具箱中的"移动工具"，移动橙色块到"团队成员"的位置上。

■ 图 5-256

■ 图 5-257

　　（3）复制并粘贴准备好的素材（s-21）图片，在"图层"面板上选中图层，单击鼠标右键，在弹出的快捷菜单中选择"转化为智能对象"命令，调整图片的大小及位置，效果如图 5-258 所示。

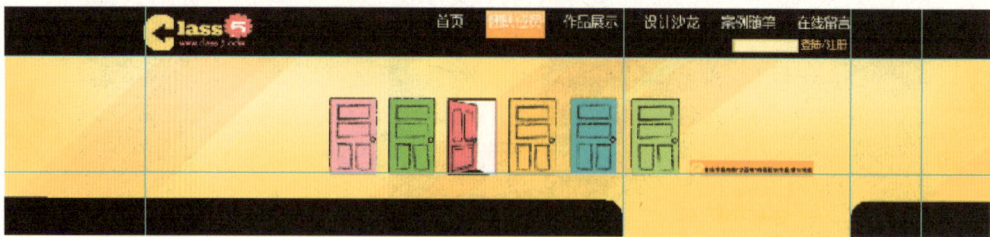

■ 图 5-258

　　（4）下面开始页中部分的制作。根据设计，页中分为左、中、右三个部分。首先开始左侧部分的制作。激活工具箱中的"矩形选框工具"，在新建图层上绘制矩形，设置填充颜色为#2f2f2f，效果如图 5-259 所示。

　　（5）激活工具箱中的"圆角矩形工具"，设置半径为 10 像素，在其"属性"面板中单击"填充像素"按钮，设置颜色为#35dfff，在新建图层上绘制一个圆角矩形，利用"选区工具"删除下半部分，效果如图 5-260 所示。

　　（6）新建图层，激活工具箱中的"直线工具"，在其"属性"面板中单击"填充像素"按钮，设置粗细为 1 像素，颜色为##35dfff，绘制如图 5-261 所示的水平线。

图 5-259　　　　　　　　图 5-260　　　　　　　　图 5-261

（7）激活工具箱中的"橡皮工具"，设置模式为"画笔"，选择"柔角 100 像素"笔形，设置不透明度为 100%，设置流量为 45%，在水平线右端单击数次，效果如图 5-262 所示。

（8）激活工具箱中的"文字工具"，设置字体为"方正细倩简体"，输入文字"案例随笔"，其中，设置"案例"字号为 30 点，字符比例间距为 50%，水平缩放为 90%，颜色为#fc9b0e，选择"仿粗体"。调整线条位置并将更改"随笔"字号为 18 点，字符比例间距为 50%，水平缩放为 90%，颜色为#686868，效果如图 5-263 所示。

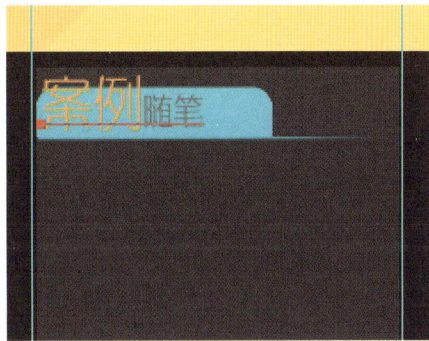

图 5-262　　　　　　　　　　　　图 5-263

（9）"案例随笔"以下内容与第一部分相同。继续激活工具箱中的"圆角矩形工具"，设置半径为 10 像素，颜色为#ffce4f，在左边绘制圆角矩形，利用"选区工具"删除下半部分，效果如图 5-264 所示。

（10）复制"案例随笔"底层的色块，调整位置及大小，效果如图 5-265 所示。

（11）激活工具箱中的"直线工具"，在其"属性"面板中单击"填充像素"按钮，设置粗细为 1.5 像素，颜色为#35dfff，在新建图层中绘制如图 5-266 所示的水平线。

（12）激活工具箱中的"橡皮工具"，设置模式为"画笔"，选择"柔角 100 像素"笔形，流量设置为 45%，在水平线的右端单击几次，效果如图 5-267 所示。

（13）激活工具箱中的"文字工具"，设置字体为"方正细倩简体"，字号为 27 点，字符比例间距为 20%，水平缩放为 90%，颜色为黑色#000000，选择"仿粗体"，输入文字，效果如图 5-268 所示。

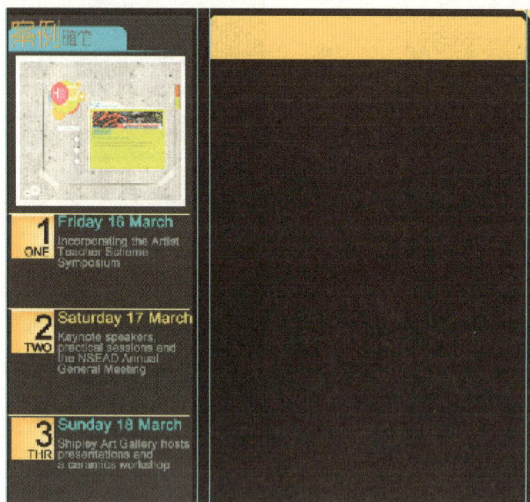
■ 图 5-264

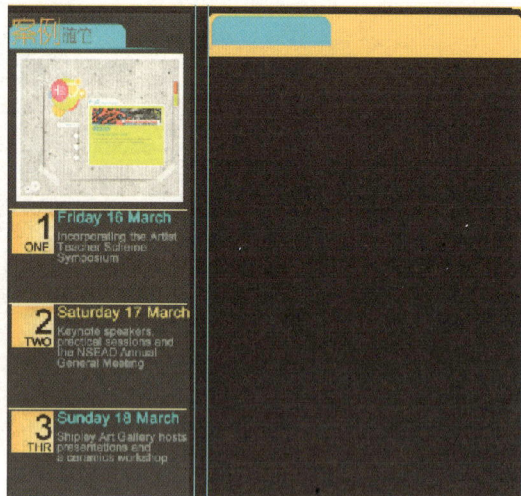
■ 图 5-265

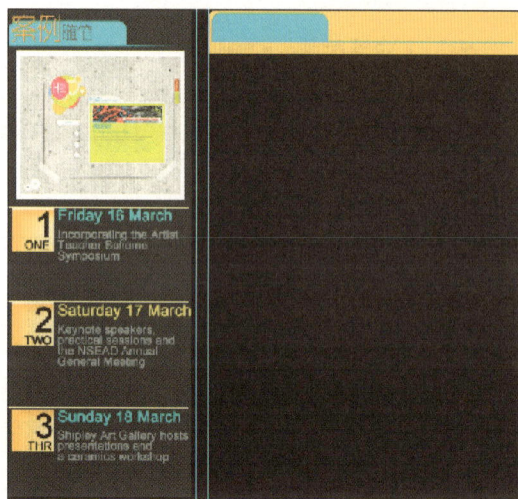
■ 图 5-266

■ 图 5-267

（14）将素材（s-10）复制至文件中，在其"图层"面板中，单击鼠标右键，在弹出的快捷菜单中选择"转换为智能对象"命令，调整大小及位置，效果如图 5-269 所示。

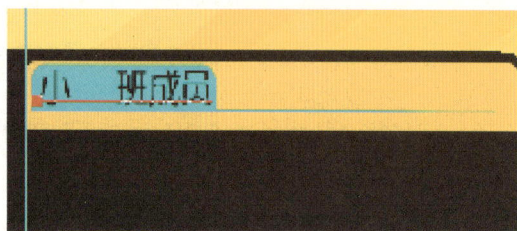
■ 图 5-268

■ 图 5-269

（15）激活工具箱中的"文字工具"，设置字体为 Arial，字体样式为 Regular，字号为 18 点，字符比例间距为 30%，水平缩放为 100%，颜色为黑色#000000，选择仿粗体，输入如图 5-270 所示的"class5"文字。

（16）激活工具箱中的"矩形选框工具"，在新建图层上绘制矩形，并设置填充颜色为#393939，效果如图 5-271 所示，

■ 图 5-270

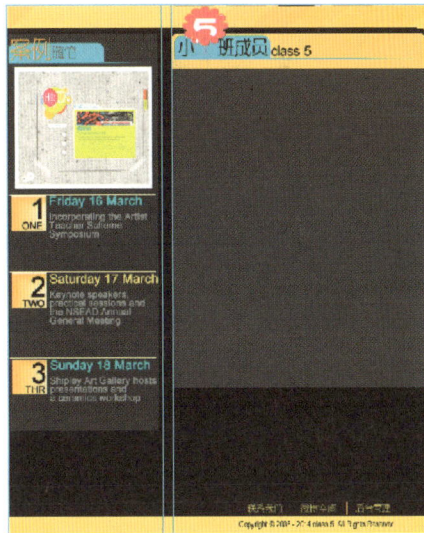

■ 图 5-271

（17）激活工具箱中的"矩形选框工具"，在新建图层上绘制矩形并设置填充颜色为#686868，复制该色条三次，并调整至合适的位置，效果如图 5-272 所示。

（18）将素材（s-12 至 s-19）复制至文件中，依次调整位置及大小，效果如图 5-273 所示。

■ 图 5-272

■ 图 5-273

（19）激活工具箱中的"文字工具"，设置字体为"宋体"，字号为 14 点，行间距为 13 点，颜色为#cacbcb，输入段落文字。在段落的开头位置绘制颜色为#fc9c0f 的色块，效果如图 5-274 所示。

（20）将素材（s-12 至 s-19）复制至文件底部，依次调整位置及大小。在"图层"面板上调整不透明度为 25%，效果如图 5-275 所示。

■ 图 5-274

■ 图 5-275

（21）激活工具箱中的"矩形选框按钮"，在新建图层上绘制矩形，并设置填充颜色为#fff1b8与黑色#000000。将"小 5 班成员"色块及色条复制至如图 5-276 所示位置。

（22）激活工具箱中的"文字工具"，输入文本"设计"，设置字体为"方正细倩简体"，字号为 30 点，字符比例间距为 50%，水平缩放为 90%，颜色为#fc4465，选择"仿粗体"。更改字号为 18 点，颜色为#686868，输入文本"感悟"；设置正文字体为"宋体"，字号为 12 点，行间距为 13 点，颜色为#2f2f2f，输入段落文本，效果如图 5-277 所示。

■ 图 5-276

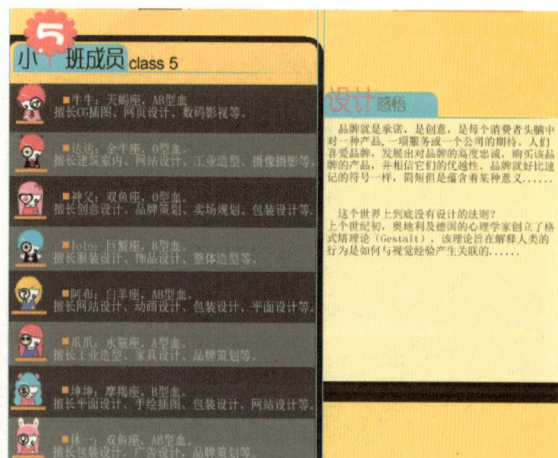

■ 图 5-277

（23）新建图层，激活工具箱中的"矩形选框工具"，按住 Shift 键绘制一个正方形，设置填充颜色为#fc9c0f，复制该图层，并移动至合适的位置，效果如图 5-278 所示。

（24）将素材（s-22）复制至文件中，在"图层"面板上单击鼠标右键，在弹出的快捷菜单中选择"转换为智能对象"命令，调整图片的大小及位置，效果如图 5-279 所示。

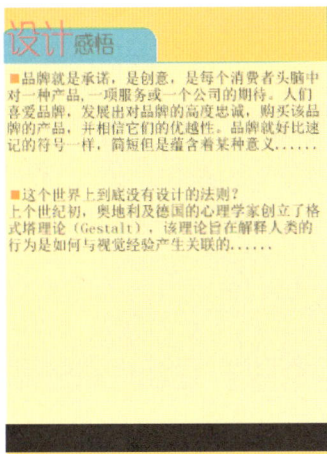

■ 图 5-278

■ 图 5-279

（25）"在线留言"部分制作方法与上述方法相同，最终效果如图 5-280 所示。

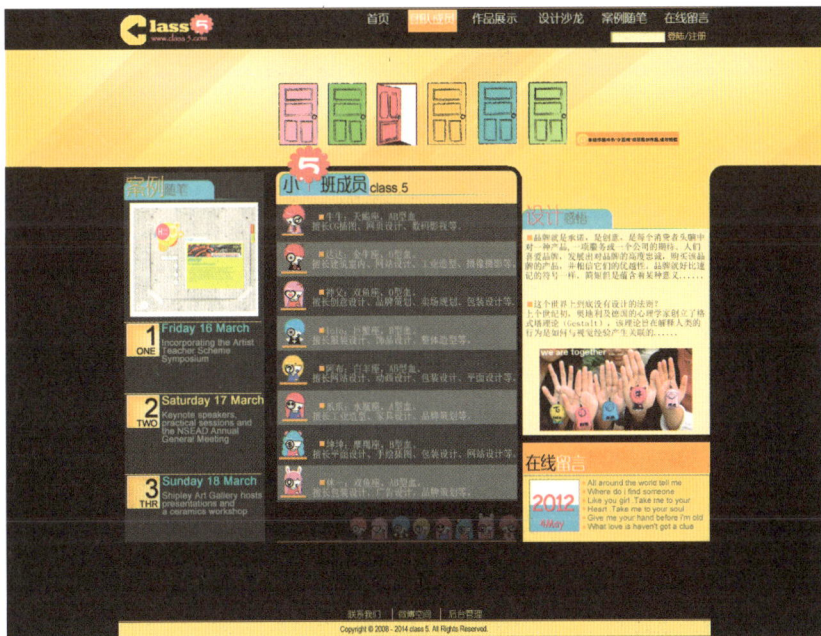

■ 图 5-280

5.2.4 "作品展示" 页面设计

（1）打开准备好的模板文件。因为制作的是"小 5 班"的"作品展示"页面，所以首先将鼠标悬浮效果由"首页"变换为"作品展示"页面。再打开"图层"面板上的导航栏文件夹，找到导航栏文字图层下的"橙色按钮"图层，选中这两个图层，激活工具箱中的"移动工具"，移动橙色块到"作品展示"的位置上，效果如图 5-281 所示。

（2）激活工具箱中的"矩形选框工具"，在新建图层上绘制矩形，设置填充颜色为#fff1b8 与黑色#000000。将页面的 T 字形版式打破，添加变化，使版式变得生动，效果如图 5-282 所示。

■ 图 5-281

■ 图 5-282

（3）下面开始在 Banner 部分添加 Flash 动画或图片。依次将素材（s-12 至 s-17）复制至文件中，分别选择各图片图层，单击鼠标右键，将其转换为智能对象，调整大小及位置，效果如图 5-283 所示。

■ 图 5-283

（4）激活工具箱中的"矩形选框工具"，在新建图层上绘制矩形，设置填充颜色为#6a6a6a，效果如图 5-284 所示。

■ 图 5-284

（5）激活工具箱中的"横排文字工具"，输入如图 5-285 所示文字。其中，设置"作品""案例""设计"字体为"方正细倩简体"，字号为 30 点，字符比例间距为 50%，颜色分别设置为#ff5588、#f89910、#6ce9fd，选择"仿粗体"；设置"展示""分析""感悟"字体为"宋体"，字号为 18 点，水平缩放为 90%，字符比例间距为 50%，颜色为#fefefe，选择"仿粗体"；

设置正文输入段落文本字体为"宋体"，字号为12点，行间距为13点，颜色为#ffe06a，效果如图5-285所示。

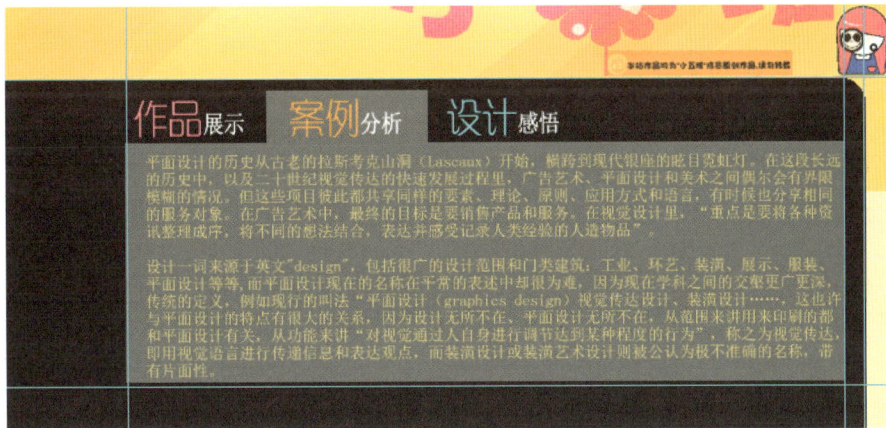

图 5-285

（6）激活工具箱中的"矩形选框工具"，在新建图层上绘制一个矩形，设置填充颜色为#363327，效果如图5-286所示。

（7）激活工具箱中的"矩形选框工具"，在新建图层上绘制两个等大矩形，设置填充颜色为#ffcd4f，效果如图5-287所示。

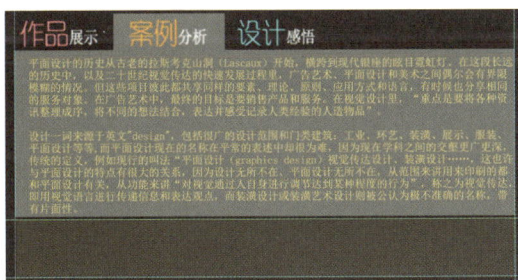

图 5-286

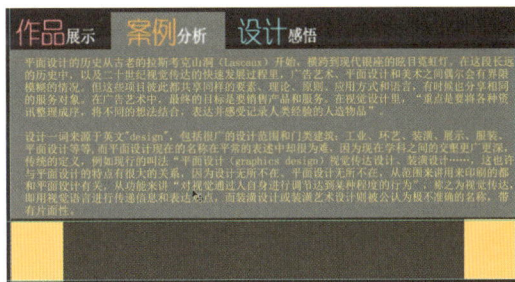

图 5-287

（8）依次将素材（s-23至s-27）复制至文件中，分别选中各图层，单击鼠标右键，将各图层转换为智能对象，调整图片的大小及位置，效果如图5-288所示。

（9）激活工具箱中的"自定形状工具"，在其属性栏中单击"填充像素"按钮，在"形状"选项中选择"箭头2"，前景色设置为#ffcd4f，绘制一个箭头形状，效果如图5-289所示。

图 5-288

图 5-289

（10）在"图层"面板中选中"箭头"图层，将其不透明度调整为65%。复制该图层，执行菜单选择"编辑"→"变换"→"水平翻转"命令，调转箭头方向，并将其移动到合适的位置，效果如图5-290所示。

（11）激活工具箱中的"矩形选框工具"，在新建图层上绘制矩形条，设置填充颜色为#ffcd4f，效果如图5-291所示。

■ 图 5-290

■ 图 5-291

（12）激活工具箱中的"直线工具"，在其属性栏中单击"填充像素"按钮，设置前景色为#ff1b8，绘制一条水平线。移动水平线到矩形条下方，形成如图5-292所示的反光效果。

■ 图 5-292

（13）激活工具箱中的"横排文字工具"，输入如图5-293所示文字。其中，设置文本"设计"字体为"方正细倩简体"，字号为30点，水平缩放为90%，字符比例间距为50%，颜色为#1fd2ff，选择"仿粗体"；设置文本"感悟"字体为"宋体"，字号为18点，水平缩放为90%，字符比例间距为50%，颜色设置为#fefefe，选择"仿粗体"；设置正文输入段落文字字体为"宋体"，字号为12点，行间距为13点，颜色为#fffefe。在段落开头绘制颜色为#fc9c0f的正方形色块。

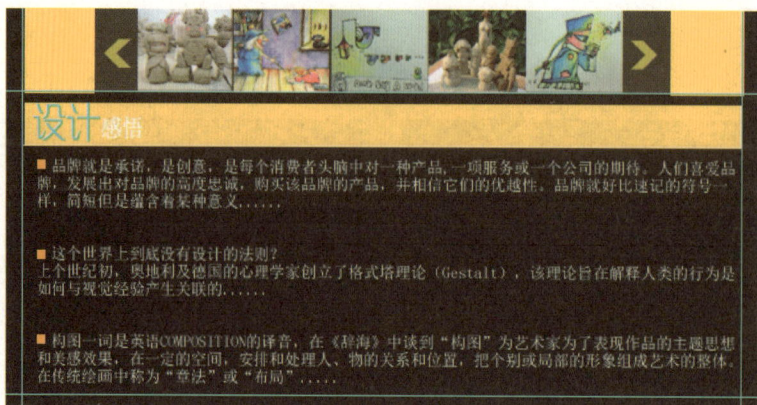

■ 图 5-293

（14）激活工具箱中的"矩形选框工具"，在新建图层上绘制一个矩形，设置填充颜色为#5bdede，效果如图 5-294 所示。

图 5-294

（15）激活工具箱中的"横排文字工具"，输入文本"作品展示"。其中，设置"作品"字体为"方正细倩简体"，字号为 24 点，水平缩放为 90%，字符比例间距为 50%，颜色设置为#fc4465，选择"仿粗体"；设置"展示"字体为"宋体"，字号为 18 点，水平缩放为 90%，字符比例间距为 50%，颜色设置为#ffffff，选择"仿粗体"，效果如图 5-295 所示。

（16）激活工具箱中的"矩形选框工具"，在新建图层上按住 Shift 键绘制正方形，设置填充颜色为#ffc93c，双击该图层，打开"图层样式"面板，勾选"内投影""内发光""描边"选项。其中，在"内投影"面板中，选择混合模式为"正常"，设置不透明度为 70%，角度为 146度，距离为 10 像素，阻塞为 0%，大小为 6 像素，颜色为#fdae21；在"内发光"面板中，设置混合模式为"正常"，设置不透明度为 100%，颜色为#fff1b8 到透明色的渐变，选择"柔和"，阻塞为 0%，大小为 1 像素；在"描边"面板中，设置大小为 1 像素，位置为"外部"，混合模式为"正常"，不透明度为 100%，颜色为#fff1b8。单击"确定"按钮，最终效果如图 5-296所示。

图 5-295

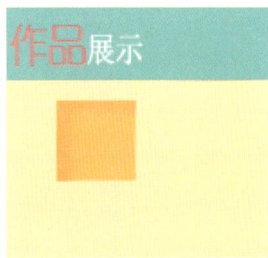

图 5-296

（17）新建图层，激活工具箱中的"画笔工具"，选择"柔角 65 像素"笔形，设置混合模式为"正常"，不透明度为100%，流量为9%，前景色为白色#ffffff，在图层上单击5次，得到一个虚化的圆点。在"图层"面板上选择"虚化圆点"图层，单击鼠标右键，在弹出的快捷菜单中选择"创建剪贴蒙版"命令，效果如图5-297所示。

■ 图 5-297

■ 图 5-298

（18）激活工具箱中的"直线工具"，在其属性栏中单击"填充像素"按钮，设置粗细为1像素，颜色为#ffcd4f，绘制一条水平线，效果如图5-298所示。

（19）激活工具箱中的"横排文字工具"，设置字体为Arial，字体样式为Regular，字号为36点，行间距为11点，颜色为黑色#000000，选择"仿粗体"。输入数字"1"，更改字号为12点，输入文本"ONE"，效果如图5-299所示。

（20）激活工具箱中的"横排文字工具"，设置字体为Arial，字体样式为Regular，字号为16点，行间距为11点，颜色为#00ffff，选择"仿粗体"，输入第一行标题文字。更改设置字号为12点，颜色为#919191，输入段落文字，效果如图5-300所示。

■ 图 5-299

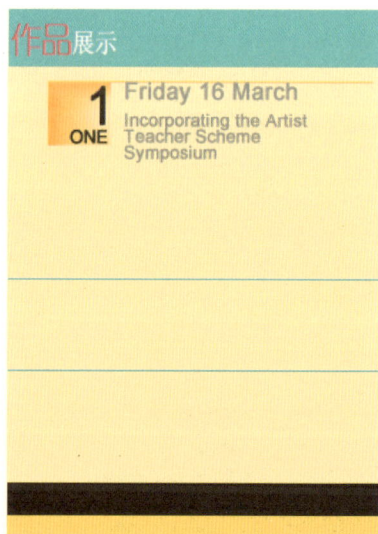

■ 图 5-300

（21）激活工具箱中"矩形选框工具"，在新建图层上绘制矩形，设置填充颜色为#ffdb4e，效果如图5-301所示。

（22）将素材（s-28）复制至文件中，在"图层"面板上单击鼠标右键，在弹出的快捷菜单中选择"转换为智能对象"命令，调整图片的大小及位置，效果如图5-302所示。

（23）"在线留言"部分的设计步骤及方法同上，在此不再赘述。最终效果如图 5-303 所示。

图 5-301

图 5-302

图 5-303

5.2.5 "小 5 班" Flash 动画制作

（1）新建文档，在"属性"面板上单击"编辑"按钮，打开"文档设置"面板，如图 5-304 所示，将文档尺寸根据网页设计设置为 1152 像素×161 像素，背景颜色设置为#FFDD56，单击"确定"按钮，效果如图 5-305 所示。

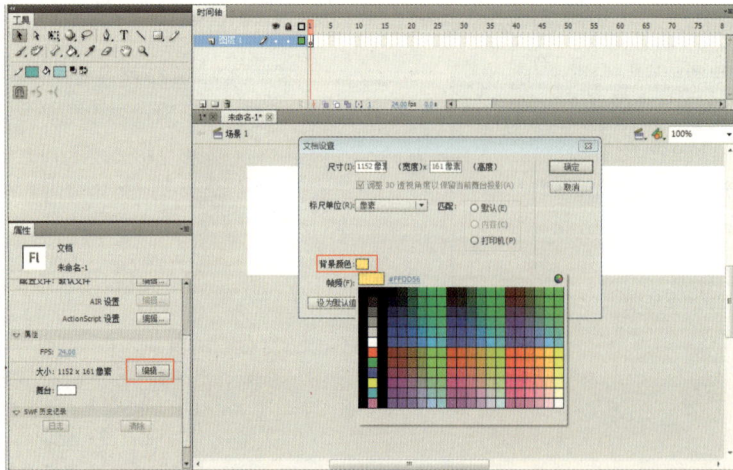

■ 图 5-304

■ 图 5-305

（2）执行菜单"插入"→"新建元件"命令，在弹出的"创建新元件"面板上设置名称为"bg"，类型选择"图形"，如图 5-306 所示，单击"确定"按钮，转换到元件工作区。

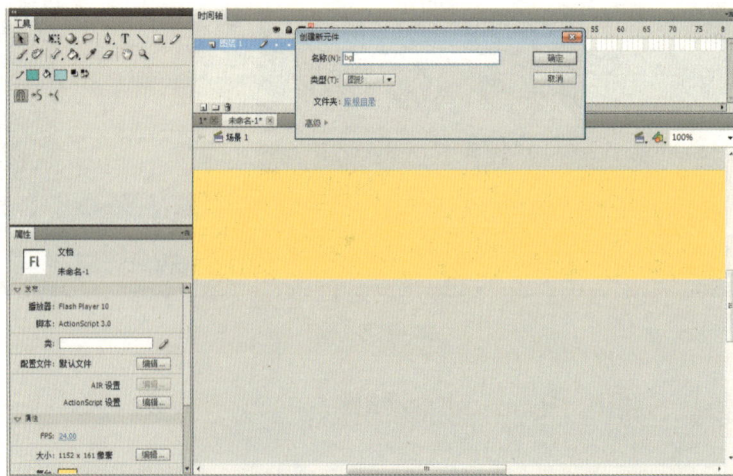

■ 图 5-306

（3）激活工具箱中的"矩形工具"，如图 5-307 所示，在"工具"面板中，将笔触颜色，即矩形"外轮廓线"关闭，在"填充颜色"面板中，将颜色设置为#FFCC00，保持"对象绘制"按钮的弹起状态，在工作区中绘制一个矩形。

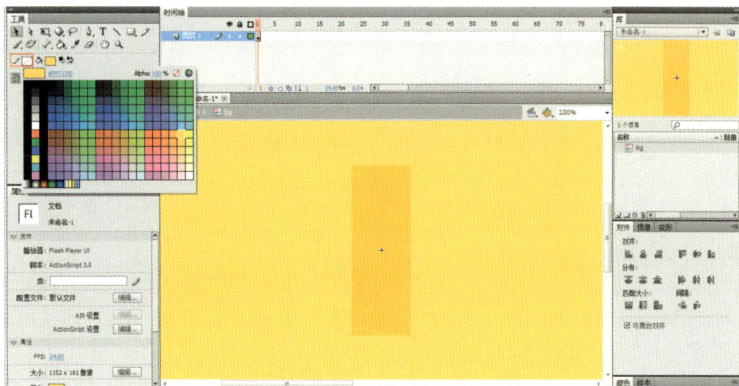

图 5-307

（4）返回场景工作区，将舞台设置为符合窗口大小，双击图层名称并更改为"bg"，如图 5-308 所示。

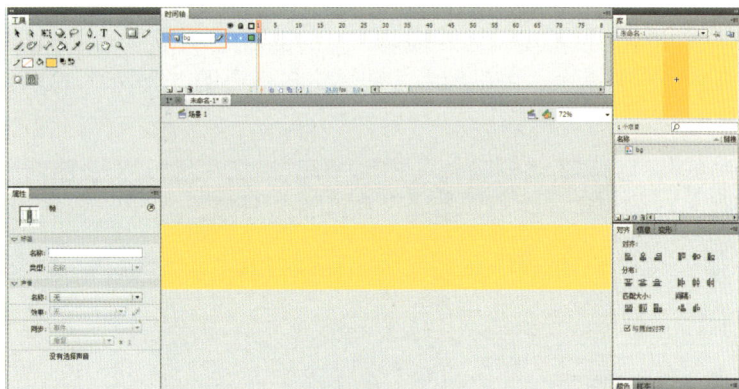

图 5-308

（5）鼠标单击 bg 图层的第 1 帧，将"库"面板中的元件 bg 拖曳到舞台上，激活工具箱中的"任意变形工具"，旋转舞台上的元件，效果如图 5-309 所示。

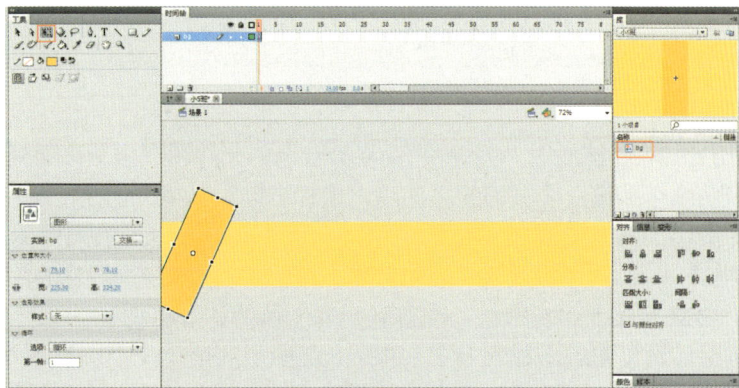

图 5-309

（6）在 bg 图层的第 20 帧单击鼠标右键，插入"关键帧"，在鼠标选中第 20 帧的情况下，激活工具箱中的"箭头工具"，按住 Shift 键，水平移动元件到合适位置上。在第 1 个和第 2 个关键帧之间单击鼠标右键，选择"创建传统补间"命令，效果如图 5-310 所示。

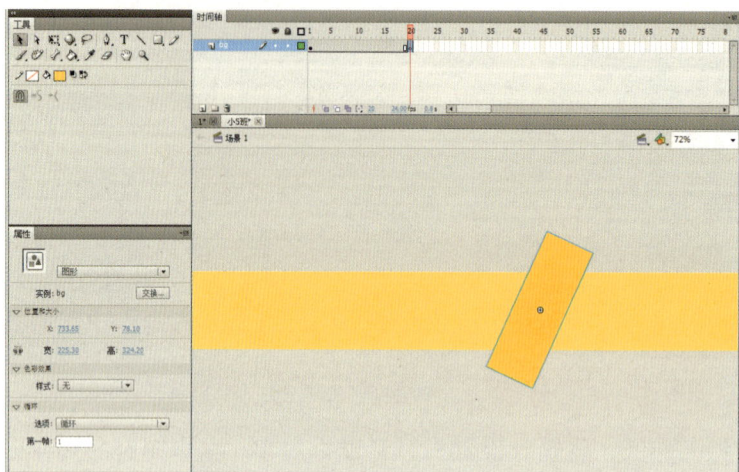

图 5-310

（7）在 bg 图层的第 45 帧单击鼠标右键插入"关键帧"，并将舞台上的元件图形水平移动到合适位置。在第 2 个和第 3 个"关键帧"之间单击鼠标右键，选择"创建传统补间"命令，效果如图 5-311 所示。

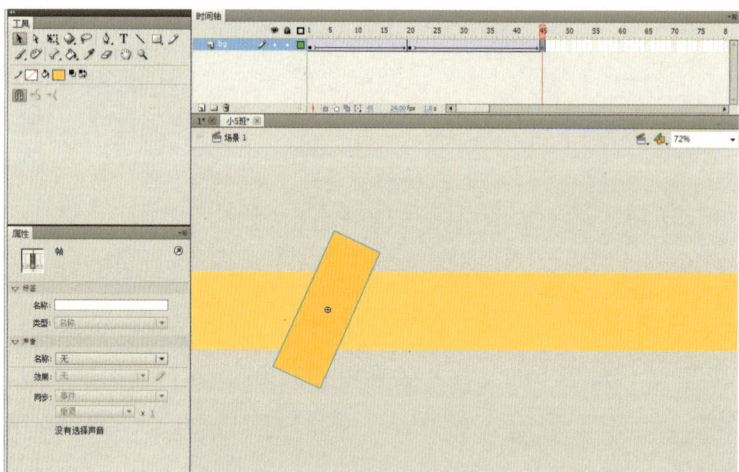

图 5-311

（8）在 bg 图层的第 60 帧插入"关键帧"，将舞台上的元件图形水平移动到合适的位置，如图 5-312 所示。在第 3 个和第 4 个关键帧之间单击鼠标右键，选择"创建传统补间"命令。

（9）选择 bg 图层的第 1 个到第 4 个关键帧，再依次单击舞台上的元件图形，在"属性"面板上选择颜色样式 Alpha，分别设置 Alpha 数量为 15%、40%、30%、20%，给图形设置不透明度，效果如图 5-313 至图 5-316 所示（注意观察每一帧的位置移动）。

（10）新建图层，设置图层名称为 bg2，选择 bg2 图层的第 1 个"关键帧"，将"库"面板中的元件 bg 拖曳到舞台上，激活工具箱中的"任意变形工具"，调整元件图形的宽度和角度，效果如图 5-317 所示。

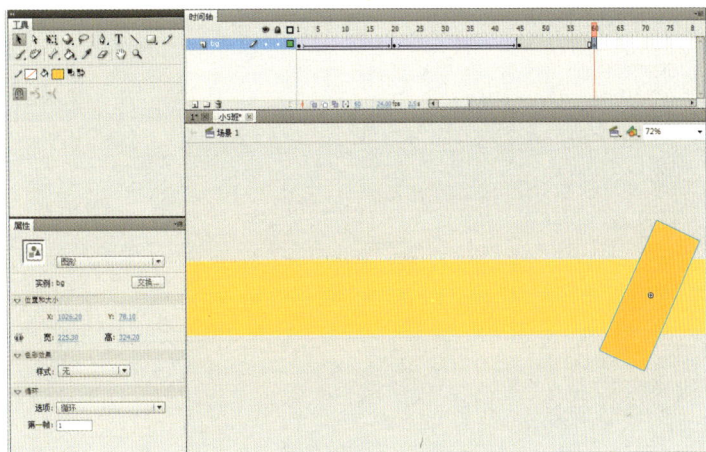

图 5-312

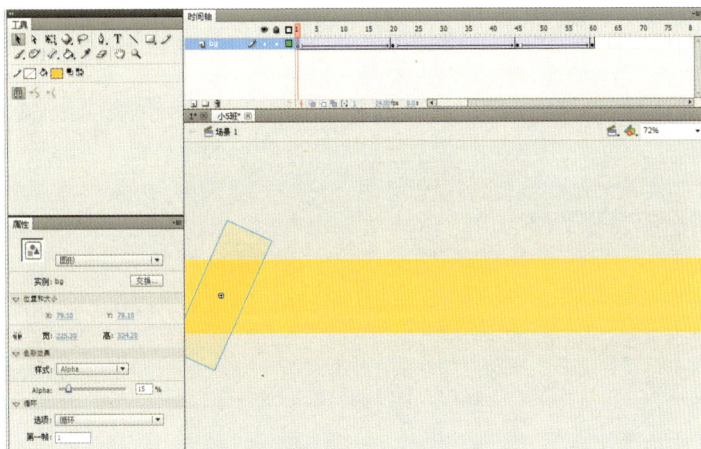

图 5-313

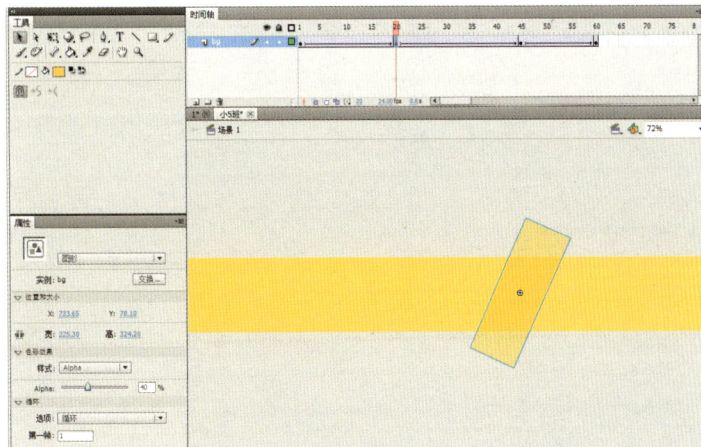

图 5-314

（11）分别在 bg2 图层的第 25 帧、第 40 帧、第 55 帧、第 60 帧的位置插入"关键帧"，并调整每个"关键帧"上的图形在舞台上的位置，再依次在"关键帧"之间选择"创建传统补间"命令。

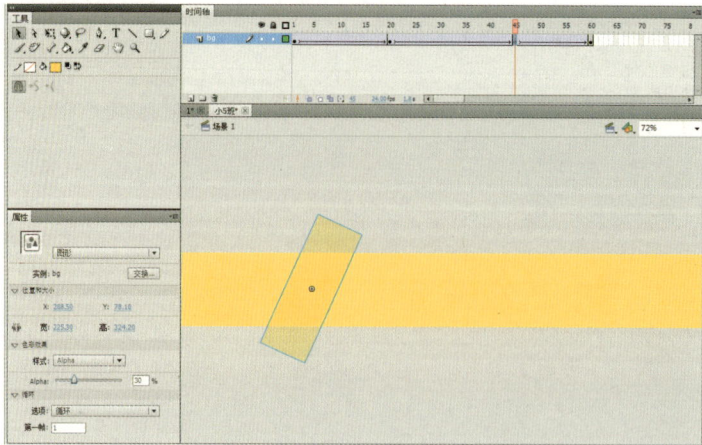

■ 图 5-315

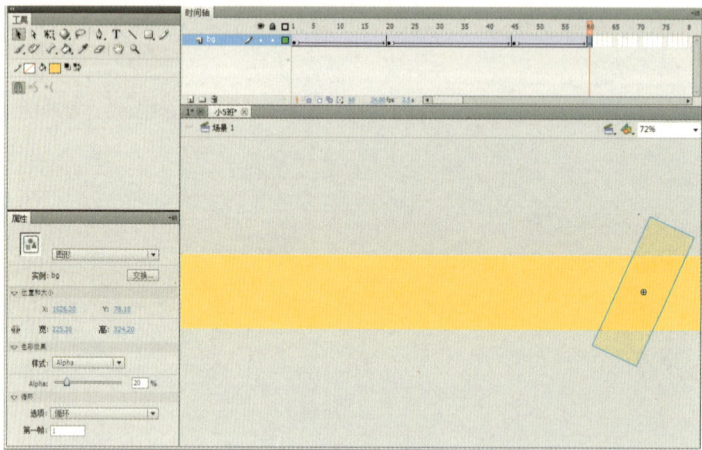

■ 图 5-316

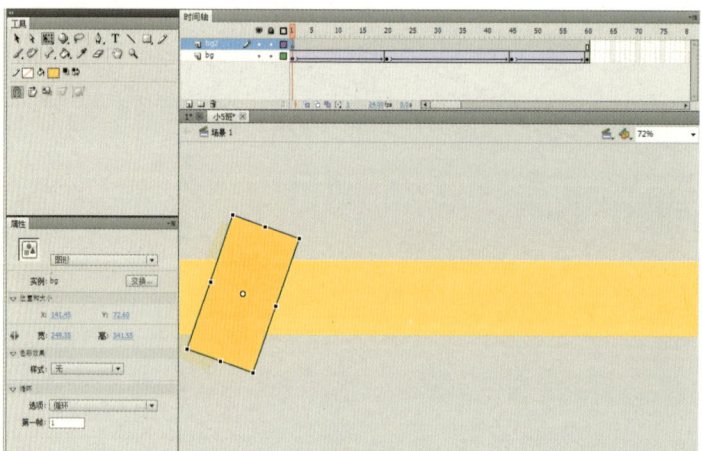

■ 图 5-317

（12）依次选择 bg2 图层的第 1 个到第 5 个"关键帧"，依次调整对应图形的 Alpha 数量为 20%、15%、30%、20%、20%，效果如图 5-318 至图 5-322 所示。

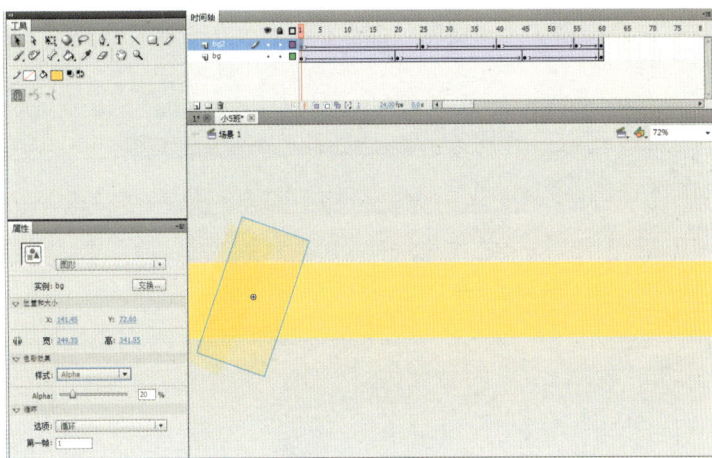

■ 图 5-318

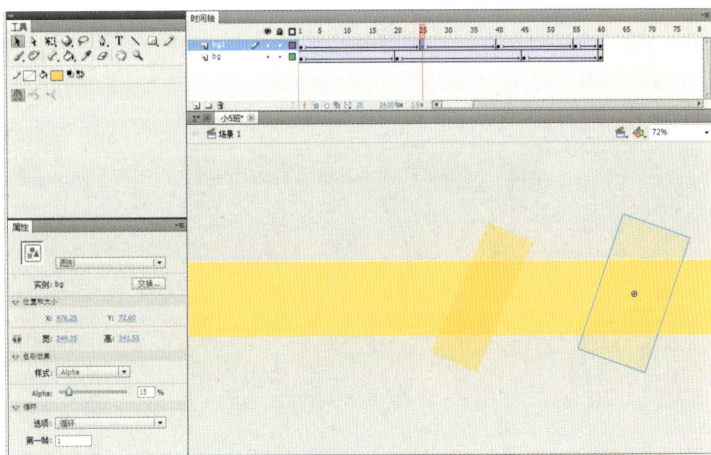

■ 图 5-319

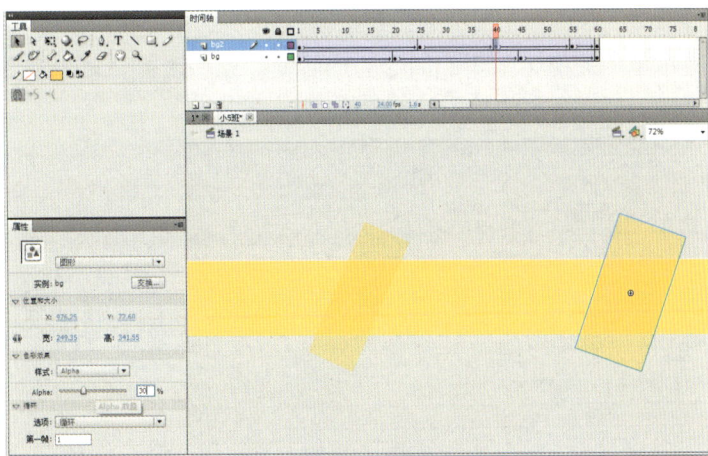

■ 图 5-320

（13）创建新图层，并命名为bg3，在"库"面板中将元件bg拖曳到舞台，激活"任意变形工具"，调整图形的角度和宽度。依次在bg3图层的第15帧、第35帧、第50帧、第60帧的位置插入"关键帧"，并调整每个关键帧上图形在舞台上的位置，再依次在"关键帧"之间选择"创建传统补间"命令。

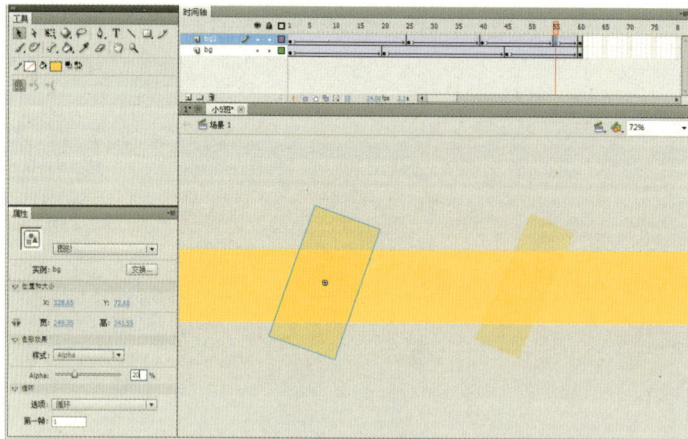

■ 图 5-321

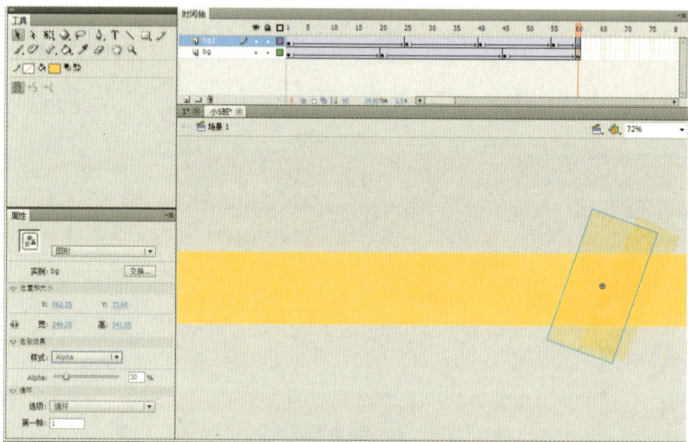

■ 图 5-322

（14）依次调整每个"关键帧"下的图形的透明度，分别设置 Alpha 数量为 20%、40%、15%、30%、15%，效果如图 5-323 至图 5-327 所示。

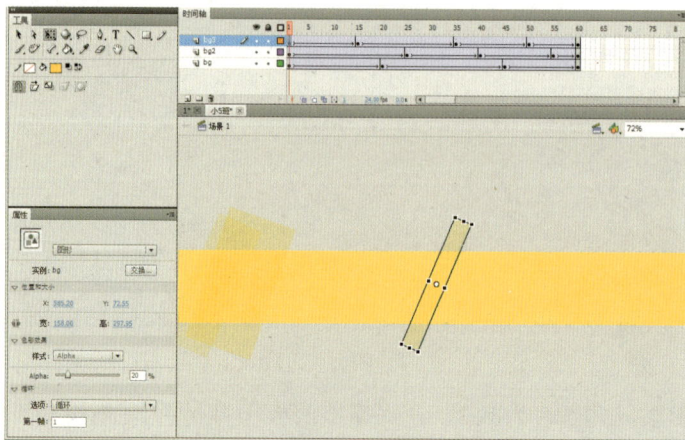

■ 图 5-323

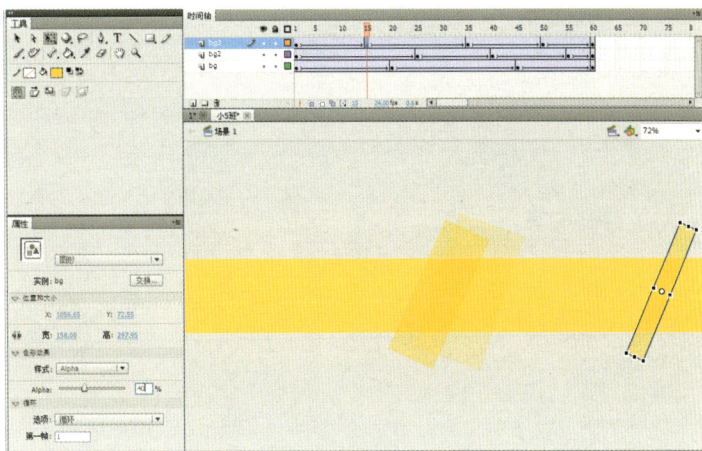

图 5-324

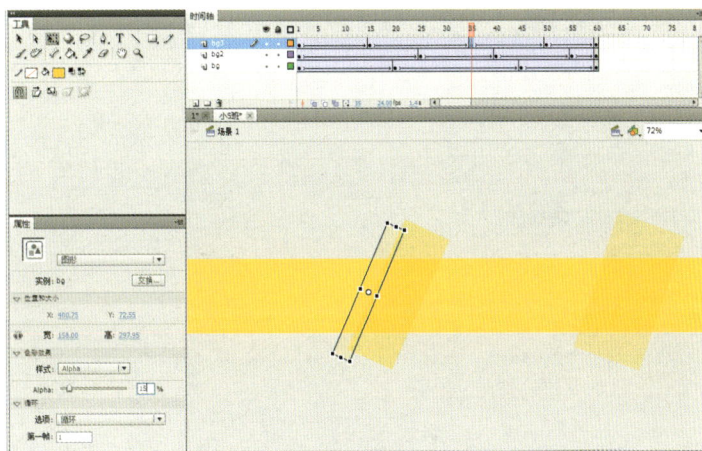

图 5-325

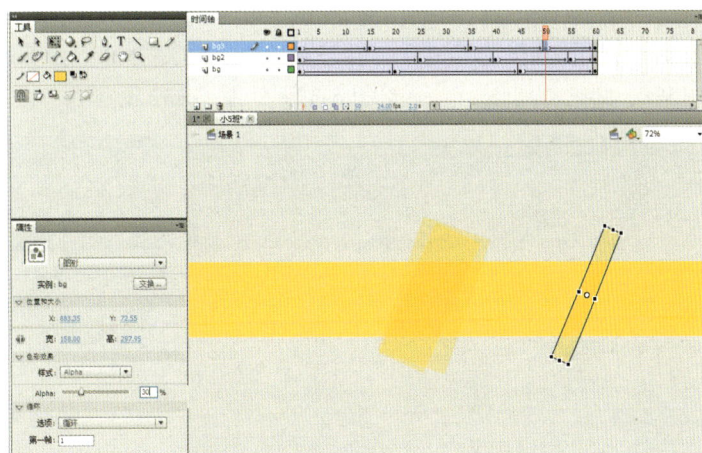

图 5-326

（15）新建图层命名为 bg4，将"库"面板中的元件 bg 拖曳到舞台中，调整宽度与角度，效果如图 5-328 所示。

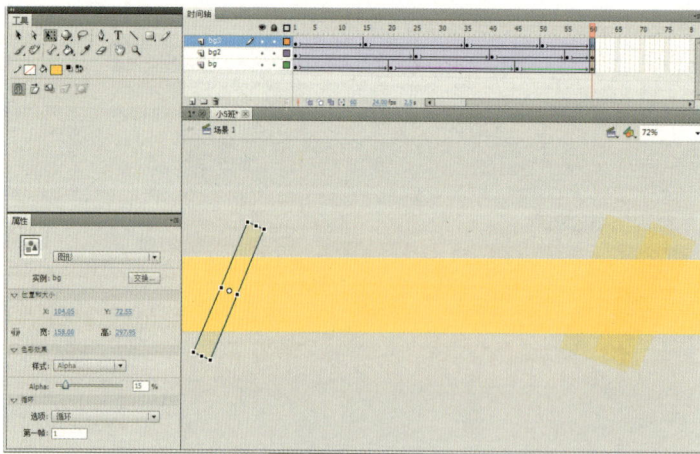

图 5-327

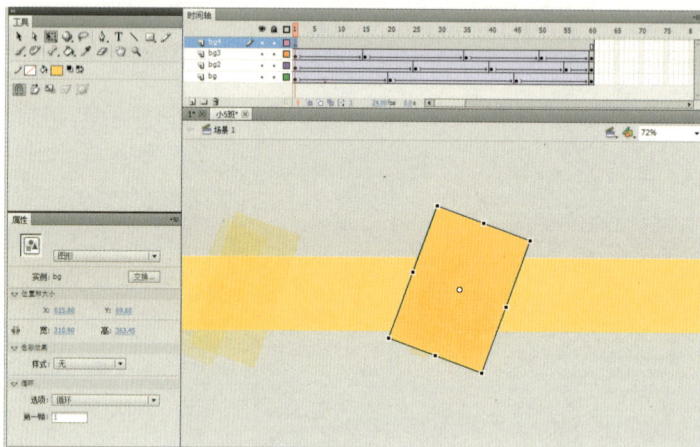

图 5-328

（16）在 bg4 图层的第 10 帧、第 30 帧、第 45 帧、第 60 帧位置依次插入"关键帧"。调整每个"关键帧"对应的图形在舞台上的位置，并选择"创建传统补间"命令，再将 Alpha 数值依次调整为 20%、15%、30%、15%，效果如图 5-329 至图 5-332 所示。

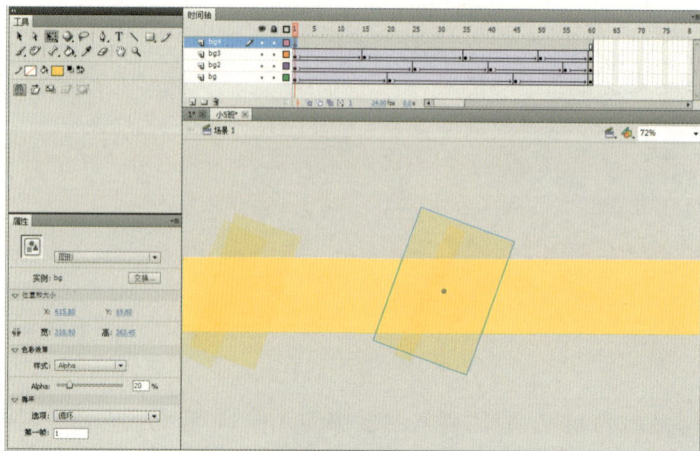

图 5-329

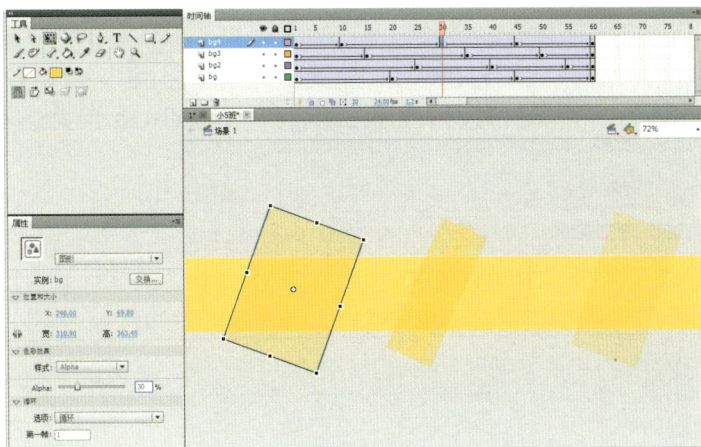

图 5-330

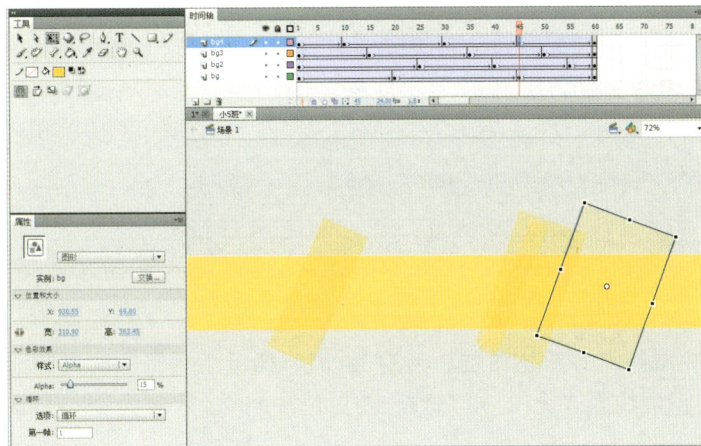

图 5-331

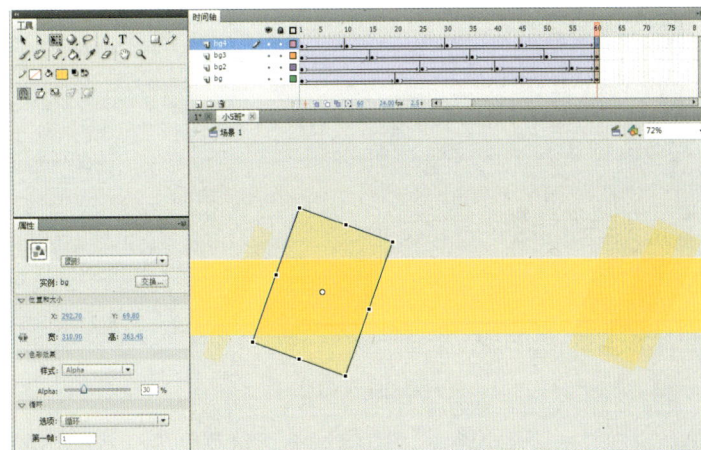

图 5-332

（17）选择 bg 图层到 bg4 图层的第 111 帧，单击鼠标右键，选择"插入帧"命令，效果如图 5-333 所示。

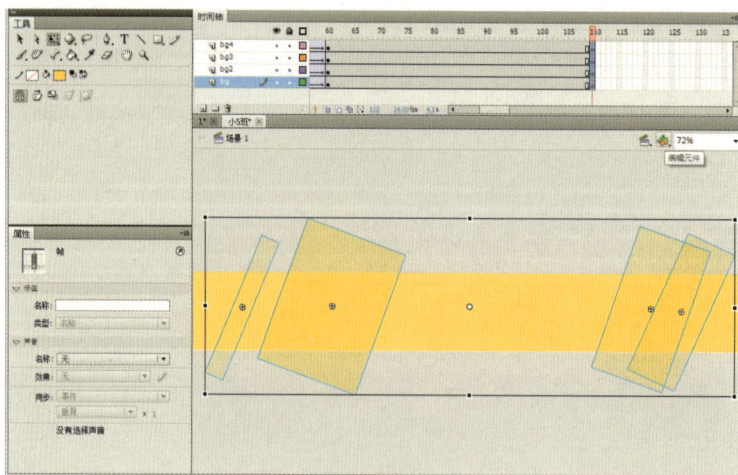

图 5-333

（18）在"时间轴"面板上新建文件夹，命名为 bg，选择 bg 图层到 bg4 图层，并拖曳到 bg 文件夹中，效果如图 5-334 所示。

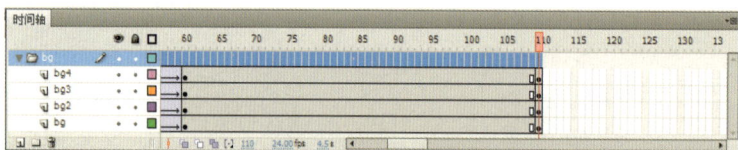

图 5-334

（19）在 bg4 图层的上方新建图层命名为 light1，激活工具箱中的"椭圆工具"，在舞台上绘制椭圆形，设置轮廓线为"无"，填充颜色为白色，Alpha 数值为 65，效果如图 5-335 所示。

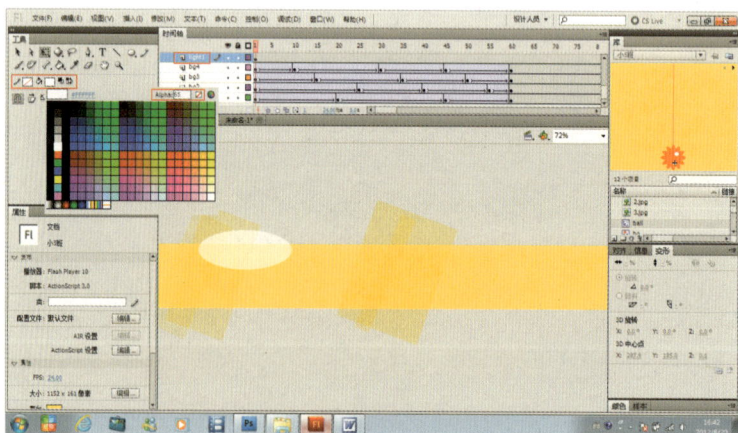

图 5-335

（20）执行菜单"修改"→"形状"→"柔化填充边缘"命令，在弹出的"柔化填充边缘"面板上，设置距离为 100 像素，步长数为 50，如图 5-336 所示。单击"确定"按钮，效果如图 5-337 所示。

（21）激活工具箱中的"任意变形工具"，单击 light1 图层的第 1 帧，选中椭圆形和全部边缘线，调整角度，效果如图 5-338 所示。

图 5-336

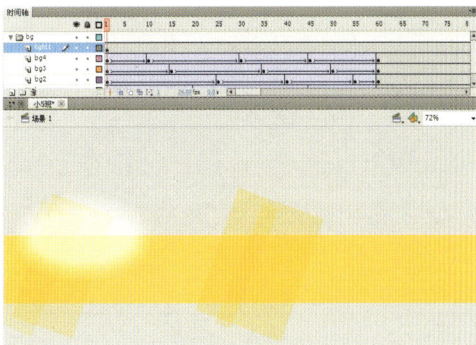

图 5-337

（22）新建图层，命名为 light2，调整 Alpha 为 50，绘制一个椭圆形，用与 light1 图层同样的方法制作边缘柔化的椭圆形，并调整位置，效果如图 5-339 所示。

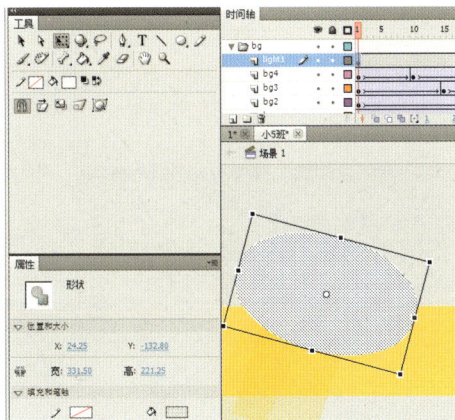

图 5-338

图 5-339

（23）按 Ctrl+Enter 键，导出影片预览，效果如图 5-340 所示。

图 5-340

（24）依次新建图层"light3""light4"，用同样的方法制作椭圆形，并调整位置和角度，效果如图 5-341 所示。

（25）按 Ctrl+Enter 键，导出影片预览，效果如图 5-342 所示。

（26）执行菜单"文件"→"导入"→"导入到库"命令，如图 5-343 所示，将素材"请勿转载"导入到"库"，同时在 light4 图层的上方新建图层，命名为"版权"。

（27）将"库"中的"请勿转载"拖曳到舞台中，在"对齐"面板中勾选"与舞台对齐"，单击"水平中齐"和"底部分布"按钮，使图片处于舞台底部中央，效果如图 5-344 所示。

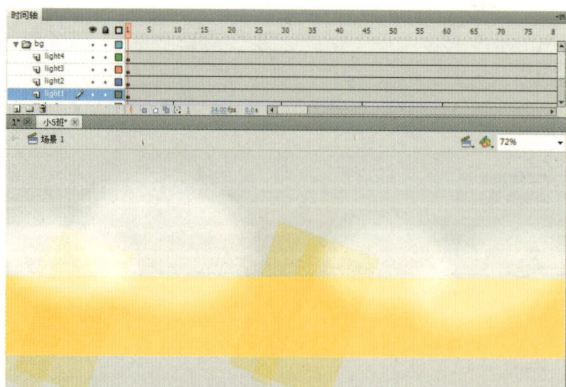
■ 图 5-341

■ 图 5-342

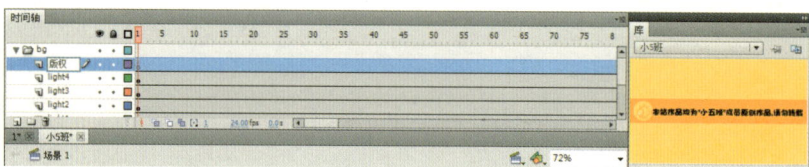
■ 图 5-343

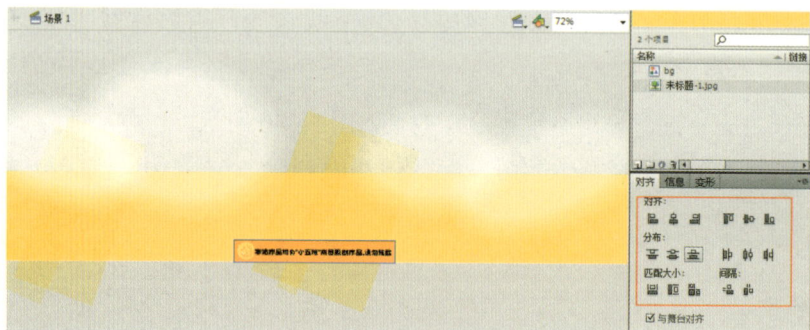
■ 图 5-344

（28）选择图片，执行菜单"修改"→"转换为元件"命令，在弹出的"转换为元件"面板中，设置"名称"为"版权图片"，"类型"为"图形"，效果如图 5-345 所示。

■ 图 5-345

（29）在"版权"图层的第 15 帧、第 30 帧位置插入"关键帧"，并选择"创建传统补间"命令。依次在第 1 个"关键帧"上，将对应的图片元件的 Alpha 数值设置为 25%，第 2 个关键帧上对应的图片元件保持原状态，将第 3 个关键帧上对应的图片元件调整大小和位置，效果如图 5-346 至图 5-348 所示。

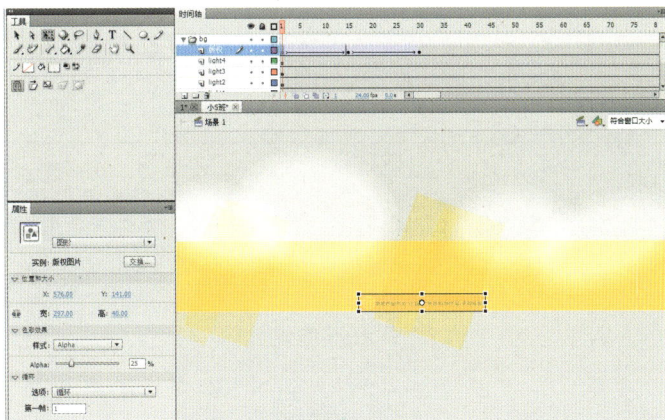

图 5-346

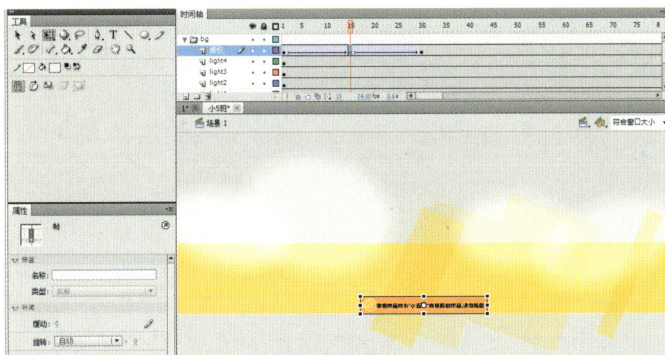

图 5-347

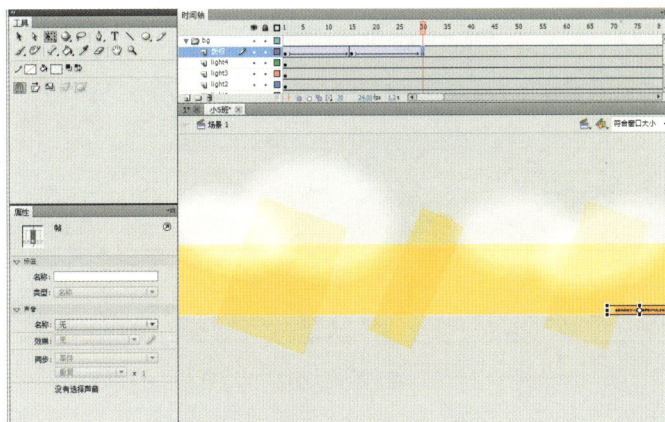

图 5-348

（30）在"版权"图层的第 111 帧位置插入"关键帧"，并选择"创建传统补间"命令，在第 111 帧上，将图片元件的 Alpha 调整为 0%，效果如图 5-349 所示。

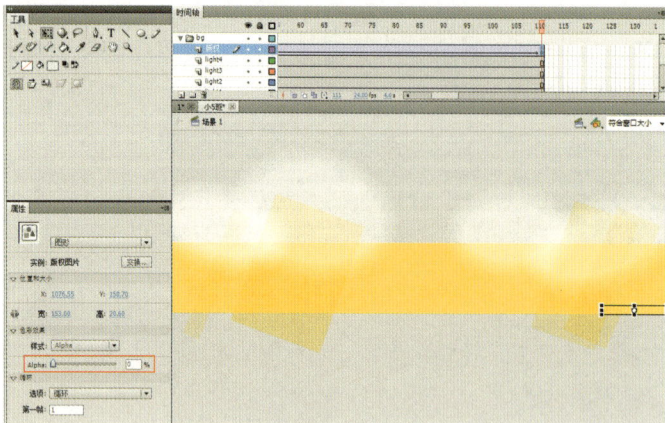

■ 图 5-349

（31）执行菜单"文件"→"导入"→"导入到库"命令，在弹出的"导入到库"面板中选择素材图片"小 5 班"，将其导入"库"面板中。

（32）如图 5-350 所示，在 bg 文件夹的上方新建图层，命名为 class5。

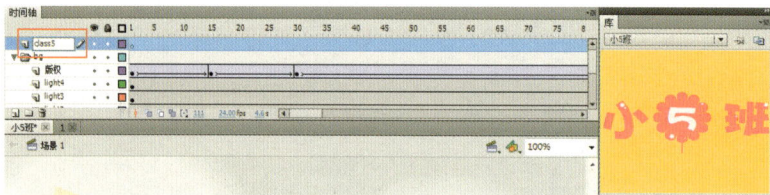

■ 图 5-350

（33）在 class5 图层第 20 帧的位置插入关键帧，将"库"面板中的图片"小 5 班"拖曳到舞台中。在"对齐"面板中勾选"与舞台对齐"选项，单击"水平中齐"按钮和"底部分布"按钮，将图片对齐舞台下边线，并放置在舞台中心位置，效果如图 5-351 所示。

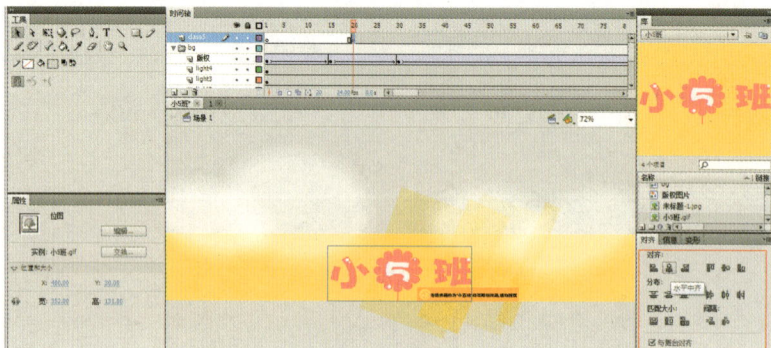

■ 图 5-351

（34）执行菜单"修改"→"转换为元件"命令，在弹出的 "转换为元件"面板中命名为 class5，如图 5-352 所示，选择"图形"，单击"确定"按钮。

（35）在 class5 图层的第 45 帧，单击鼠标右键，选择"插入关键帧"命令。在 class5 图层的第1个和第2个关键帧之间单击鼠标右键，选择"创建传统补间"命令，效果如图5-353所示。

图 5-352

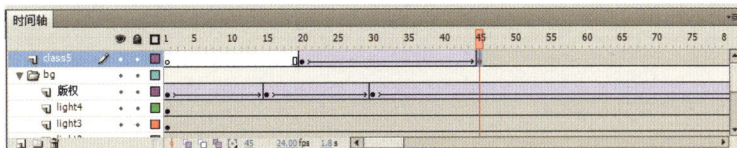

图 5-353

（36）单击class5图层的第1个关键帧，再单击舞台上对应的图形，在"属性"面板上调整Alpha，将Alpha数量调整为10%，效果如图5-354所示。class5图层的第2个关键帧参数不变，效果如图5-355所示。

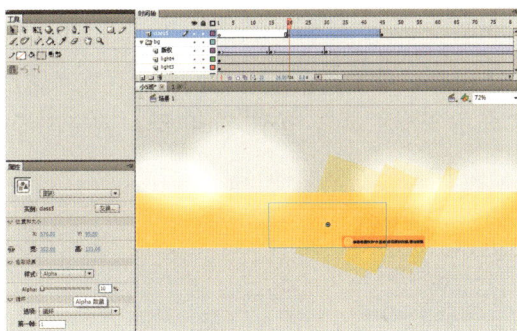

图 5-354

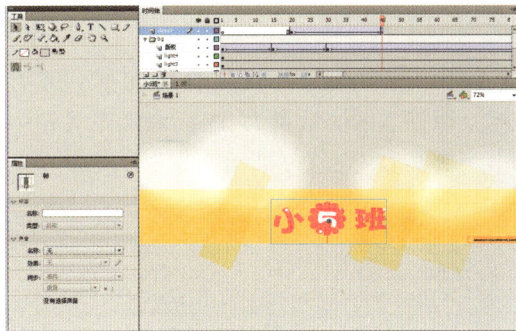

图 5-355

（37）新建图层，命名为class5-1，在第45帧位置插入关键帧。

（38）选中class5图层的第45帧，即第2个关键帧，如图5-356所示，执行菜单"编辑"→"复制"命令，再选中class5-1图层的第45帧，执行菜单"编辑"→"粘贴到当前位置"。将元件class5在原位置粘贴，效果如图5-357所示。

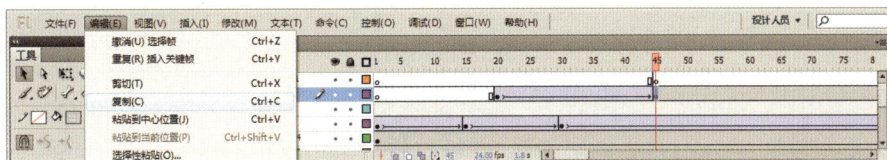

图 5-356

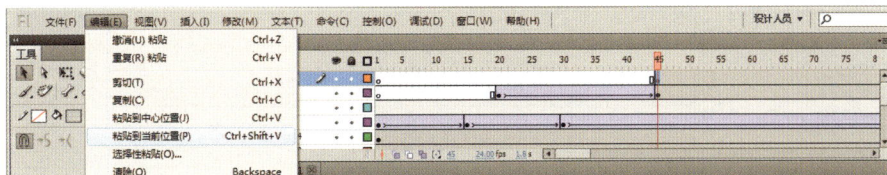

图 5-357

（39）单击 class5-1 图层的第 80 帧，单击鼠标右键，选择"插入关键帧"。在第 1 个和第 2 个关键帧之间单击鼠标右键，选择"创建传统补间"命令。

（40）选择 class5-1 图层的第 45 帧，即第 1 个关键帧，单击舞台上对应的图形，如图 5-358 所示，在"属性"面板上调整 Alpha 数量为 50%。

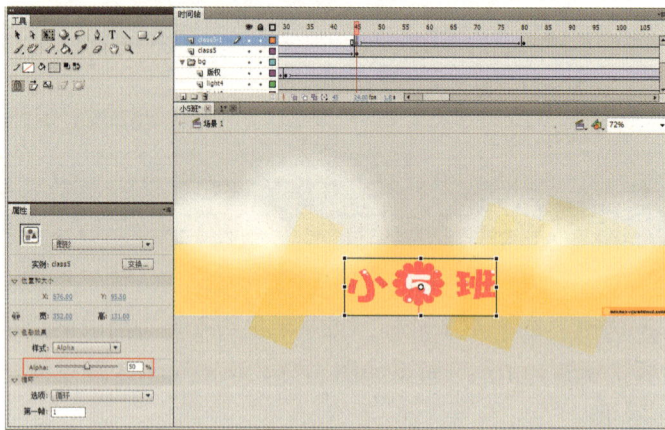

■ 图 5-358

（41）选择 class5-1 图层的第 80 帧，即第 2 个关键帧，单击舞台上对应的图形，在"属性"面板上调整 Alpha 数量为 0%。激活工具箱中的"任意变形工具"，按住 Shift 键，调整图形的大小，效果如图 5-359 所示。

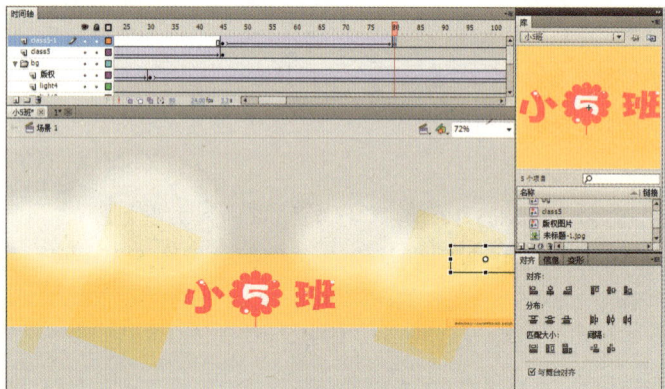

■ 图 5-359

（42）新建图层，并命名为 class5-2，选择 class5-1 图层的第 45 帧到第 80 帧，单击鼠标右键，选择"复制帧"，在 class5-2 图层的第 50 帧位置，单击鼠标右键，选择"粘贴帧"命令，效果如图 5-360 所示。

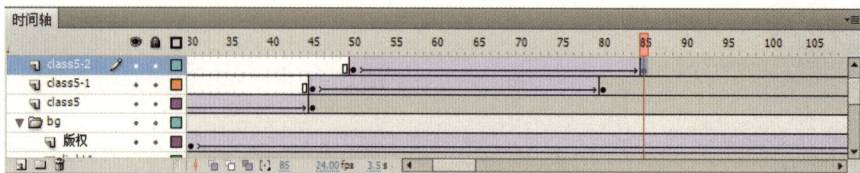

■ 图 5-360

（43）选择 class5-2 图层的第 85 帧，即第 2 个关键帧，移动图形位置，利用"任意变形工具"按比例调整大小，效果如图 5-361 所示。

图 5-361

（44）新建图层，并命名为 class5-3，用同样的方法在该图层的第 55 帧位置粘贴帧，选择第 90 帧，即第 2 个关键帧，调整舞台上对应的图形位置、大小和比例，效果如图 5-362 所示。

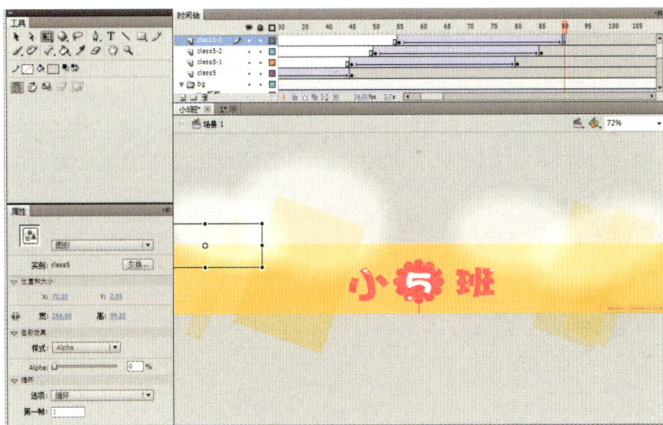

图 5-362

（45）新建图层，并命名为 class5-4，用同样的方法在该图层的第 60 帧位置粘贴帧，选择第 95 帧，即第 2 个关键帧，调整舞台上对应图形的位置、大小和比例，效果如图 5-363 所示。

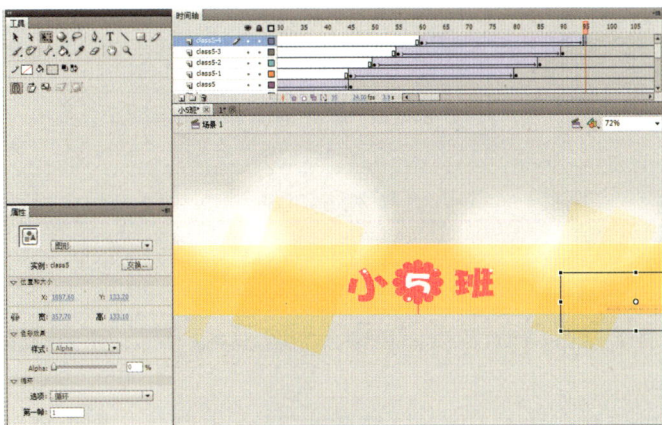

图 5-363

（46）新建图层，并命名为 class5-5，用同样的方法在该图层的第 65 帧位置粘贴帧，选择第100帧，即第2个关键帧，调整舞台上对应图形的位置、大小和比例，效果如图5-364所示。

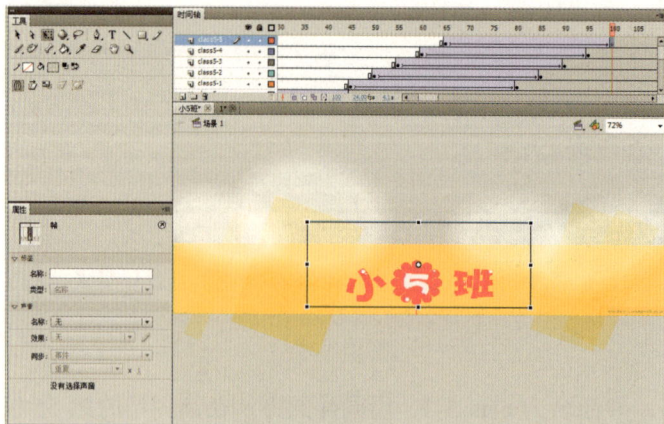

图 5-364

（47）选择class5-2图层的第112帧，按住Shift键单击最后一帧，单击鼠标右键，选择"删除帧"命令，如图5-365所示。

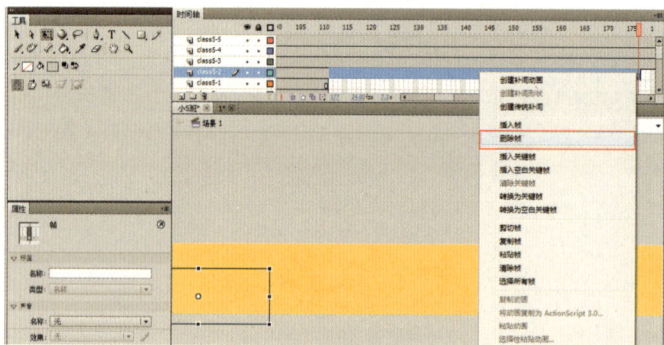

图 5-365

（48）用同样的方法将class5-3图层、class5-4图层、class5-5图层后的灰色条全部选中，单击鼠标右键，选择"删除帧"命令。此时，"时间轴"面板效果如图5-366所示。

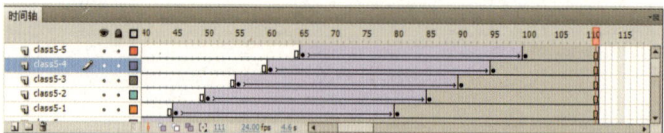

图 5-366

（49）新建文件夹，并命名为class5，选中class5图层到class5-5图层，并拖曳到文件夹下，效果如图5-367所示。

（50）导入素材图片3.jpg到"库"面板中，如图5-368所示，并在class5文件夹上方新建图层并命名为cartoon。

（51）在第40帧位置上插入关键帧，将图片3.jpg从"库"面板拖曳到舞台上，效果如图5-369所示。

（52）选中图片单击鼠标右键，在弹出的快捷菜单中选择"分离"命令，效果如图5-370

所示。

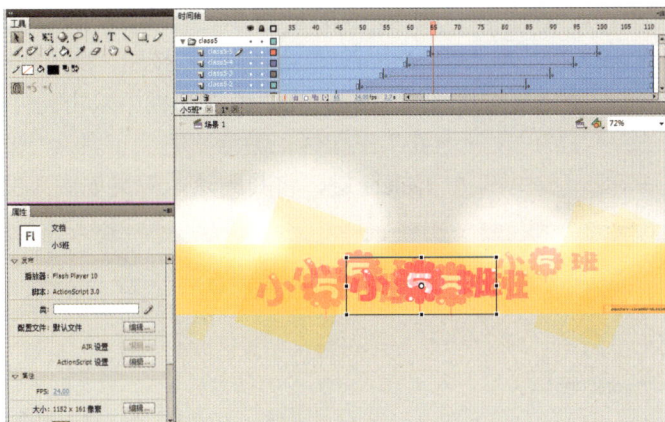

■ 图 5-367

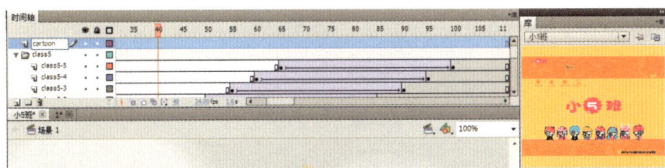

■ 图 5-368

■ 图 5-369

■ 图 5-370

■ 图 5-371

（53）执行菜单"修改"→"转换为元件"命令，如图 5-371 所示，在其弹出的对话框上设置名称为 cartoon，单击"确定"按钮，将图片转换为元件 cartoon。

（54）在"库"面板中双击元件 cartoon，打开"元件"工作区，激活"箭头工具"，选中"局部区域"，按 Delete 键，将其删除，效果如图 5-372 所示。

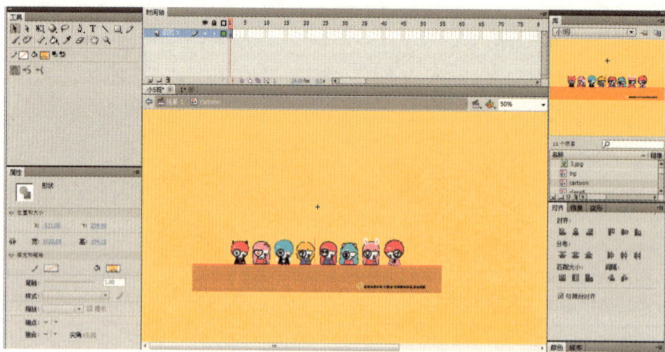

■ 图 5-372

（55）对于其中局部不易删除的部分，可以通过激活工具箱中的"套索工具"，如图 5-373 所示，然后单击面板左下角按钮，在弹出的"魔术棒设置"对话框中，如图 5-374 所示，设置相应参数，单击"确定"按钮。利用"魔术棒工具"选择元件中多余的色块，按 Delete 键删除选中区域，效果如图 5-375 所示。有时为便于操作，可以将舞台背景暂时调整为黑色。

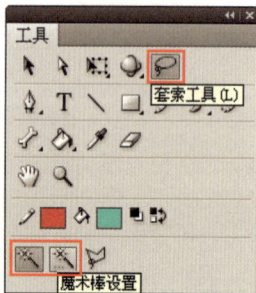

■ 图 5-373

■ 图 5-374

■ 图 5-375

（56）返回场景工作区，调整舞台上元件cartoon的位置和大小，效果如图5-376所示。

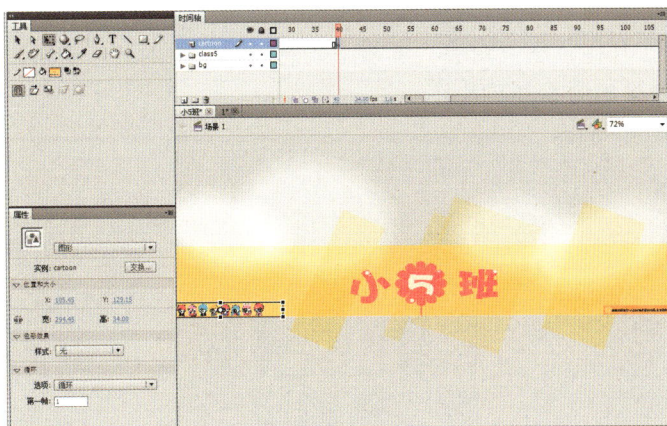

图 5-376

（57）在cartoon图层的第100帧位置，单击鼠标右键，插入"关键帧"，水平移动元件cartoon到如图5-377所示位置。

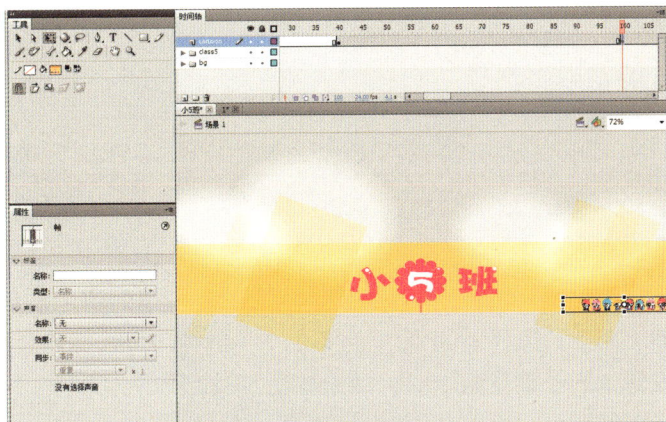

图 5-377

（58）在cartoon图层的第1个和第2个关键帧之间选择"创建传统补间"命令。将素材图片2.jpg导入"库"，如图5-378所示。新建图层，并命名为door，在第112帧位置插入关键帧。

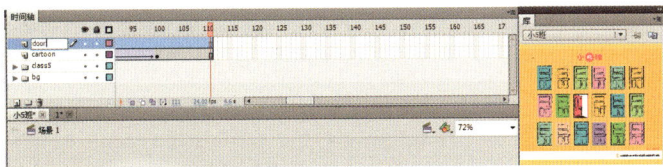

图 5-378

（59）将"库"中的图片2.jpg拖曳到舞台上。执行菜单"修改"→"转换为元件"命令，在弹出的"转换为元件"对话框中命名为door，单击"确定"按钮，如图5-379所示，将图片2.jpg转换为元件。

（60）双击"库"中的元件door，打开元件door工作区，选中元件door，单击鼠标右键，选择"分离"。激活"套索工具"，设置"魔术棒"的值为5，使用"魔术棒"删除多余色块，效果如图5-380所示。

（61）返回场景工作区，在"对齐"面板上勾选"与舞台对齐"选项，单击底部"分布和水平中齐"按钮，效果如图5-381所示。

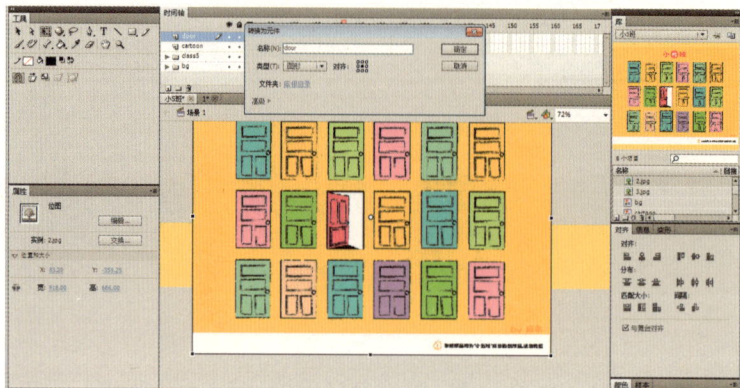

■ 图5-379

■ 图5-380

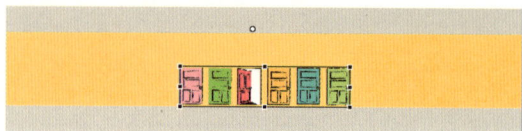

■ 图5-381

（62）在door图层的第160帧位置插入关键帧，在door图层的第1个和第2个关键帧之间选择"创建传统补间"命令。选择door图层的第1个关键帧，再选择舞台中对应的元件图形，在"属性"面版上设置Alpha数量为10%，效果如图5-382所示。

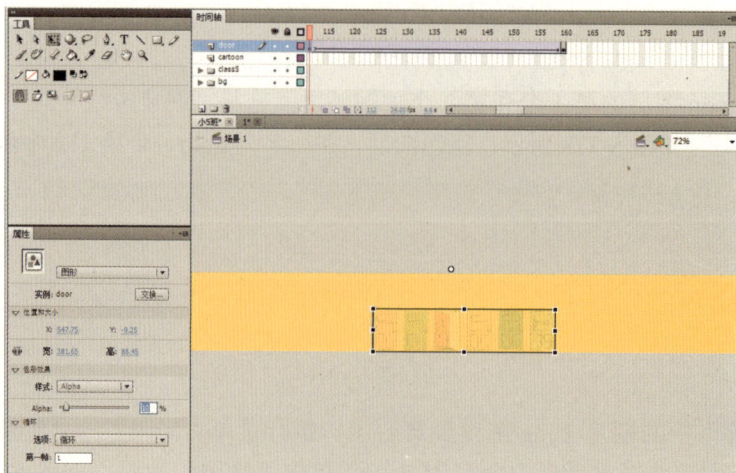

■ 图5-382

（63）执行菜单"插入"→"新建元件"命令，在弹出的"创建新元件"对话框中，如图5-383

所示，设置"名称"为 ball，"类型"选择"影片剪辑"。

■ 图 5-383

（64）在打开的"影片剪辑 ball"工作区中，激活工具箱中的"椭圆形工具"，设置笔触颜色为无，填充颜色为#FF6600，绘制椭圆形，效果如图 5-384 所示。

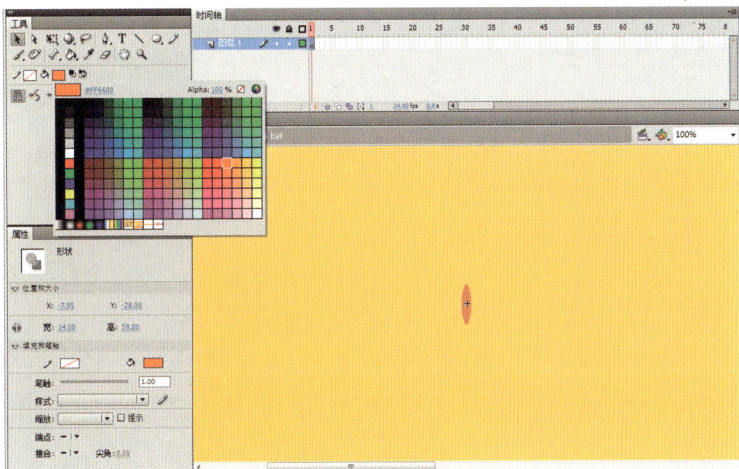

■ 图 5-384

（65）执行菜单"窗口"→"变形"命令，弹出"变形"对话框。保持椭圆形被选中状态，设置参数，如图 5-385 所示，单击数次"重制选区和变形"按钮，得到如图 5-386 所示效果。

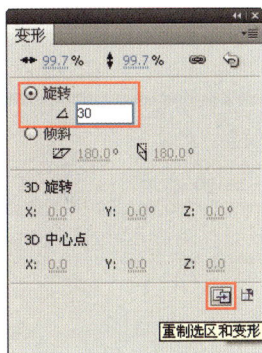

■ 图 5-385

■ 图 5-386

（66）在"影片剪辑"工作区的"图层 1"的第 20 帧单击鼠标右键，选择"插入关键帧"。在第 1 个和第 2 个关键帧之间选择"创建传统补间"命令。

（67）鼠标分别在"图层 1"第 1 个和第 2 个关键帧位置上单击，在"属性"面板的"旋转"选项中选择"顺时针旋转"，旋转次数设置为 5，效果如图 5-387 所示。

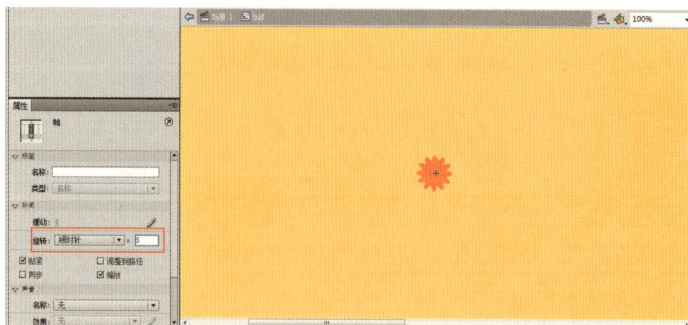

图 5-387

（68）新建"图层 2"，并拖曳到"图层 1"的下方。激活工具箱中的"线条工具"，笔触颜色设置为#FF6600，笔触大小设置为 1 像素，绘制一条垂直线，效果如图 5-388 所示。

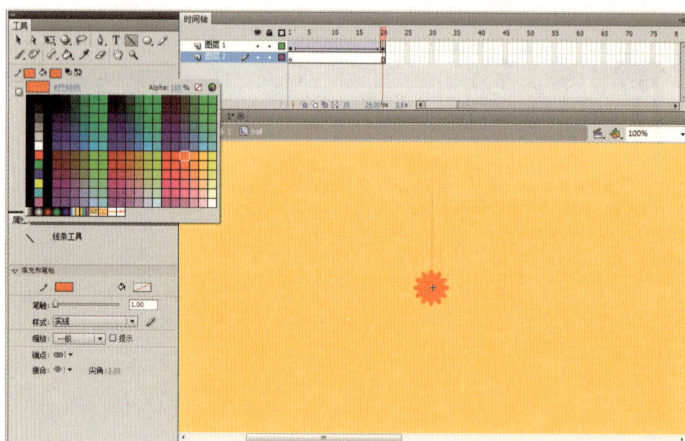

图 5-388

（69）新建"图层 3"，激活工具箱中的"椭圆形工具"，设置笔触颜色为无，设置填充颜色为白色#FFFFFF，绘制一个白色椭圆形，效果如图 5-389 所示。

（70）返回场景工作区，新建图层并命名为 ball，在该图层第 112 帧位置插入关键帧，在"库"面板中拖曳影片剪辑元件 ball 到舞台上，如图 5-390 所示。

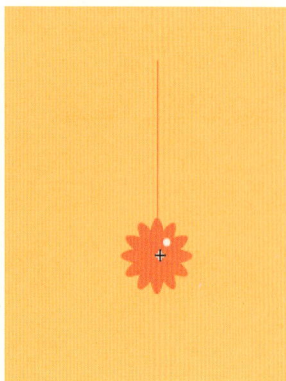

图 5-389

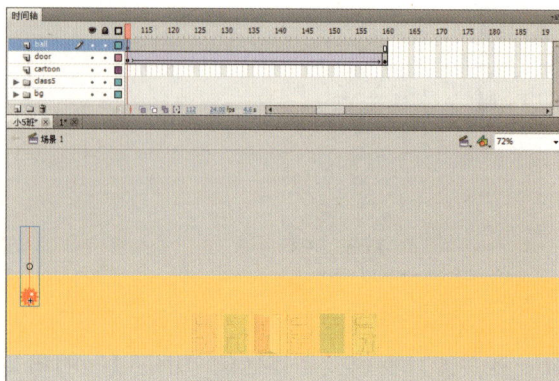

图 5-390

（71）多次拖曳影片剪辑元件 ball 到舞台上。激活工具箱中的"任意变形工具"，调整舞台上影片剪辑元件 ball 的大小，效果如图 5-391 所示。

■ 图 5-391

（72）如图 5-392 所示，同时选中 ball 图层和 door 图层的第 220 帧，单击鼠标右键，选择"插入帧"。

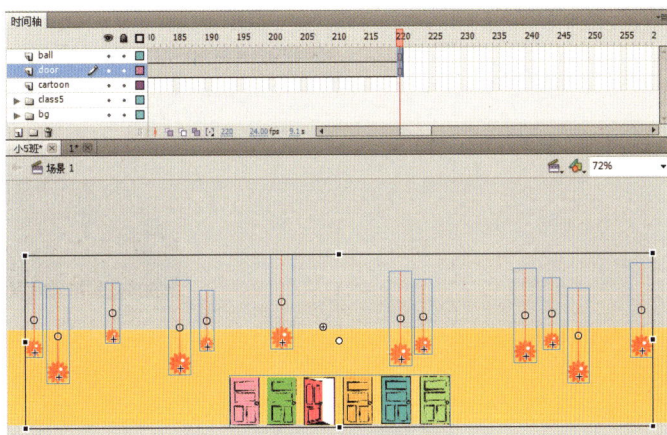

■ 图 5-392

（73）动画制作完毕。执行菜单"文件"→"导出"→"导出影片"命令，在弹出的"导出影片"对话框中选择要储存的位置，并命名为"小 5 班"，效果如图 5-393 所示。

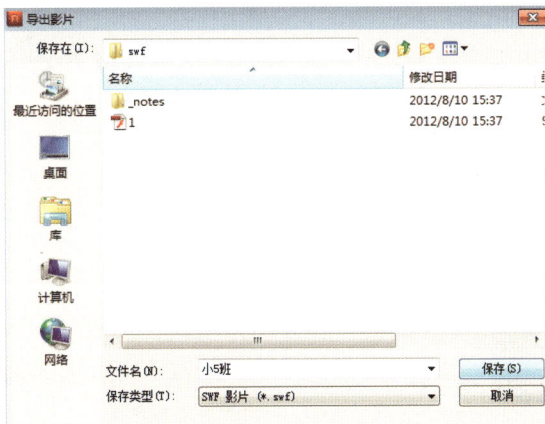

■ 图 5-393

5.2.6 "新小5班"创作

"新小5班"的页面采用新的设计版式，重新组合"小5班"的内容，成为另一种风格的"小5班"（"新小5班"）网页效果。

1. 页头部分制作

在页头部分，根据设计草稿安排 Logo、导航栏、Banner 这几部分内容。其中，导航栏部分设置子导航栏。

（1）根据设计草图，新建文件，设置宽度和高度分别为 1043 像素和 1096 像素。按住鼠标左键从标尺中拖曳出辅助线，效果如图 5-394 所示。

（2）激活工具箱中的"矩形选框工具"，在新建图层上绘制一个矩形，设置填充颜色为 #020202，将页头部分和页中部分划分开，效果如图 5-395 所示。

图 5-394

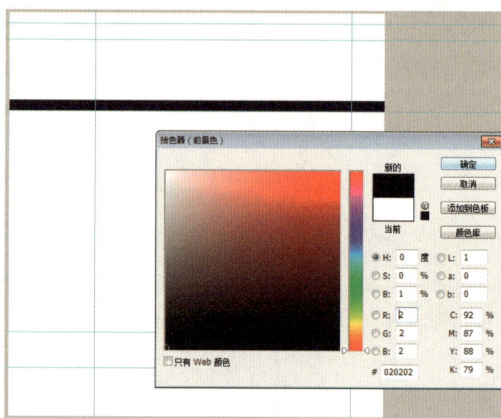
图 5-395

（3）激活工具箱中的"矩形选框工具"，在新建图层上绘制一个矩形，设置填充颜色为 #fc9b0e，如图 5-396 所示。

（4）激活工具箱中的"画笔工具"，选择"柔角"为"100 像素"笔形，混合模式设置为"正常"，不透明度设置为 100%，流量设置为 20%，颜色设置为白色#ffffff，在新建图层上随意绘制一些笔触，如图 5-397 所示。或者激活工具箱中的"橡皮工具"，设置模式为"画笔"，选择柔角为"100 像素"笔形，设置不透明度为 100%，设置流量为 20%，将笔触图层稍加修改，使其变化得更加自然。

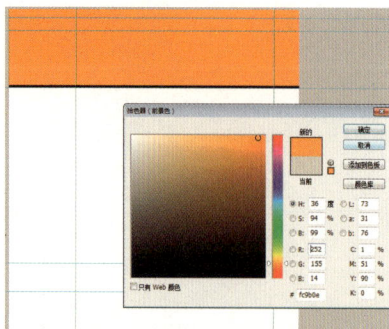
图 5-396

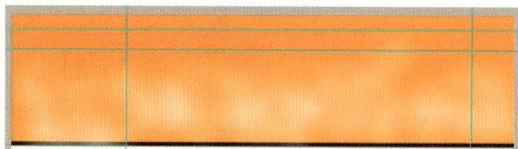
图 5-397

（5）在"图层"面板中选中"笔触"图层，单击鼠标右键，在弹出的快捷菜单中选择"创建剪贴蒙版"命令，从而将超出的部分剪切掉，效果如图 5-398 所示。

（6）将素材（s-12 至 s-19）复制至文件中，单击鼠标右键，在弹出的快捷菜单中选择"转换为智能对象"命令，调整图片的大小和位置，效果如图 5-399 所示。

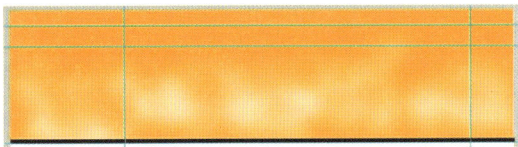

■ 图 5-398

■ 图 5-399

（7）激活工具箱中的"矩形选框工具"，在新建图层上绘制一个矩形选区。激活工具箱中的"渐变工具"，选择"线形渐变"方式，在"渐变"编辑器上设置颜色为#d68209 到#fbb44d 的渐变，在矩形选区中从上到下垂直拉出颜色的渐变色，效果如图 5-400 所示。

（8）激活工具箱中的"橡皮工具"，模式设置为"画笔"，选择柔角为"200 像素"笔形，设置不透明度为 100%，设置流量为 20%，在渐变矩形的两端各单击一次，使矩形条两端成半透明状。在"图层"面板上选中"渐变矩形"图层，调整不透明度为 25%，效果如图 5-401 所示。

■ 图 5-400

■ 图 5-401

（9）将 Logo 复制至文件中，单击鼠标右键，在弹出的快捷菜单中选择"转换为智能对象"命令，调整大小和位置，效果如图 5-402 所示。

（10）激活工具箱中的"矩形选框工具"，在新建图层上绘制矩形，设置填充颜色为#33e0ff，效果如图 5-403 所示。

■ 图 5-402

■ 图 5-403

（11）激活工具箱中的"横排文字工具"，设置字体为"Lao UI"，字体样式为 Regular，字号为 16 点，字符的比例间距为 50%，颜色为白色（#ffffff），选择"仿粗体"，输入网址文字，效果如图 5-404 所示。

（12）新建图层，激活工具箱中的"圆角矩形工具"，在属性栏中单击"填充像素"按钮，设置半径为 15 像素，设置前景色为白色（#ffffff），绘制一个如图 5-405 所示的圆角矩形。

■ 图 5-404

■ 图 5-405

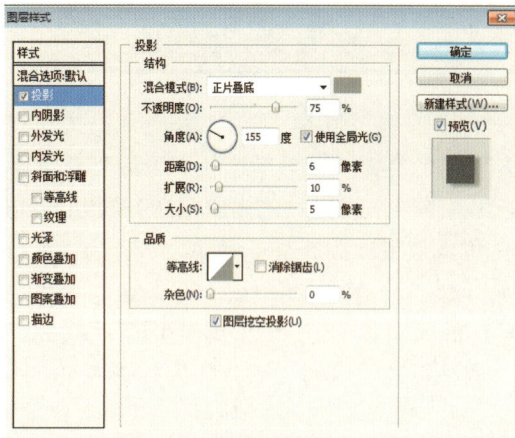

■ 图 5-406

（13）双击"图层"面板中的"白色圆角矩形"图层，打开"图层样式"面板，勾选"投影"选项，设置参数如图 5-406 所示。其中，投影颜色设置为#949494，单击"确定"按钮。激活工具箱中的"横排文字工具"，设置字体为"方正毡笔黑简体"，字号为 18 点，水平缩放为 90%，所选字符的字间距为-20，颜色设置为#a9a399，输入导航文本，效果如图 5-407 所示。

（14）激活工具箱中的"竖排文字工具"，设置字体为"黑体"，字号为 12 点，水平缩放为 60%，所选字符的字间距为-50，颜色设置为#d1cfcc，选择"仿粗体"。单击键盘上的符号"—"四次，并在每个字符之间单击空格。将该图层复制 5 次，并移动到合适的位置上，效果如图 5-408 所示。

■ 图 5-407

■ 图 5-408

（15）激活工具箱中的"矩形选框工具"，在新建图层上绘制矩形选区并设置填充颜色为#ffdb4e，效果如图 5-409 所示。

（16）新建图层，激活工具箱中的"画笔工具"，选择柔角为"45 像素"笔形，设置不透明度为 100%，流量为 20%，前景色为白色#ffffff，在橙色矩形上方水平绘制笔触，原位置重复一次，可以使笔触稍有变化，效果如图 5-410 所示。

（17）在"图层"面板中选中"笔触"图层，调整图层的不透明度为 45%，单击鼠标右键，在弹出的快捷菜单中选择"创建剪贴蒙版"命令，效果如图 5-411 所示。

■ 图 5-409

■ 图 5-410

■ 图 5-411

（18）激活工具箱中的"矩形选框工具"，在新建图层上绘制一个矩形并设置填充白色为

#ffffff，同时将图层的不透明度设置为 20%，调整该图层位置，将该图层置于白色圆角矩形的下方，效果如图 5-412 所示。

（19）激活工具箱中的"横排文字工具"，设置字体为"方正毡笔黑简体"，字号为 12 点，颜色为白色#ffffff，输入导航文本；再次设置字体为 Arial，字体样式为 Bold，字号为 10 点，水平缩放为 90%，字符的字间距为-25，颜色为#ffffff，在导航栏上方输入导航文本，效果如图 5-413 所示。至此，页头部分的制作完成。

■ 图 5-412

■ 图 5-413

2. 页尾部分的制作

（1）激活工具箱中的"矩形选框工具"，新建图层，在页脚绘制一个矩形并设置填充颜色为#ffe686，效果如图 5-414 所示。

（2）继续新建图层，在页脚绘制一个矩形，并设置填充颜色为#fc9b0e，效果如图 5-415 所示。

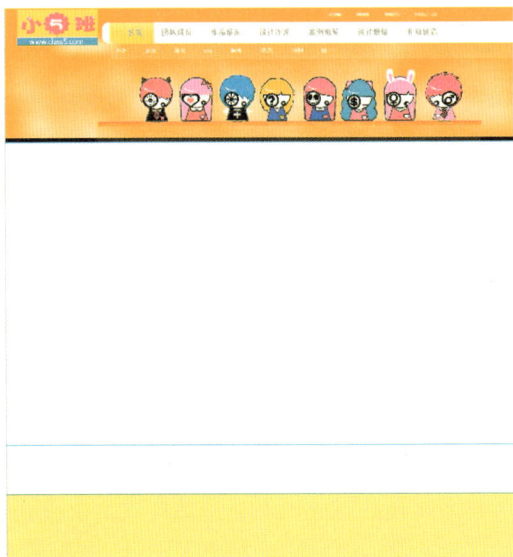
■ 图 5-414

■ 图 5-415

（3）激活工具箱中的"横排文字工具"，设置字体为"方正幼线简体"，字号为 13 点，字符比例间距为 40%，颜色为#83796d，消除锯齿方法选择"浑厚"，输入如图 5-416 所示文本。

（4）利用 CorelDRAW 软件绘制或将准备好的"信封"图片复制至文件中，单击鼠标右键，将其转换为"智能对象"，调整大小和位置，效果如图 5-417 所示。

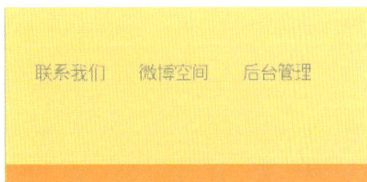
■ 图 5-416

（5）激活工具箱中的"横排文字工具"，设置字体为 Arial，字体样式为 Regular，字号为 12 点，水平缩放为 90%，颜色为#a2927f，消除锯齿方法选择"犀利"。输入邮箱文本。再次设置字体为 Arial，字体样式为 Regular，字号为 12 点，水平缩放为 100%，字符比例间距为 40%，颜色为#a2927f，消除锯齿方法选择"犀利"，输入其他文本，然后将其他素材复制至文件中，并将其转换为智能对象后调整图片的大小和位置，效果如图 5-418 所示。

■ 图 5-417

■ 图 5-418

（6）激活工具箱中的"直线工具"，在其属性栏中单击"像素填充"按钮，粗细设置为 1 像素，颜色设置为#b2ae9f，在新建图层中绘制一条垂直线，如图 5-419 所示。

（7）以"直线"图层为当前图层，激活工具箱中的"橡皮工具"，模式设置为"画笔"，选择柔角为"100 像素"笔形，设置不透明度为 100%，设置流量为 45%，在垂直线两端单击数次，将垂直线两端虚化，效果如图 5-420 所示。

■ 图 5-419

■ 图 5-420

（8）激活工具箱中的"矩形选框工具"，在新建图层中绘制一个矩形，设置填充颜色为#00ccff。激活工具箱中的"横排文字工具"，设置字体为 Lao UI，字体样式为 Regular，字号为 18 点，字符比例间距为 50%，颜色为白色#ffffff，选择"仿粗体"，消除锯齿方法选择"平滑"，输入文本，效果如图 5-421 所示。

（9）激活工具箱中的"横排文字工具"，设置字体为 Comic Sans MS，字体样式为 Regular，字号为 36 点，字符比例间距为 50%，颜色为#a2927f，消除锯齿方法选择"平滑"，输入文本，效果如图 5-422 所示。页脚部分的制作完成。此时，整体效果如图 5-423 所示。

■ 图 5-421

■ 图 5-422

图 5-423

3. 页中部分制作

（1）激活工具箱中的"圆角矩形工具"，设置半径为 20 像素，在新建图层上绘制一个填充颜色为白色（#ffffff）的矩形，效果如图 5-424 所示。

（2）以"圆角矩形"图层为当前图层，执行菜单"编辑"→"描边"命令，在其面板上设置宽度为 1 像素，颜色为#dfd9d1，位置选择"居中"，模式选择"正常"，给圆角矩形添加一个边线，效果如图 5-425 所示。

图 5-424

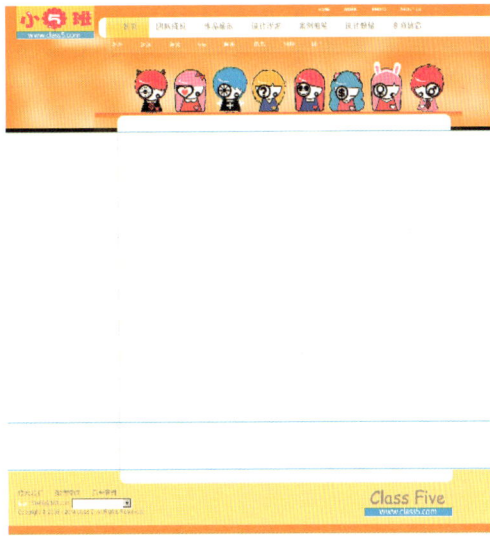

图 5-425

（3）复制"圆角矩形"图层，并将新复制的图层上的图形填充颜色为#aeaeae，使圆角矩形成为灰色图形，效果如图 5-426 所示。

（4）在"图层"面板上选中灰色圆角矩形图层，将其拖曳到白色圆角矩形图层的下方。执行菜单"编辑"→"变换"→"旋转"命令，将灰色圆角矩形向左旋转一定角度，效果如图 5-427 所示。

■ 图 5-426

■ 图 5-427

（5）复制灰色圆角矩形图层，然后向右旋转一定角度，效果如图 5-428 所示。

（6）合并两个灰色圆角矩形。激活工具箱中的"矩形选框工具"，在圆角矩形上方，将超出白色区域部分绘制选区，按 Delete 键，将选区内的灰色圆角矩形删除，效果如图 5-429 所示。

■ 图 5-428

■ 图 5-429

（7）同样的方法，利用"选区工具"删除圆角矩形下半部分的灰色图形，使白色的圆角矩形形成一个投影，效果如图 5-430 所示。

（8）在"图层"面板上，设置灰色圆角矩形图层的不透明度为 42%，以增加真实感，效果如图 5-431 所示。

■ 图 5-430

■ 图 5-431

（9）激活工具箱中的"圆角矩形工具"，设置半径为 20 像素，前景色为#fed65c，绘制如图 5-432 所示的圆角矩形。

（10）在"图层"面板中双击该图层，在"图层样式"面板中勾选"投影""内投影""描边"选项，在"投影"面板上设置混合模式为"正片叠底"，不透明度为 75%，角度为 155 度，距离为 2 像素，扩展为 0%，大小为 4 像素，颜色为黑色#000000。在"内投影"面板上设置混合模式为"正常"，不透明度为 50%，角度为 155 度，距离为 4 像素，扩展为 0%，大小为 4 像素，颜色为白色（#ffffff）。在"描边"面板上设置大小为 1 像素，位置为"外部"，混合模式为"正常"，不透明度为 100%，颜色为#fc9b0e。单击"确定"按钮，效果如图 5-433 所示。

■ 图 5-432

（11）激活工具箱中的"横排文字工具"，设置字体为"方正毡笔黑简体"，字号为 30 点，水平缩放为 90%，颜色为#1bb8df，消除锯齿方法选择"犀利"，输入如图 5-434 所示文本。

■ 图 5-433

■ 图 5-434

（12）激活工具箱中的"自定形状工具"，选择"箭头 9"，颜色设置为#fc9b0e，按住 Shift 键，在新建图层中绘制箭头图形。双击该图层打开"图层样式"面板，勾选"投影"选项，在"投影"面板上设置混合模式为"正片叠底"，不透明度为 25%，角度为 155 度，距离为 2 像素，扩展为 0%，大小为 2 像素。单击"确定"按钮，效果如图 5-435 所示。

（13）将素材（s-29）复制至文件中，单击鼠标右键，将其转换为智能对象，调整图片的大小和位置，效果如图 5-436 所示。

■ 图 5-435

■ 图 5-436

（14）激活工具箱中的"横排文字工具"，在"字符"面板中设置字体为"方正幼线简体"，字号为 16 点，行间距为 22 点，颜色为#908f8e，选择"仿粗体"，消除锯齿方法选择为"平滑"，输入如图 5-437 所示文本。

■ 图 5-437

（15）将其他素材复制至文件中，单击鼠标右键，将其转换为智能对象，调整大小和位置。激活工具箱中的"横排文字工具"，"字符"面板设置同上一步骤，效果如图 5-438 所示。

（16）在"文字"图层的下方新建图层，激活工具箱中的"矩形选框工具"，绘制三个矩形选区，设置填充颜色为#fed009，调整图层的不透明度为 30%，使文字段落分布清晰，效果如图 5-439 所示。

（17）新建图层，激活工具箱中的"矩形选框工具"，在页中左部分绘制矩形选区，设置填充颜色为#fed65c，并调整图层的不透明度为 30%，效果如图 5-440 所示。

（18）激活工具箱中的"矩形选框工具"，在新建图层上绘制矩形选区，设置填充白色。双击打开"图层样式"面板，勾选"描边"选项，在"描边"面板上设置大小为1像素，位置为"外部"，混合模式为"正常"，不透明度为100%，颜色为#bababa。再勾选"内投影"选项，在"内投影"面板上设置混合模式为"正片叠底"，不透明度为75%，角度为155度，距离为4像素，阻塞为0%，大小为1像素，单击"确定"按钮，效果如图5-441所示。

图 5-438

图 5-439

图 5-440

图 5-441

（19）复制白色矩形并移动至合适位置。激活工具箱中的"横排文字工具"，在"字符"面板中设置字体为"方正毡笔黑简体"，字号为30点，水平缩放为90%，字符的字间距为-20，颜色为#bebebe，消除锯齿方法选择"犀利"，输入如图5-442所示文本。

（20）激活工具箱中的"直线工具"，在其"属性"面板中单击"填充像素"按钮，同时设置粗细为1像素，颜色为#bababa，在新建图层上绘制水平线，效果如图5-443所示。

（21）在灰色水平线图层下方新建图层，同样绘制粗细为1像素，颜色为白色#ffffff的水平线，将白色水平线移动到灰色水平线下方，制造反光效果。激活工具箱中的"横排文字工具"，在"字符"面板上设置字体为"方正毡笔黑简体"，字号为14点，水平缩放为90%，字符比例间距为-20，颜色为#bebebe，输入文本，效果如图5-444所示。

（22）激活工具箱中的"圆角矩形工具"，在其"属性"面板中单击"填充像素"按钮，设置半径为 20 像素，颜色为#fed65c，在新建图层上绘制圆角矩形，效果如图 5-445 所示。

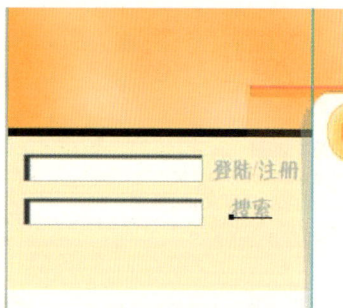

■ 图 5-442

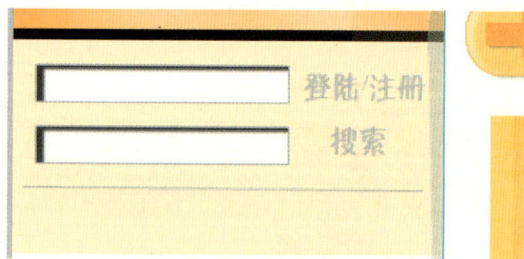

■ 图 5-443

■ 图 5-444

■ 图 5-445

（23）在"图层"面板上，选中页中左部分的黄色圆角矩形图层，单击鼠标右键，在其下拉菜单中选择"拷贝图层样式"命令。再选中新建的"圆角矩形"图层，单击鼠标右键，选择"粘贴图层样式"命令，效果如图 5-446 所示。

■ 图 5-446

（24）新建图层，激活工具箱中的"自定形状工具"，在其"属性"面板中单击"填充像素"按钮，选择"新月"图形，前景色设置为白色#ffffff，按住 Shift 键绘制一个白色新月图形，效果如图 5-447 所示。

（25）执行菜单"编辑"→"变换"→"水平翻转"命令，翻转图形。双击"新月"图层，打开"图层样式"面板，勾选"投影"选项，在"投影"面板中，设置混合模式为"正片叠底"，不透明度 20%，角度为 155 度，距离为 4 像素，扩展为 0%，大小为 2 像素，颜色为黑色#000000，单击"确定"按钮，效果如图 5-448 所示。

图 5-447

图 5-448

（26）激活工具箱中的"横排文字工具"，设置字体为"方正毡笔黑简体"，字号为 30 点，水平缩放为 90%，字符的字间距为-20，颜色为#1bb8df，消除锯齿方法选择"犀利"，输入"团队成员"文本。重新设置字体为"方正毡笔黑简体"，字号为 16 点，行间距为 28 点，水平缩放为 90%，字符的字间距为-20，颜色为#bebebe，消除锯齿方法选择"犀利"，输入其他段落文本，效果如图 5-449 所示。

（27）激活工具箱中的"横排文字工具"，设置字体为"黑体"，字号为 16 点，水平缩放为 90%，字符的字间距为 100，颜色为#dddddd，消除锯齿方法选择"犀利"，连续输入键盘上的连接符号，形成分割线。复制分割线六次，分别将新图层上的分割线移动到合适的位置，效果如图 5-450 所示。

（28）在"段落文本"图层的下方新建图层，激活工具箱中的"矩形选框工具"，绘制矩形选区并设置填充颜色为#ffcc33，调整图层透明度为 40%，效果如图 5-451 所示。

图 5-449

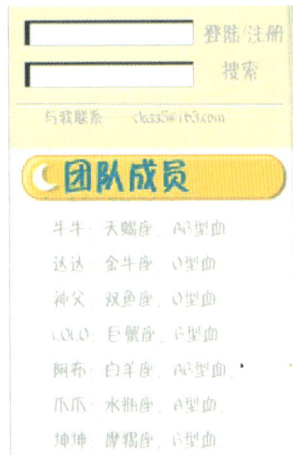

图 5-450

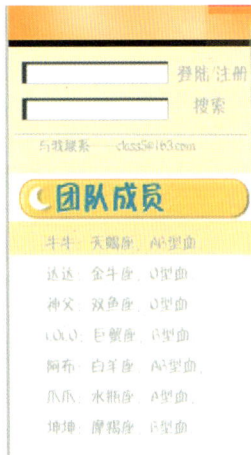

图 5-451

（29）新建图层，激活工具箱中的"矩形选框工具"，按住 Shift 键，绘制一个正方形，设置填充颜色为#bebebe。复制 6 次正方形并移动到合适的位置上，效果如图 5-452 所示。

（30）激活工具箱中的"矩形选框工具"，在新建图层上绘制一个矩形，设置填充颜色为#fbf6f3，效果如图 5-453 所示。

（31）在"图层"面板上双击矩形图层，打开"图层样式"面板，勾选"描边"选项，设置大小为 1 像素，位置为"外部"，混合模式为"正常"，不透明度为 100%，颜色为#d8d8d8，单击"确定"按钮，效果如图 5-454 所示。

（32）激活工具箱中的"矩形选框工具"，在新建图层上绘制矩形，设置填充颜色为#febc5a，如图 5-455 所示。

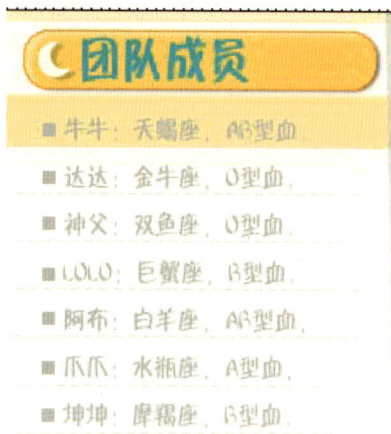

■ 图 5-452

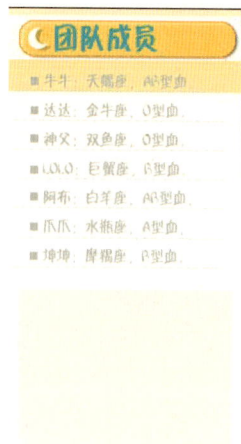

■ 图 5-453

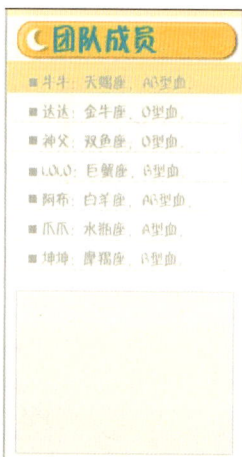

■ 图 5-454

■ 图 5-455

（33）激活工具箱中的"矩形选框工具"，在新建图层上绘制矩形，设置填充颜色为#fc9b0e。激活工具箱中的"横排文字"工具，设置字体为"方正毡笔黑简体"，字号为 24 点，行间距为 12 点，水平缩放为 100%，字符的字间距为 0，颜色为#ffffff，消除锯齿方法选择"平滑"，输入如图 5-456 所示文本。其中，"~"符号根据视觉效果设置为 36 点，不透明度为 50%。

（34）激活工具箱中的"横排文字工具"，设置字体为"方正毡笔黑简体"，字号为 18 点，水平缩放为 90%，字符的字间距为-20，颜色为#e8682a，消除锯齿方法选择"犀利"，输入"在线留言"文本；设置正文字体为 Arial，字体样式为 Regular，字号为 12 点，行间距为 12 点，水平缩放为 100%，字符的字间距为 0，颜色为#696969，消除锯齿方法选择"犀利"，效果如图 5-457 所示。

（35）激活工具箱中的"横排文字工具"，设置字体为 Lao UI，字体样式为 Regular，字号为 14 点，水平缩放为 100%，字符的字间距为 0，颜色为#41bfca，消除锯齿方法选择"锐利"，输入信箱文本；继续设置字体为 Arial，字体样式为 Regular，字号为 12 点，行间距为 12 点，水平缩放为 100%，字符的字间距为 0，颜色为#696969，消除锯齿方法选择"犀利"，输入其他文本，效果如图 5-458 所示。至此，网页制作完成，效果如图 5-459 所示。

■ 图 5-456

■ 图 5-457

■ 图 5-458

■ 图 5-459

反侵权盗版声明

电子工业出版社依法对本作品享有专有出版权。任何未经权利人书面许可，复制、销售或通过信息网络传播本作品的行为；歪曲、篡改、剽窃本作品的行为，均违反《中华人民共和国著作权法》，其行为人应承担相应的民事责任和行政责任，构成犯罪的，将被依法追究刑事责任。

为了维护市场秩序，保护权利人的合法权益，我社将依法查处和打击侵权盗版的单位和个人。欢迎社会各界人士积极举报侵权盗版行为，本社将奖励举报有功人员，并保证举报人的信息不被泄露。

举报电话：（010）88254396；（010）88258888

传　　真：（010）88254397

E-mail：　dbqq@phei.com.cn

通信地址：北京市万寿路 173 信箱

　　　　　电子工业出版社总编办公室

邮　　编：100036